航空铝合金大气环境腐蚀与环境谱编制

何宇廷 张 腾 等著

国防工业出版社

·北京·

内 容 简 介

本书针对航空铝合金材料，围绕"航空铝合金大气腐蚀行为、机理与寿命预测"和"航空铝合金大气腐蚀环境谱编制"两方面主题进行了探讨。全书分为 11 章，其中，前 5 章为以"航空铝合金大气腐蚀行为、机理与寿命预测"主题的内容，后 6 章为以"航空铝合金大气腐蚀环境谱编制"主题的内容。

本书可供航空铝合金材料研究和生产，飞机设计、制造、使用等领域的科研人员、生产技术人员使用，也可供航空、机械、材料等相关专业的本科生及研究生参考、学习使用。

图书在版编目（CIP）数据

航空铝合金大气环境腐蚀与环境谱编制 / 何宇廷等著. —北京：国防工业出版社，2024.1
ISBN 978-7-118-12873-4

Ⅰ.①航… Ⅱ.①何… Ⅲ.①铝合金—航空材料—大气腐蚀—研究 Ⅳ.①V252.2

中国国家版本馆 CIP 数据核字（2023）第 177444 号

※

*国防工业出版社*出版发行
（北京市海淀区紫竹院南路 23 号　邮政编码 100048）
北京虎彩文化传播有限公司印刷
新华书店经销

*

开本 710×1000　1/16　插页 1　印张 19　字数 338 千字
2024 年 1 月第 1 版第 1 次印刷　印数 1—1400 册　定价 118.00 元

（本书如有印装错误，我社负责调换）

国防书店：(010)88540777	书店传真：(010)88540776
发行业务：(010)88540717	发行传真：(010)88540762

前言

航空铝合金材料是军、民用飞机所用的主要结构材料之一,并在未来很长的一段时间内仍将作为飞机结构的主体材料。虽然铝合金的耐蚀性较好,但飞机的服役周期漫长(约 20~30 年),铝合金结构在服役过程中不可避免地会受到大气环境的作用而发生腐蚀。铝合金的腐蚀将引入结构损伤,导致结构承载能力的下降,进而对飞机等航空器的结构完整性、服役安全性和使用经济性等造成重大影响。了解航空铝合金材料的大气腐蚀行为、服役环境特点及环境谱编制方法对于开展航空铝合金结构的腐蚀预防、寿命考核和管理具有重要意义。

航空铝合金结构的腐蚀通常发生在航空器的地面停放阶段和低空飞行阶段。由于我国的气候环境复杂、航空器常常在不同的地区转场服役,且航空铝合金结构的腐蚀损伤与疲劳损伤通常存在耦合或交替作用,使航空铝合金结构的失效机理及服役寿命评估变得十分复杂。

针对航空铝合金的大气环境腐蚀及环境谱编制问题,本书作者在"973"计划、多项国家自然科学基金、陕西省自然科学基础研究计划以及相关项目的支持下,开展了相关的理论和试验研究工作。

全书共分为 11 章,主要围绕"航空铝合金大气腐蚀行为、机理与寿命预测"和"航空铝合金大气腐蚀环境谱编制"两个方面的主题进行探讨。

第 1~5 章属于"航空铝合金大气腐蚀行为、机理与寿命预测"主题。首先,介绍了航空铝合金的材料特点、服役环境特点和大气腐蚀特点等;其次,探讨了航空器结构中具有代表性的 2A12-T4 铝合金和 7A04-T6 铝合金在我国南海海洋大气环境下的长期暴晒腐蚀行为及机理;再次,针对腐蚀环境下铝合金结构的日历寿命问题,提出了结构日历安全寿命的分析方法;而后,通过开展大气腐蚀后的结构疲劳试验,分析了大气环境腐蚀对典型航空铝合金结构疲劳寿命的影响规律和机理;最后,针对航空铝合金结构在服役时受到腐蚀和疲劳耦合作用的特点,提出了飞机结构寿命包线的概念,可用于航空铝合金结构在腐蚀影响下使用寿命的预测分析。

第 6~11 章属于"航空铝合金大气腐蚀环境谱编制"主题。首先,概略性地介绍了航空铝合金大气腐蚀环境模拟的试验手段、等效原则和研究现状;其次，从航空金属材料宏观大气服役环境和局部舱室服役环境两个维度，探讨了大气环境分区及舱室环境温湿度预测方法；再次，对 EXCO 溶液的腐蚀特点进行了较为深入的分析，探讨了 EXCO 溶液与大气环境腐蚀性的非线性等效关系；而后，分析了主要大气腐蚀组分及试验条件对航空铝合金腐蚀的影响；最后，对航空铝合金材料大气腐蚀加速环境谱的编制方法进行了介绍。

本书得到国家重大科技专项项目和多个自然科学基金项目的资助。在本书的撰写和出版过程中，得到了有关领导和机关的大力支持；张福泽、钟群鹏、陈一坚、唐长红、闫楚良、傅祥炯、薛景川、蒋祖国、韩恩厚、姚卫星、王智、陈跃良、谭申刚、王向明、曹奇凯、刘小冬、项小平、刘道新、陶春虎、董登科、舒成辉、王新波等进行了有益的讨论并提出了建设性的意见，作者在此一并表示感谢！

本书由何宇廷、张腾主笔，张胜、张天宇参加了部分章节的撰写工作，最后由何宇廷统稿并最终形成定稿。由于作者水平所限，再加之航空铝合金材料大气腐蚀及环境模拟问题的复杂性，书中难免有错误和不当之处，敬请各位读者提出宝贵意见。

作　者

2022 年 12 月

目 录

第1章 航空铝合金大气腐蚀概述 ··· 001

1.1 航空铝合金的材料特点 ··· 001
1.1.1 铝和铝合金的分类及特点 ······································ 001
1.1.2 铝和铝合金的牌号 ·· 003
1.1.3 航空铝合金的应用概况 ··· 005
1.2 航空铝合金在我国的服役环境特点 ··································· 007
1.3 航空铝合金的大气腐蚀特点 ·· 012
1.4 典型的航空铝合金结构腐蚀案例 ····································· 015
1.5 航空铝合金大气腐蚀试验与评价方法 ································ 018
1.5.1 大气腐蚀试验方法 ·· 018
1.5.2 航空铝合金大气腐蚀评价方法 ································· 021
参考文献 ··· 026

第2章 典型航空铝合金大气腐蚀行为与机理 ······························ 029

2.1 试验件和试验方法 ··· 029
2.1.1 试验件 ··· 029
2.1.2 大气腐蚀试验方法与条件 ······································ 031
2.1.3 试验分析方法与设备 ··· 032
2.2 2A12-T4 铝合金板件大气腐蚀行为与机理 ·························· 034
2.2.1 大气腐蚀损伤规律 ·· 034
2.2.2 表面腐蚀行为与机理 ··· 040
2.2.3 截面腐蚀行为与机理 ··· 049
2.3 带涂层 7A04-T6 铝合金板件大气腐蚀行为与机理 ·················· 056
2.3.1 表面腐蚀行为 ··· 056
2.3.2 截面腐蚀行为与机理 ··· 063
2.3.3 不同暴露年限下基体未腐蚀区域环氧涂层的老化特征 ········ 066
参考文献 ··· 073

v

第3章 大气腐蚀环境下航空铝合金结构日历安全寿命分析 ………… 078

3.1 飞机结构日历安全寿命的概念 …………………………………… 079
3.2 基体材料日历安全寿命的确定原理与方法 ……………………… 081
3.3 结构防护体系日历安全寿命的确定原理与方法 ………………… 086
  3.3.1 飞机结构防护体系日历安全寿命的确定原理与方法 ………… 086
  3.3.2 飞机结构防护体系日历安全寿命可靠度的确定原理与
     方法 ……………………………………………………………… 091
3.4 大气环境下航空铝合金结构日历安全寿命确定方法与分析
  示例 ……………………………………………………………………… 096
  3.4.1 结构研究对象 ………………………………………………… 096
  3.4.2 用于寿命评定的结构模拟件加速试验 ……………………… 096
  3.4.3 结构防护体系日历安全寿命的确定 ………………………… 101
参考文献 ……………………………………………………………………… 104

第4章 大气环境腐蚀对航空铝合金疲劳寿命的影响 ………………… 106

4.1 大气环境腐蚀对2A12-T4铝合金板件疲劳寿命的影响规律 …… 106
  4.1.1 疲劳试验结果与结构断裂部位分析 ………………………… 106
  4.1.2 断口形貌分析 ………………………………………………… 110
4.2 大气环境腐蚀对2A12-T4铝合金板件疲劳寿命的影响机理 …… 113
4.3 大气环境腐蚀对带涂层7A04-T6铝合金板件疲劳寿命的
  影响规律 ……………………………………………………………… 114
  4.3.1 不同暴露年限下带涂层7A04-T6平板试验件的 $S-N$
     曲线 ……………………………………………………………… 114
  4.3.2 沿海大气腐蚀对带涂层7A04-T6带孔试验件疲劳特性的
     影响规律 ………………………………………………………… 118
4.4 大气环境腐蚀对带涂层7A04-T6铝合金板件疲劳寿命的影响
  机理 …………………………………………………………………… 121
参考文献 ……………………………………………………………………… 126

第5章 大气腐蚀环境下航空铝合金结构疲劳寿命预测方法 ………… 128

5.1 飞机结构寿命包线模型介绍 ……………………………………… 128
  5.1.1 飞机结构安全寿命包线概念与内涵的完善 ………………… 128
  5.1.2 飞机结构安全寿命包线建立方法的完善 …………………… 135

5.2 基于寿命包线的航空铝合金结构疲劳寿命预测方法 ………………… 137
  5.2.1 单一服役环境下飞机结构剩余寿命预测方法 ………………… 137
  5.2.2 多服役环境下飞机结构剩余寿命预测方法 …………………… 139
5.3 基于寿命包线的航空铝合金结构疲劳寿命预测示例 ………………… 141
  5.3.1 结构安全寿命包线的建立 ……………………………………… 141
  5.3.2 考虑大修的结构服役/使用寿命限制 …………………………… 144
参考文献 ……………………………………………………………………… 150

第6章 航空铝合金大气腐蚀环境谱概述 ………………………………… 152
6.1 航空铝合金大气腐蚀模拟试验手段 …………………………………… 152
6.2 航空铝合金大气腐蚀模拟等效原则 …………………………………… 154
6.3 航空铝合金大气腐蚀环境谱研究现状 ………………………………… 155
参考文献 ……………………………………………………………………… 156

第7章 航空金属材料大气腐蚀环境谱与环境分区 ……………………… 158
7.1 大气环境数据 …………………………………………………………… 159
7.2 大气腐蚀环境谱的编制 ………………………………………………… 159
  7.2.1 气象环境要素的简化处理及气候、化学环境总谱的编制
     方法 ……………………………………………………………… 159
  7.2.2 典型地区气候、化学环境总谱示例 …………………………… 161
7.3 大气环境腐蚀性的当量化折算 ………………………………………… 161
  7.3.1 当量化折算方法 ………………………………………………… 161
  7.3.2 典型地区环境腐蚀性的当量化折算示例 ……………………… 162
  7.3.3 各地区环境腐蚀性的当量化折算结果 ………………………… 163
7.4 我国大气腐蚀环境分区方法 …………………………………………… 164
  7.4.1 聚类分析结果 …………………………………………………… 164
  7.4.2 大气腐蚀分区个数的讨论 ……………………………………… 166
  7.4.3 各分区的区间范围划分 ………………………………………… 167
  7.4.4 环境分区的方法与简化原则 …………………………………… 167
参考文献 ……………………………………………………………………… 168

第8章 地面停放飞机局部温湿度环境预测 ……………………………… 170
8.1 地面停放飞机局部温湿度实测方法 …………………………………… 171
8.2 地面停放飞机局部温湿度环境特征 …………………………………… 174

        8.2.1 局部温度实测结果与分析 …………………………………… 174
        8.2.2 局部湿度实测结果与分析 …………………………………… 176
    8.3 地面停放飞机局部温度环境预测 ………………………………………… 178
        8.3.1 基于局部温度特征的飞机舱室结构划分 …………………… 178
        8.3.2 飞机结构局部温度模型的建立 ……………………………… 180
        8.3.3 飞机结构局部温度模型系数值的确定及模型检验 ………… 183
    8.4 地面停放飞机局部湿度环境预测 ………………………………………… 187
        8.4.1 舱室湿度与温度的关系研究 ………………………………… 187
        8.4.2 飞机舱室湿度模型的建立 …………………………………… 192
        8.4.3 基于局部湿度特征的飞机舱室结构划分与模型系数范围 … 193
        8.4.4 飞机舱室湿度模型检验 ……………………………………… 195
    参考文献 ………………………………………………………………………… 197

第9章 基于 EXCO 溶液的沿海大气腐蚀环境模拟 …………………… 198

    9.1 概述 ……………………………………………………………………… 199
        9.1.1 EXCO 溶液介绍 ……………………………………………… 199
        9.1.2 EXCO 溶液模拟大气腐蚀的可行性和难点分析 …………… 199
        9.1.3 使用 EXCO 溶液模拟大气腐蚀的优缺点和意义 ………… 200
    9.2 试验件与试验方法 ……………………………………………………… 201
        9.2.1 试验件 ………………………………………………………… 201
        9.2.2 EXCO 溶液浸泡腐蚀试验方法 ……………………………… 202
        9.2.3 疲劳试验方法 ………………………………………………… 203
    9.3 试验结果与分析 ………………………………………………………… 203
        9.3.1 腐蚀试验现象与溶液 pH 值测量结果 ……………………… 203
        9.3.2 试验件腐蚀形貌 ……………………………………………… 205
        9.3.3 腐蚀后试验件最小剩余厚度值的测量结果 ………………… 207
        9.3.4 腐蚀后试验件疲劳寿命与断口形貌 ………………………… 208
        9.3.5 分析与讨论 …………………………………………………… 211
    9.4 腐蚀损伤等效模拟关系模型 …………………………………………… 212
        9.4.1 基本假设 ……………………………………………………… 212
        9.4.2 EXCO 溶液与大气环境的等效关系模型 …………………… 213
        9.4.3 由最小剩余厚度值确定 EXCO 溶液与大气环境的等效
              关系 …………………………………………………………… 215
        9.4.4 由疲劳寿命确定 EXCO 溶液与大气环境的等效关系 …… 217

9.5　EXCO 溶液的模拟效果讨论 …………………………………………… 218
　　9.5.1　模型检验 ……………………………………………………… 218
　　9.5.2　讨论 …………………………………………………………… 219
参考文献 ……………………………………………………………………… 221

第10章　主要大气腐蚀组分与试验条件对航空铝合金腐蚀的影响 …… 222

10.1　基本原理简介 ………………………………………………………… 222
10.2　全浸条件下 NO_3^- 和 SO_4^{2-} 对 2A12-T4 铝合金腐蚀的影响 ………… 223
　　10.2.1　表面腐蚀行为 ………………………………………………… 224
　　10.2.2　截面腐蚀行为 ………………………………………………… 228
　　10.2.3　腐蚀动力学特征 ……………………………………………… 229
　　10.2.4　NO_3^- 对加速铝合金腐蚀的作用分析 ……………………… 231
　　10.2.5　NO_3^- 和 SO_4^{2-} 对铝合金剥蚀的影响机理讨论 ……………… 233
10.3　溶液 pH 值对 2A12-T4 铝合金腐蚀的影响 ………………………… 238
　　10.3.1　表面腐蚀行为 ………………………………………………… 238
　　10.3.2　截面腐蚀行为 ………………………………………………… 240
　　10.3.3　腐蚀动力学特征 ……………………………………………… 241
　　10.3.4　溶液 pH 值对铝合金剥蚀的影响机理讨论 ………………… 242
10.4　全浸条件下 Cl^- 对 2A12-T4 铝合金腐蚀的影响 …………………… 245
　　10.4.1　表面腐蚀行为 ………………………………………………… 245
　　10.4.2　截面腐蚀行为 ………………………………………………… 247
　　10.4.3　腐蚀动力学特征 ……………………………………………… 249
　　10.4.4　Cl^- 对铝合金剥蚀的影响机理讨论 ………………………… 249
10.5　周浸循环周期对航空铝合金加速腐蚀试验结果的影响 …………… 254
　　10.5.1　试验件和试验方法 …………………………………………… 255
　　10.5.2　腐蚀形貌与剩余厚度分析 …………………………………… 256
　　10.5.3　周浸循环周期对铝合金剥蚀的影响机理讨论 ……………… 259
10.6　腐蚀-疲劳交替周期对航空铝合金疲劳寿命的影响 ………………… 261
　　10.6.1　铝合金试样预腐蚀疲劳与腐蚀疲劳交替试验研究 ………… 261
　　10.6.2　基于预腐蚀疲劳试验结果的腐蚀疲劳交替寿命计算 ……… 264
　　10.6.3　铝合金试样断口扫描电镜观察 ……………………………… 266
参考文献 ……………………………………………………………………… 272

第 11 章 航空铝合金材料大气腐蚀加速环境谱编制 275

11.1 航空铝合金材料大气腐蚀加速环境谱的编制方法 275
11.1.1 编制飞机结构环境谱的基本方法 275
11.1.2 飞机结构当量环境谱的编制方法 277
11.1.3 飞机结构载荷-环境谱的编制方法 280

11.2 一种模拟航空铝合金材料大气腐蚀的加速环境谱 281

11.3 实验室加速腐蚀对 2A12-T4 铝合金板件疲劳特性的影响 283
11.3.1 腐蚀形貌特征 283
11.3.2 疲劳寿命统计分布特性及均值寿命误差检验 283
11.3.3 加速腐蚀对 2A12-T4 平板试验件疲劳特性的影响规律及机理 285

11.4 加速环境谱与实际大气环境的等效关系 289

参考文献 290

第1章
航空铝合金大气腐蚀概述

航空铝合金既能满足飞机结构设计安全、环境、经济等方面的要求，又具有密度、疲劳性能、断裂韧性、耐蚀性和工艺性等诸多方面均衡搭配的特点，因此它是飞机所用的主要结构材料之一。在先进民用飞机中，铝合金结构所占比例虽然由于复合材料的兴起有所下降，但仍有相当数量的应用；在军用飞机中，考虑到平时维修和战伤抢修对结构维修性和修复性所提出的要求，铝合金材料仍具有复合材料所不能替代的优势，在未来很长的一段时间内仍将作为飞机结构的主体材料。

虽然铝合金的耐蚀性较好，但飞机的服役周期漫长（约20~30年），铝合金结构在服役过程中不可避免地会受到大气环境的作用而发生腐蚀。了解航空铝合金材料及其服役环境的特点对于开展航空铝合金的大气腐蚀研究十分必要。

1.1 航空铝合金的材料特点

航空铝合金具有密度低、比强度高、比刚度高、耐腐蚀性能好、抗疲劳性能高、加工和成形性能好、成本低及可维修性好等特点，是飞机结构的理想材料，广泛应用于飞机的主体结构。

1.1.1 铝和铝合金的分类及特点

1. 纯铝

纯铝是一种银白色的轻金属，熔点为660℃，有金属光泽，具有面心立方晶格，没有同素异构转变。纯铝的密度为 $2.72g/cm^3$，仅为铁的1/3；导电性好，仅次于银、铜和金；导热性好，几乎是铁的3倍。纯铝化学性质活泼，在大气中极易与氧作用，在表面形成一层牢固致密的氧化膜，可以阻止进一步氧化，从而使它在大气中具有良好的抗蚀性。

2. 铝合金

铝合金的密度与纯铝相近，拉伸强度一般超过250MPa，强化后铝合金与低合金高强度钢的强度相近，因此，铝合金的比强度要比一般高强度钢高许多。同时，铝合金还具有导热和导电性能好、耐腐蚀、可加工性能良好、磁化率极低等特点。

根据铝合金的成分、组织和工艺特点，可以将其分为变形铝合金和铸造铝合金。若按能否热处理使其强化来划分，则可以分为不可热处理强化和可热处理强化铝合金。

1) 变形铝合金

变形铝合金在加热至高温时能形成单相固溶体组织，塑性变形能力好，适合于冷热加工（如轧制、挤压、锻造等），从而制成半成品或模锻件，所以称为变形铝合金。变形铝合金熔炼成铸锭后，要经过压力加工（轧制、挤压、模锻等）制成半成品或模锻件。

变形铝合金按照性能特点和用途分为防锈铝合金（Al-Mn 系、Al-Mg 系）、硬铝合金（Al-Cu-Mg 系）、超硬铝合金（Al-Mg-Zn-Cu 系）和锻铝合金（Al-Mg-Si-Cu 系）4 种。

(1) 防锈铝合金。

防锈铝合金中主要合金元素是 Mn 和 Mg。Mn 的主要作用是提高铝合金的抗蚀能力，并起到固溶强化作用。Mg 也可起到强化作用，并使合金的比重降低。这类合金的主要特点是不能热处理强化，退火状态塑性好，加工硬化后强度比工业纯铝高，耐蚀性能和焊接性能好，可切削性能较好。

(2) 硬铝合金。

硬铝合金为 Al-Cu-Mg 系合金，还含有少量的 Mn。各种硬铝合金都可以进行时效强化，属于可热处理强化的铝合金，也可进行变形强化。这类合金的主要特点是退火、淬火状态下塑性尚好，有中等以上的强度，耐蚀性能不高，可氩弧焊。

(3) 超硬铝合金。

超硬铝合金为 Al-Mg-Zn-Cu 系合金，并含有少量的 Cr 和 Mn。这类合金的主要特点是强度高，退火或淬火状态下塑性尚可，耐蚀性能不好，特别是抗应力腐蚀性能差，硬状态可切削性能好。

(4) 锻铝合金。

锻铝合金为 Al-Mg-Si-Cu 系合金。这类合金的特点是热状态下有高的塑性，易于锻造，淬火、人工时效后强度高，但有晶间腐蚀倾向。这类合金主要用于承受重载荷的锻件和模锻件。锻铝合金通常都要进行固溶处理和人工时效。

2）铸造铝合金

铸造铝合金因含有共晶组织，熔液流动性好，收缩性好，抗热裂性能高，具有良好的铸造性能，可直接浇筑在砂型或金属型内制成各种形状复杂甚至薄壁的零件或毛坯，所以称为铸造铝合金。铸造铝合金塑性较低，力学性能中等，也可以通过热处理强化调整力学性能。

铸造铝合金按主要合金元素的不同，可以分为 Al-Si 铸造铝合金、Al-Cu 铸造铝合金、Al-Mg 铸造铝合金和 Al-Zn 铸造铝合金。

(1) Al-Si 铸造铝合金。

该系合金又称为"铝硅明"，Si 含量一般为 4%~13%，少量合金含 Si 量达到 20%以上。加 Si 的目的是改善合金的流动性，使合金具有良好的致密性和可焊性。Al-Si 合金具有优良的铸造性能，经过变质处理和热处理之后，具有良好的力学性能、物理性能、耐腐蚀性能和中等的切削加工性能，是铸造铝合金品种最多、用途最广的合金系。

(2) Al-Cu 铸造铝合金。

该系合金中 Cu 的含量为 3%~11%，加入其他元素使室温和高温力学性能大幅度提高。Al-Cu 系合金具有良好的切削加工和焊接性能，但铸造性能和耐腐蚀性能较差。这类合金在航空产品上应用较广，主要用作承受大载荷的结构件和耐热零件。

(3) Al-Mg 铸造铝合金。

该系合金中 Mg 的含量为 4%~11%，密度小，具有较高的力学性能，良好的切削加工性能，加工表面光亮美观。该类合金熔炼和铸造工艺较复杂，除用作耐蚀合金外，也可用作装饰用合金。

(4) Al-Zn 铸造铝合金。

Zn 在 Al 中的溶解度最大，当 Al 中加入的 Zn 大于 10%时，能显著提高合金的强度，该类合金自然时效倾向大，不需要热处理就能得到较高的强度。缺点是耐腐蚀性能差，密度大，铸造时容易产生热裂，主要用作压铸仪表壳体类零件。

1.1.2 铝和铝合金的牌号

1. 纯铝和变形铝合金的牌号

航空上通常采用美国铝业协会（The Aluminum Association，AA）标准，铝或铝合金的牌号用四位数字表示。我国的分类方法与之基本相同，第一位、第三位、第四位也用数字表示，只是第二位采用英文字母，如表 1-1 所示为纯铝及变形铝合金的编号方法。

表 1-1　纯铝和变形铝合金的编号方法

位数	美国铝业协会（AA）标准		中国标准 GB/T 16474—1996	
	纯铝	铝合金	纯铝	铝合金
第一位	阿拉伯数字，表示铝及铝合金的组别：1 表示含量不小于 99.0% 的纯铝；2~9 表示铝合金，组别按下列主要合金元素划分：2——Cu，3——Mn，4——Si，5——Mg，6——Mg+Si，7——Zn，8——其他元素，9——备用组			
第二位	阿拉伯数字，表示合金元素或杂质极限含量的控制情况：0 表示其杂质极限含量无特殊控制；1~9 表示受控杂质或合金元素的个数	阿拉伯数字，表示改型情况：0 表示原始合金；2~9 表示改型合金	英文大写字母，表示原始纯铝的改型情况：A 表示原始纯铝；B~Y（C、I、L、N、O、P、Q、Z 除外）表示原始纯铝的改型，其元素含量略有变化	英文大写字母，表示原始合金的改型情况：A 表示原始合金；B~Y（C、I、L、N、O、P、Q、Z 除外）表示原始合金的改型，其化学成分略有变化
最后两位	阿拉伯数字，表示最低铝百分含量 99.×× % 中小数点后面两位	阿拉伯数字，无特殊意义，仅用来识别同一组中的不同合金	阿拉伯数字，表示最低铝百分含量 99.×× % 中小数点后面两位	阿拉伯数字，无特殊意义，仅用来识别同一组中的不同合金

表 1-2 所示为纯铝及变形铝合金的合金系及牌号系列，1×××、3×××、5××× 等系列铝或铝合金为不可热处理强化的合金；2×××、6×××、7××× 等系列铝或铝合金为可热处理强化的合金。航空用得最多的变形铝合金是 2××× 系和 7××× 系合金，而铝锂合金、6××× 系合金正处于积极探索或拓展应用阶段。这些合金的发展规律、应用情况和发展趋势在一定程度上代表了航空铝合金的发展规律和趋势。

表 1-2　纯铝及变形铝合金的合金系及牌号系列

合金系	牌号系列（国际牌号、国内新牌号）	国内旧牌号
含 Al>99.00% 的工业纯铝	1×××	L×/LG×
以铜为主要合金元素的铝合金，如 Al-Cu-Mg 系（硬铝合金）	2×××	LY××
以 Mn 为主要合金元素的铝合金，如 Al-Mn 系	3×××	LF××
以 Si 为主要合金元素的铝合金，如 Al-Si 系	4×××	—
以 Mg 为主要合金元素的铝合金，如 Al-Mg 系	5×××	LF××
以 Mg 和 Si 为主要合金元素并以 Mg_2Si 相为强化相的铝合金，如 Al-Mg-Si 系	6×××	LD××
以 Zn 为主要合金元素的铝合金，如 Al-Zn-Mg-Cu 系（超硬铝合金）	7×××	LC××
以其他合金元素为主要合金元素的铝合金	8×××	—

2. 铸造铝合金的牌号

我国铸造铝合金的牌号用汉语拼音字母加数字表示，如 ZL1××~ZL4××，其中 ZL 表示铸造铝合金。紧跟字母 ZL 之后的一位数字代表不同的主要合金元素，如 ZL1×× 为 Al-Si 系合金，ZL2×× 为 Al-Cu 系合金、ZL3×× 为 Al-Mg 系合金、ZL4×× 为 Al-Zn 系合金。最后两个数字没有特殊意义，仅用来识别同一组中的不同合金，有时在这两位数字后面有一位字母，表示是对该合金的改型。

1.1.3 航空铝合金的应用概况

1. 变形铝合金

航空上主要应用的是可热处理强化的铝合金，即变形铝合金，这类合金强度高，主要有 Al-Cu-Mg 系、Al-Cu-Mn 系（2×××系列）、Al-Mg-Si 系（6×××系列）和 Al-Zn-Mg-Cu 系（7×××系列）。典型应用部位是蒙皮、桁条、隔框、翼肋、梁、铆钉等。

2××× 系铝合金强度高，耐热性能和加工性能良好，损伤容限性能较好，但耐蚀性不如大多数其他铝合金，适用于需要高损伤容限性能的部位。在一定条件下会产生晶间腐蚀，因此板材往往需要包覆一层纯铝（1×××系），或包覆一层对芯板有电化学保护作用的 6××× 系合金。2××× 系合金的代表是 2024 铝合金（国内牌号 2A12），是一种属于中强度级别的热处理强化合金，在 T3 状态下断裂韧性高，疲劳裂纹扩展速度低。1935 年，世界上第一种成功应用于商业飞机 DC-3 的主体结构材料就是以 2024-T3 铝合金为主的，且 2024-T3 铝合金在现代飞机上仍有广泛的应用。国内军、民用飞机较多采用的仍然是传统的静强度铝合金 2A12、2A11、2014 等，2124、2E12 等合金正在进行国产化及试用工作。而在国外军、民用飞机上越来越多地应用了新材料，包括新一代型材 2026 和第四代高性能铝合金 2524、机翼下壁板时效成形合金等。

7××× 系铝合金根据所添加的微合金化元素不同，主要形成了 3 个系列：7075 系列（含 Cr 或 Mn，包括 7075、7175、7475 等）、7050 系列（含 Zr，包括 7050、7010、7150、7055 等）和 7049 系列（含 Ti、Zr，包括 7049、7149、7249 及最新的 7349 和 7449 等）。7××× 系合金的代表是 7075 铝合金（国内牌号 7A04），这是一种在 T6 状态下强度最高的合金，但合金的耐蚀性差，断裂韧性也不高，适用于需要高强度的部位。7475 是 7075 系列中损伤容限性能最好的合金。7050 系列合金的淬透性好，可制造大规格厚截面半成品，7055 是目前铝合金中合金化程度最高、强度最高的铝合金，T77 使 7055 合金在高强度下仍能保持较高的断裂韧性和良好的耐应力腐蚀性能。7049 系列合金的 Zn

含量高于7050系列，同时含有Cr元素，强度高、耐腐蚀性能好，在欧洲得到了较广泛的应用。

2. 铸造铝合金

随着现代科学技术的发展，特别是航空航天工业的发展，需要高强度铸造铝合金用作结构零件以满足设计的需要。因为有些零件用其他的加工方法是不能成形的，只能采用铸造的方法；高强度铝合金铸件可以代替一部分铝合金锻件，从而节省机械加工工时，提高材料利用率，节省锻压设备。

国内飞机和航空发动机上使用的铸造铝合金主要是Al-Si系铸造铝合金和Al-Cu系铸造铝合金，而较少使用Al-Mg系铸造铝合金和Al-Zn系铸造铝合金。

Al-Si系铸造铝合金使用较多的是ZL101、ZL101A、ZL104、ZL105、ZL105A、ZL114A、ZL116合金等。主要用于飞机和航空发动机上受力不太大的零件或有气密性要求的零件，如各种安装座、支架、支座、接头、气密盒、壳体、机匣、机匣盖、泵体、泵盖、叶轮等；对于承受一定载荷的铸件主要使用了强度水平较高的ZL114A和ZL116合金，可以应用于如飞机的舱门骨架、座舱盖骨架、窗框和航空发动机上的主机匣、前机匣、中间机匣、隔板、泵体、座等。

Al-Cu系铸造铝合金使用较多的是ZL201、ZL201A、ZL204A、ZL205A、ZL208合金等。ZL208合金是耐热合金，主要用于航空发动机上有一定耐热要求的零件，如输入机匣、减速机匣前部、光射机匣、后轴承前座、内齿轮箱座、导叶安装机匣等。ZL201、ZL201A、ZL204A、ZL205A合金主要用于飞机上的一些受力结构件，其中使用量最大的是ZL205A合金。ZL205A合金主要用于飞机上的各种支架、支座、支撑座、摇臂等，某型号飞机约百余种零件原来采用的是LD5合金锻件，后改为采用ZL205A合金铸件。

3. 铝合金在飞机上的使用情况

由于铝合金优良的材料特点，在飞机上得到了广泛应用。表1-3、表1-4分别为铝合金在一些典型飞机上的用量情况和不同时期各种铝合金在不同部位的应用情况。

表1-3 铝合金在一些典型飞机上的用量情况

代别	机型	铝/%	钢/%	钛/%	复合材料/%
第一代	B737/B747	81	13	4	1
第一代	A300	76	13	4	5

续表

代别	机型	铝/%	钢/%	钛/%	复合材料/%
第二代	B757	78	12	6	3
第二代	B767	80	14	2	3
第二代	A320	76.5	13.5	4.5	5.5
第三代	A340	75	8	6	8
第三代	B777	70	11	7	11

表1-4 不同时期各种铝合金在飞机不同部位的应用情况

应用部位	20世纪40年代	20世纪50年代	20世纪60年代	20世纪70年代	20世纪80年代	20世纪90年代后
机身蒙皮	2024-T3	2024-T3	2024-T3	2024-T3	2024-T3	2524-T3
机身机头、桁条	7075-T6	7075-T6	7075-T3	7475-T76	7050-T74	7150-T77
机身框、梁、隔框	2024-T3 7075-T6	2024-T3 7075-T6	2024-T3 7075-T73	2124-T851 7075-T74	2124-T851 7050-T74	2197-T851 7150-T77
机翼上蒙皮	7075-T6	7075-T6	7075-T73	2024-T851 7050-T76	7050-T76 7150-T61	7055-T77
机翼上桁、弦条	7075-T6	7075-T6	7075-T73	7050-T74	7150-T61	7150-T7 7055-T77
机翼下蒙皮	2024-T3	2024-T3	2024-T3	7475-T73 2024-T3	2024-T3	2524-T3
机翼下桁、弦条	2024-T3	2024-T3	2024-T3	2024-T3 2224-T3511	2024-T3 2224-T3511	2524-T3 2224-T3511
翼梁、翼肋	7075-T6	7075-T6	7075-T73	7050-T74 7010-T74	7050-T74 7010-T74	7150-T77 7085-T74 7085-T6

1.2 航空铝合金在我国的服役环境特点

1. 陆地环境

根据地区气温分出气候带，再依据地区的湿度划定气候区，然后将两者综合起来划定该地区为某气候带某气候区。按此原则可将我国的气候环境划分为4个气候带6个气候区。气候类型分布见表1-5。

表1-5 我国气候类型分布

气候带	气候区	特征	
热带	湿热	月平均气温等于或高于25℃的月份,有6~12个月	全年有2~12个月湿热月
亚热带	亚湿热	月平均气温等于或高于25℃的月份,有3~5个月,一年中有8个月以上的平均气温大于10℃	全年连续有1~4个月湿热月
	亚干热		连续出现1~4个月干热月
温带	温和	月平均气温高于10℃最多为7个月,年极端最低气温不低于-40℃	湿热天连续不到1个月
	干燥		仅出现1个月干热月
寒带	寒冷	极端最低气温低于-40℃	

注:1. 湿热天指一天中温度高于20℃,相对湿度不小于80%,连续12h以上;
2. 湿热月指全月各天均是湿热天;
3. 干热月指月平均气温高于25℃,全月不出现湿热天。

我国根据197个台站1961—1980年的气象数据统计结果,给出了各种气候类型的温度和湿度的日平均值的年极值和平均值,可作为我国装备进行温湿度环境设计的依据,如表1-6所示。

表1-6 我国气候按日平均值极值划分的各种气候类型

气候类型	温度和湿度的日平均值的年极值的平均值
寒冷	低温-40℃;高温25℃;相对湿度≥95%时的最高温度15℃;最大绝对湿度17g/m³
寒温Ⅰ	低温-29℃;高温29℃;相对湿度≥95%时的最高温度18℃;最大绝对湿度19g/m³
寒温Ⅱ	低温-26℃;高温22℃;相对湿度≥95%时的最高温度6℃;最大绝对湿度10g/m³
暖温	低温-15℃;高温32℃;相对湿度≥95%时的最高温度24℃;最大绝对湿度24g/m³
干热	低温-15℃;高温35℃;最大绝对湿度13g/m
亚湿热	低温-15℃;高温35℃;相对湿度≥95%时的最高温度25℃;最大绝对湿度25g/m³
湿热	低温7℃;高温35℃;相对湿度≥95%时的最高温度26℃;最大绝对湿度26g/m³

2. 海洋环境

我国海域辽阔，位于北太平洋西部边缘，南起赤道附近，北至渤海湾辽东湾，拥有渤海、黄海、东海、南海四大海域。地跨寒温、暖温、亚湿热和湿热气候区，总面积达 480 多万平方千米。我国四大海域的环境特点如表 1-7 所示。

表 1-7 我国四大海域的环境特点

海域			渤海	黄海	东海	南海
面积/km²			8.27×10^4	3.9×10^5	7.52×10^5	3.6×10^6
海面气候	年最低温度/℃		−20	−20	−10	5
	年最高温度/℃		35	35	35	40
	相对湿度>95%时的最高温度/℃		25	25	30	30
	年降水量/mm		474~684	562~930	900~1342	925~1775
	气压/kPa	最低	100	100	99	99
		最高	103	103	102	102
	湿度/%RH		—	—	—	>80
	凝露		有	有	有	有
	结冰或结霜		有	有	有	—
	太阳最大辐射强度/(W/m²)		1120	1120	1000	1000
海水	表层温度/℃		−3~30	−3~30	3~30	10~35
	表层最大盐度/‰		33	33	35	37
	海浪	最大浪高/m	11	11	15	20
		最大周期/s	11	11	12	16
	海水表层流速/(m/s)		1.6	3.0	3.0	3.0
	海水流速/(m/s)		1.5	1.0		

经过长期试验和对各海域大气环境因素分析表明，一般情况下，金属材料在各海域大气中的局部腐蚀随纬度减小而增大，南方海域大气的腐蚀性比北方海域大气的腐蚀性大。

3. 大气中的腐蚀性因素

虽然全球范围内的大气主要成分几乎不变，但在不同环境中含有不同的杂质，也称为污染物质，其组成如表1-8所示。硫化物在材料表面与水分作用，产生硫酸、亚硫酸等酸性物质，降低薄液膜的pH值，从而加速铝合金的腐蚀；氯化物在表面薄液膜中形成的氯离子对铝合的钝化膜有很强的破坏作用；氮化物会形成硝酸、亚硝酸等腐蚀性很强的成分；甚至碳酸在薄液膜中也会降低pH值而加速腐蚀过程。固体成分在材料表面覆盖，会增加表面吸附水分的能力，也会在与材料相接触的部位产生缝隙腐蚀，加速材料的腐蚀过程。

表1-8 大气污染物的主要组成

气体	固体
含硫化合物：SO_2、SO_3、H_2S	灰尘
氯和含氯化合物：Cl_2、HCl	$NaCl$、$CaCO_3$
含氮化合物：NO、NO_2、NH_3、HNO_3	ZnO 金属粉
含碳化合物：CO、CO_2	氧化物粉煤灰
其他：有机化合物	

大气杂质的典型浓度如表1-9所示。

表1-9 大气杂质的典型浓度

杂质	浓度/($\mu g/m^3$)
二氧化硫（SO_2）	工业大气：冬季350；夏季100
	农村大气：冬季100；夏季40
三氧化硫（SO_3）	近似于二氧化硫浓度的1%
硫化氢（H_2S）	城市大气：0.5~1.7
	工业大气：1.5~90
	农村大气：0.15~0.45
氨（NH_3）	工业大气：4.8
	农村大气：2.1
氯化物（空气样品）	内陆工业大气：冬季8.2；夏季2.7
	沿海农村大气：平均值：5.4
氯化物（雨水样品）	内陆工业大气：冬季79；夏季5.3（mg/L）
	沿海农村大气：冬季57；夏季18（mg/L）
烟尘	工业大气：冬季250；夏季100
	农村大气：冬季60；夏季15

大气中氯离子的浓度对铝合金的腐蚀有明显的影响，氯离子和钠离子在离海岸距离不同时的含量变化如表1-10所示。

表1-10 氯离子和钠离子在离海岸距离不同时的含量变化

海岸距离/km	离子含量/(mg/L)	
	Cl^-	Na^+
0.4	16	8
2.3	9	4
5.6	7	3
48.0	4	2
86.0	3	—

4. 飞机结构服役/使用历程分析

飞机上典型部位在一个起落下的载荷/腐蚀损伤时间历程如图1-1所示（以军用飞机为例）。

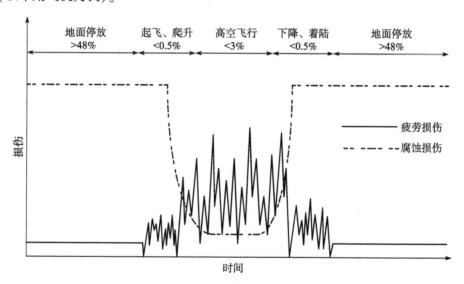

图1-1 一个起落下军用飞机典型部位载荷/腐蚀损伤时间历程

从疲劳损伤历程来看，结构受到飞-续-飞过程的疲劳损伤，在地面停放时主要受载形式为静载，主要由飞机自重和燃油重量造成，也受到一定的疲劳载荷，主要由机务维修和地面阵风造成，地面停放造成的疲劳损伤很小，在工程上可以不予考虑；飞机从起飞爬升到执行飞行任务一直到下降着陆的过程所受到的载荷占据疲劳损伤的绝大部分。

从腐蚀损伤历程来看，结构受到地-空-地过程的腐蚀损伤，在地面停放时受到温湿环境的作用，腐蚀性大，且地面停放时间很长，受到的腐蚀损伤占据了绝大多数；在飞机爬升过程中，环境腐蚀性逐渐减小，主要体现在温度逐渐降低至-25℃以下、湿度降低至65%RH以下、大气中腐蚀介质含量也逐渐减少；当飞机爬升至正常飞行状态时，结构主要受到干冷空气的作用，腐蚀性很小，在工程上可不予考虑；在飞机下降过程中，飞机结构吸热回温，飞机结构外表面、一些通风良好或一些密封不严的结构表面会出现冷凝现象，其腐蚀与损伤要比爬升过程严重。

可以看出，飞机的典型结构在地面停放时主要受到腐蚀损伤的作用，在起飞爬升和下降着陆过程受到腐蚀与疲劳的共同作用，在高空飞行时主要受到疲劳损伤的作用。开展结构腐蚀/疲劳试验研究时可以采用预腐蚀疲劳或腐蚀疲劳交替的方式进行，但总地来说，腐蚀疲劳交替的试验方法更接近飞机的损伤历程，预腐蚀疲劳所得到的腐蚀结果会偏于严重（但寿命结果是偏于安全的）。

1.3 航空铝合金的大气腐蚀特点

铝是一种化学性质比较活泼的金属，铝及铝合金的标准电极电位很低，为-1.67V。因此，它在热力学上是不稳定的。但由于铝的钝化倾向大，铝和氧的亲和力很强，它在空气中极易氧化，表面生成极薄的氧化膜（Al_2O_3 或 $Al_2O_3 \cdot H_2O$ 等），这层膜牢固地附着在铝的表面上，阻碍了活性铝表面和周围介质的接触，而且一旦膜被破坏还能很快修复，所以铝和铝合金在许多介质中有良好的耐蚀性。

铝在腐蚀性介质中的电化学行为可以通过铝的电位-pH值平衡图（图1-2）进行分析。从图中可知，在水溶液中，当电极电位在-1.66V以下时，铝位于不腐蚀区，不发生腐蚀。在不腐蚀区以上，有腐蚀区和钝化区，这与介质的pH值有关。当pH值为4.5~8.5时，铝处于钝化区，在铝的表面能生成钝化膜，使铝具有很好的耐蚀性。当pH值<4.5时，为酸性腐蚀区；当pH值>8.5时，为碱性腐蚀区。

在大气和淡水中，铝一般位于钝化区，空气中的氧或溶解在水中的氧及水本身都是铝很好的氧化剂。由于氧化剂的作用，在铝的表面生成一层致密的氧化膜，阻碍了活性铝表面和周围介质的接触，阻止了铝的腐蚀，所以铝在大气和淡水中的耐蚀性很好。正由于铝表面钝化膜的保护作用，铝也耐许多有机酸和溶剂

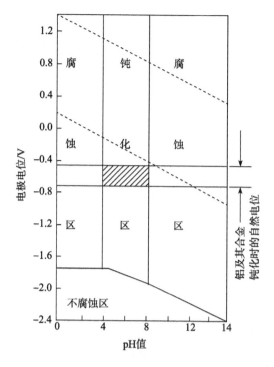

图 1-2 铝的电位-pH 值平衡图

的腐蚀,在浓度小于 10%或大于 80%的硝酸和硫酸盐、铝酸盐、硝酸盐等氧化性盐溶液中都很稳定。铝一般不耐盐酸、氢氟酸、硫酸等和碱的腐蚀。

铝和铝合金在大气和淡水中生成的是极薄、致密、均匀的氧化膜。自然氧化膜一般只有 5~15nm。随着在大气中停放时间的延长或大气湿度的增大,氧化膜增厚。通过化学氧化、阳极氧化等方法可以人工生成较厚的氧化膜,化学氧化膜的厚度为 2.5~5.0μm,阳极氧化膜的厚度甚至可达 250μm,从而获得装饰、耐蚀、耐磨等优良性能。

铝及铝合金的表面氧化膜对基体有良好的保护作用,氧化膜在介质中若有足够的稳定性,则铝和铝合金在该介质中就有良好的耐蚀性。因此,铝和铝合金的耐蚀性基本取决于环境介质中表面氧化膜的稳定性。由于 Al_2O_3 具有酸性和碱性两种氧化物的性能,因此在强酸和碱性介质中都可能被溶解、腐蚀,如图 1-3 所示。在海洋大气环境中,Cl^- 极易破坏氧化膜而产生点蚀。铝合金中阴极性的析出相和阴极性的杂质元素所产生的微电偶腐蚀也会破坏钝化膜的稳定性。

金属的腐蚀是由氧化反应与还原反应组成的腐蚀原电池过程。根据阳极与

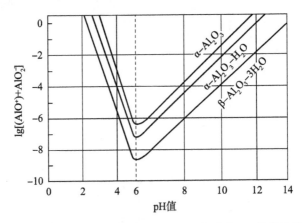

图 1-3　铝的氧化物的溶解度（25℃）与溶液 pH 值的关系

阴极的大小及肉眼的可分辨性，腐蚀电池分为宏观腐蚀电池和微观腐蚀电池（腐蚀微电池）。

（1）宏观腐蚀电池是指电极的极性可用肉眼分辨出来。一般电偶腐蚀或双金属腐蚀时，两种不同的金属浸在腐蚀性或导电性的溶液中，由于两种金属存在电位差，两金属连接而构成宏观腐蚀电池。

在腐蚀电池中，共轭电化学反应为

阳极： $Al \longrightarrow 2Al^{3+} + 6e^-$

阴极： $6H^+ + 6e^- \longrightarrow 3H_2 \uparrow$

还有一种情况，同类金属浸于同一种电解质溶液中，由于溶液的浓度、温度或不同区域里氧含量不同而构成浓差、温差或氧浓差腐蚀电池。在氧浓差电池中，位于高氧浓度区域的金属为阴极，位于低氧浓度区域的金属为阳极。阳极区金属将被溶解腐蚀，而阴极区发生氧的去极化反应。

$$O_2 + 2H_2O + 4e^- \longrightarrow 4OH^-$$

在大气和土壤中的金属生锈、船舶的水线腐蚀等都属于氧浓差电池腐蚀。

（2）微观腐蚀电池是用肉眼难以分辨出电极的极性，但存在氧化和还原反应过程的原电池。在金属表面，只要存在电化学不均匀性区域，就会发生微电池腐蚀过程，这种电化学不均匀性包括金属化学成分不均匀性、金属组织不均匀性和金属表面物理化学状态不均匀性等。

铝和铝合金存在全面腐蚀和局部腐蚀两种情况。铝和铝合金在碱中的腐蚀是典型的全面腐蚀，而在很多介质中表现为局部腐蚀。铝和铝合金的局部腐蚀有点蚀、晶间腐蚀、剥蚀（层状腐蚀）和应力腐蚀等腐蚀类型，而电偶腐蚀、缝隙腐蚀也往往呈现为局部腐蚀的形式。

1.4 典型的航空铝合金结构腐蚀案例

航空铝合金结构腐蚀的根本原因在于服役条件下铝合金材料具有自发腐蚀的倾向,即处于高能状态的铝合金材料具有自发腐蚀形成低能态化合物的趋势。在服役过程中,当腐蚀介质聚集在铝合金结构表面时,为腐蚀的产生创造了合适的条件。通常情况下,选材不当、表面防护措施不当、密封不当、排水不畅等都会引发不同的腐蚀。本节列出了一些典型的航空铝合金结构腐蚀案例。

1. 全面性腐蚀

全面性腐蚀是指发生在零部件整个表面的腐蚀,可以是均匀性的,也可以是非均匀性的。发生全面性腐蚀的金属逐渐变薄并最终失效。在光滑表面上,这种类型的腐蚀首先被视为表面的一般钝化,并且如果腐蚀继续发生,表面就会变得粗糙,并且在外观上类似于结霜。图1-4为某飞机铝合金壁板发生的全面性腐蚀现象。

图1-4 铝合金壁板发生的全面性腐蚀现象

2. 点蚀

点蚀发生在铝合金结构表面局部区域,是由于电化学作用形成蚀点或空穴的一种破坏现象,其始于铝合金材料的表面继而向纵深发展,其特征是结构材料表面形成麻点、蚀坑或孔洞。蚀坑可以是孤立的,也可以靠得很近,看起来像粗糙的表面。蚀坑通常难以发现,因为它们的尺寸小并且可能被腐蚀产物覆盖。铝合金的点蚀通常首先表现为白色或灰色粉末状沉积物,类似于灰尘,其表面有斑点。清除沉积物后,可在表面看到微小的凹坑或孔洞。典型的航空铝合金点蚀坑的表面形貌如图1-5所示。

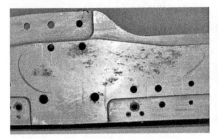 

图 1-5　典型的航空铝合金点蚀形貌

3. 缝隙腐蚀及丝状腐蚀

缝隙腐蚀是由于缝隙结构局部环境与外部环境的差异所产生的缝隙内部加速腐蚀的现象，通常发生于垫圈、搭接接头、螺栓或铆钉头下。丝状腐蚀是较为常见的一种缝隙腐蚀形式，属浓差电池型腐蚀，发生在处于一定湿度大气环境中用有机涂层保护的金属结构表面，腐蚀形态呈丝状，常常发生在紧固孔周围、蒙皮对接或涂层破裂处。典型的航空铝合金结构缝隙腐蚀实例及丝状腐蚀结构形貌如图 1-6 所示。

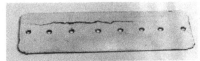 

　　（a）缝隙腐蚀形貌　　　　　　（b）丝状腐蚀形貌（脱漆后）
图 1-6　典型的航空铝合金结构缝隙腐蚀及丝状腐蚀形貌

4. 电偶腐蚀

当不同金属相互接触，或者金属与导电的非金属（如碳纤维增强复合材料等）接触，并暴露在电解质腐蚀环境中时，由于它们的电位不同，所以呈现出相应的阳极和阴极，便产生了腐蚀电池，电位较低的金属腐蚀得到加速，即发生电偶腐蚀。航空铝合金材料的电位均低于不锈钢、钛合金、复合材料等材料，当与其他异种材料偶接时易发生电偶腐蚀。图 1-7 为某型飞机座椅轨道及其地板结构中发生的紧固件与铝合金壁板之间的电偶腐蚀实例。

图 1-7　航空铝合金结构的电偶腐蚀形貌

5. 晶间腐蚀及剥蚀

晶间腐蚀是铝合金材料晶界与晶粒内部因电位不同而导致的沿晶界区域的选择性腐蚀现象，铝合金的晶界区域优先腐蚀，而晶粒内部往往没有明显的腐蚀。高强度铝合金依赖于合金元素沉淀相的强化，特别容易受到晶间腐蚀。

剥蚀属于晶间腐蚀的一种，是晶间腐蚀更严重的表现形式，由于腐蚀产物在晶界的膨胀，产生"楔入力"，导致表面晶粒被剥开。膨胀和剥离是剥腐的最明显特征。剥蚀一般发生在轧制的铝合金板材或挤压的铝合金型材上，对于保护不严或涂层破损的地方易发生剥蚀，沿海环境会加速剥蚀的发展。典型的航空铝合金结构晶间腐蚀与剥蚀形貌如图1-8所示。

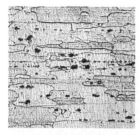
（a）晶间腐蚀的微观形貌

（b）飞机壁板的典型剥蚀形貌

图1-8 典型的航空铝合金结构晶间腐蚀与剥蚀形貌

6. 微生物腐蚀

微生物腐蚀是指由飞机油箱中的微生物，主要是真菌所引起的腐蚀。它们在油和水的分界面上繁殖，形成的新陈代谢产物对金属产生腐蚀。微生物生长造成的腐蚀可能是由以下原因引起的：生长过程中有保持水分的趋势，然后导致腐蚀；会消化贴附物作为食物；分泌的腐蚀液对贴附物表面的腐蚀。图1-9为某型飞机航空铝合金壁板的微生物腐蚀。

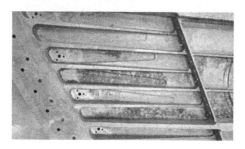

图1-9 航空铝合金壁板的微生物腐蚀

7. 微动腐蚀

微动腐蚀发生在经受反复振动负载下的材料之间的接触区域处。产生微动所需的相对运动非常小（有时只有 10^{-8} cm）。腐蚀产物增加了表面的磨损，并且磨损暴露出更多裸露的金属表面被腐蚀，整体损伤效果大于单独的腐蚀和磨损作用。微动的一般特征是磨损，其中金属块从表面磨掉，在磨损区域或在破损的凹坑处有腐蚀，在承受振动的重载静态接头中通常会遇到微动腐蚀。铝合金依赖于氧化物表面膜来抑制进一步的腐蚀，随着界面处载荷的快速摩擦，氧化物被除去并快速发生氧化，易受到影响。典型的航空铝合金结构微动腐蚀形貌如图 1-10 所示。

图 1-10 典型的航空铝合金结构微动腐蚀形貌

1.5 航空铝合金大气腐蚀试验与评价方法

国外从 20 世纪 20 年代初就进行了铝合金的大气暴露腐蚀试验，如 1928 年美国的 Alcoa 实验室，1931 年美国的 ASTM 共获取了数万件铝合金试样的大气暴露腐蚀数据，1941 年法国在欧洲 6 个地区开展了持续 30 年的铝合金大气暴露试验，等等。我国材料自然环境腐蚀试验开始于 20 世纪 50 年代中期，1955 年开始建立大气腐蚀试验网，后来又建立海上与土壤腐蚀试验网。60 年代中期至 70 年代末试验一度中断。1980 年，全国大气、海水、土壤腐蚀试验网站全面恢复建设，开始了我国常用材料自然环境中长期、系统的腐蚀试验研究。例如，在"八五"期间设立了"自然环境材料腐蚀数据积累及基础研究"重点项目，针对 9 种铝合金材料，在 7 个地区开展了 10 年的大气暴露腐蚀试验，也积累了一定的大气腐蚀试验数据。

1.5.1 大气腐蚀试验方法

航空铝合金的大气腐蚀试验主要是指利用自然大气环境条件进行的大气暴

露试验。按暴露方式可以分为三类，分别是直接暴露（又称户外暴露）、半封闭暴露（又称棚下暴露）和全封闭暴露（又称库内暴露）。

1. 户外暴露试验

户外暴露试验是试样直接静置暴露在户外自然大气环境中。

1）户外暴露试验的主要目的

（1）获得材料和产品在不同气候环境条件下的适应性数据；

（2）研究环境因素对材料和产品性能的影响程度和变化规律；

（3）研究材料和产品在不同环境下的主要影响因素和作用机理；

（4）选择在该环境条件下合适的防护措施；

（5）为制订室内模拟加速环境试验方法提供对比数据，判定室内模拟加速试验方法的可行性和与自然环境试验的相关性；

（6）可近似模拟在地面停放环境下，航空装备的环境适应性情况。

2）暴露场址和设置位置的选择

对暴露场的选择，应主要围绕各种大气因素对于材料和产品的作用及其效果、试验结果的代表性和准确性、性能变化速度等问题综合考虑。一般原则是暴露场应选择在能代表不同气候类型的地区。主要目的是研究气候因素的影响和数据积累，使数据具有可比性。

不同气候类型的地区，材料和产品性能的变化速度不同。在考核或研究中，往往需要同时在几个不同环境条件下进行试验，才能做出比较全面、客观的评价，通过试验可提供材料或产品的适用地区和范围。

暴露场地址要选择在能保证太阳升起后全日对暴露面自由投射光线、没有任何障碍物造成暴露面有阴影遮挡、主导风向和大气腐蚀成分传播的方向不会改变的地方。一般地，场地应平坦、四周空旷，周围障碍物至暴露场边缘的距离至少是该障碍物高度的3倍以上。

暴露场地面无积水，并保持环境的自然植被状态或铺设草坪，草高不超过0.2m。

暴露场内一般应设置环境因素监测场地。当暴露场地附近有气象台（站）时，也允许根据需要直接采用有关数据。

3）暴露方位和暴露角

暴露方位是指试样主要暴露面的朝向。一般认为，地处北半球的暴露场，暴露面应朝南放置；反之，则朝北放置。这种放置可确保试样面向太阳。但也有根据实际需要，采用其他朝向的暴露，如迎海暴露、迎主导风向暴露、斜坡暴露等，其朝向都是根据场地的实际情况和试验目的而定的。

根据实际需要，试样可以选用任意暴露角。对于金属材料和产品，一般都取 45°角，这样既能较快地得到试验结果，又不易积水。不同暴露角对非金属材料或产品有一定的差异，不仅老化速度有所差别，甚至老化破坏的特征也不尽相同。由于太阳辐射是多数非金属材料大气老化的主要影响因素，在适宜的暴露角下，试样能获得最大的太阳辐射量，加速试样的老化速度。国内外对暴露角进行了大量研究，目前仍未统一。当前试验用得较多的暴露角大致有 3 种，即当地地理纬度角、5°角、45°角。

在大气中进行暴露的试样，其劣化速度和劣化特征与试样投试季节关系很大。试验研究结果表明，春季涂层老化速度最快，夏季次之，冬季较慢，秋季涂层老化速度最慢。欲取得较快的老化速度，样品的投试时间宜在春末，最迟不应超过夏季。橡胶和塑料的试验结果表明，夏季投试的试样老化速度要快。金属材料一般在相对湿度大的季节前投试，其腐蚀速度较快。

4）试样放置和安装

试样的主要受试面按确定的朝向和倾角固定在暴露架试验框内，试样之间、试样与会影响试样性能的材料之间不得直接接触，一般使用绝缘材料做成的夹具将其隔开。试样与夹具之间的接触面要尽可能小。夹具材料有陶瓷、木材、塑料等。试样安装要牢固可靠、易于装卸且便于观察。腐蚀产物和雨水不得从一个试样表面流向另一个试样表面。试样之间不得彼此遮盖，也不应受其他物体的遮盖。试样应分类分区放置，并绘出试样试验位置图。

2. 棚下暴露和库内暴露试验

棚下暴露试验是指试样静置在有顶棚盖的敞开式或百叶窗式暴露棚下，样本不直接受到太阳辐射和雨淋作用的试验方法。库内暴露试验是指试样静置暴露在库房或其他建筑物内的试验方法。

这两类试验，一般是依据航空铝合金材料或产品的使用条件或环境条件的特点，如在机棚下、机堡/洞库内停放等过程，从模拟或者自然加速的目的出发，使试验数据更接近于实际使用的性能变化而进行的试验方法。

在试验设计中，对于同类试样，可以把户外暴露看成是棚下暴露和库内暴露的自然加速，棚下暴露是库内暴露的自然加速，整个暴露试验是储存试验的自然加速，这样的试验设计，可以提前得到一些有用的信息。这有利于对试样未来的发展趋势进行评估，并能及时给相关部门提供信息等。

棚下和库内暴露方法，大致与户外暴露试验方法相同，仅是试样放置地点、位置和暴露角度有点差异。通常试样垂直放置，大型或重型试件可以平放。试样距屋顶和四周墙壁不小于 0.5m。

1.5.2　航空铝合金大气腐蚀评价方法

虽然铝合金在空气或水中能在表面形成一层氧化物膜，具有较好的耐蚀性，但是有些离子，尤其是自然界中广泛存在的卤化物，会破坏铝合金表面的致密防护层，从而引发腐蚀。铝合金结构由于使用环境和服役年限的不同，发生腐蚀的部位和类型也不相同。对于航空铝合金材料的大气腐蚀，可以分为均匀腐蚀、局部腐蚀及应力作用下的腐蚀三大类。其中，航空铝合金的点蚀和剥蚀是最常见的腐蚀类型，现主要对这两类腐蚀的评价方法进行介绍。

1. 点蚀程度的评价

现有多种方法用于定量描述点蚀破坏的严重程度，包括标准样图法、最大点蚀深度法、统计分析法和机械（疲劳）性能损失法等。事实上，仅采用其中某一种方法是不够充分的，所以在实际评定时，往往采用两种以上的方法来进行点蚀程度的评价。

1）点蚀分级评定

可以根据类似图 1-11 给出的标准样图，按照点蚀的分布密度、尺寸和深度对点蚀进行分类评级。此外，还有其他各种类型的标准样图，用于对点蚀进行分级评定。这些标准样图对于点蚀实验结果的记录、储存、交流和相互比较是很有用的。但是，对所有的蚀孔进行测量是很耗费时间的，也不值得，因为最大值（如点蚀深度）常比平均值更为重要。

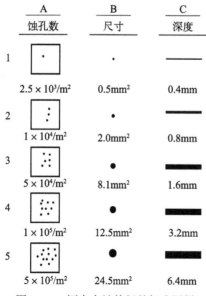

图 1-11　评定点蚀特征的标准图样

2）最大点蚀深度

最大点蚀深度往往比全部蚀孔的平均深度更为重要。实际测量时，一般选取特定面积，测量足够多的蚀孔，以确定最大点蚀深度及几个最深孔的平均深度。

点蚀程度也可用点蚀系数来表示：

$$点蚀系数 = 最大腐蚀深度 / 平均腐蚀深度$$

式中：平均腐蚀深度根据腐蚀质量损失计算得到。点蚀系数为1表示均匀腐蚀，该值越大，表示穿透深度越大。当点蚀或均匀腐蚀很轻微时，不宜使用点蚀系数。

3）统计分析方法

统计分析方法可用于评价点蚀数据。金属表面发生点蚀的概率与金属的点蚀敏感性、溶液的侵蚀性、试样的面积及试验时间等因素有关。将一批平行试样（或将一试样表面等分成若干区域）在某一特定条件下进行试验，发生点蚀的概率 $P(\%)$ 可表达如下：

$$P = \left(\frac{N_P}{N}\right) \times 100\%$$

式中：N_P 为发生点蚀的试样（或区域）数；N 为试样总数（或区域总数）。

蚀孔深度与数目之间一般遵循高斯分布规律，如图 1-12 所示。出现指定深度蚀孔的概率与试样面积的关系如图 1-13 所示。试样面积越大，出现较深蚀孔的概率也越大。因此，不宜用小试样上测出的最大点蚀深度来推断大设备的使用寿命。

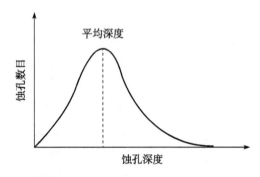

图 1-12　蚀孔深度与数目之间的关系图

现已有许多方法表示点蚀深度和暴露面积（或时间）的关系，如 Godarb 等发现，铝合金在各种水中的最大点蚀深度 D 与暴露时间 t 之间的关系为

$$D = Kt^{1/3}$$

式中：K 为与水及合金成分有关的常数。

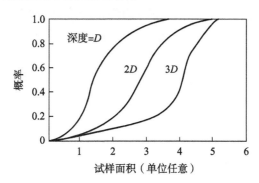

图 1-13 出现指定深度蚀孔的概率与试样面积之间的关系

极值概率方法已被成功用于判断最大点蚀深度，通过检查小部分金属面积上的点蚀深度就可以推算出大面积金属材料上的最大点蚀深度。这种方法最初是由 Godarb 提出的，之后 Aziz 通过把数据画在极值概率纸上使其便于应用。首先测定若干个已发生点蚀的相同试样的最大孔深，或从一大型金属构件上测量若干相等面积上的最大点蚀深度，然后按深度由小到大的递增顺序依次排列这些最大点蚀深度数据。每个排列位置都有相应的作图位置，各作图位置可按下式确定：

$$作图位置（概率）= B/(n+1)$$

式中：B 为试样（或面积）的最大点蚀深度的排列位置编码；n 为平行试样总数。

例如，在 10 个平行试样中，其最大点蚀深度占排列位置第二名次的作图位置是 $2/(10+1) \approx 0.1818$，依此类推。在以作图位置为纵坐标，最大点蚀深度为横坐标的极值概率纸上作图，若得到一条直线，表示极值统计方法可用。极值概率图右侧纵坐标为重复次数，即为了找到某特定深度的点蚀所必须有的重复试样数，或必须进行的考查数目。将图上直线外延，可用来确定产生指定最大点蚀深度的概率；或者用来确定为得到指定点蚀深度而必须进行的考查数目；或者从局部面积测量的点蚀深度推算大型构件上可能的最大点蚀深度。

4）力学性能的损失

如果点蚀居主导地位，而且点蚀密度比较高，用力学性能的变化评价点蚀程度更为有利。其中典型的力学性能包括抗拉强度、延伸率、疲劳强度、耐冲击性能和爆裂压力。

应该强调的是，为了比较腐蚀前后力学性能的变化，除了暴露试样以外，还应备有非暴露试样。各种试样之间应尽可能具有重现性，因此必须考虑边角效应、轧制方向和表面状况等因素。暴露试验后，分别测定暴露试样和非暴露试样的有关力学性能，它们之间的差别就归因于腐蚀造成的破坏。

上述某些方法更适于评定其他形式的局部腐蚀，如晶间腐蚀或应力腐蚀，因此必须考虑到它们的局限性。点蚀的随机性及其在试样表面上的位置也会影响试验结果。此外，某些场合下，点蚀所引起的力学性能变化太小，以致不能得到有意义的结果，而最大的问题之一是难以区分点蚀和其他形式的局部腐蚀所产生的影响。

2. 剥蚀程度的评价

对于航空铝合金的剥蚀来说，通常用平均腐蚀速率来衡量，平均腐蚀速率通常又采用重量法、深度法和电流密度法来表征。

1) 重量法

重量法灵敏、有效、用途广泛，是最基本的定量评定方法之一。根据腐蚀前后质量变化表示腐蚀的平均速率。若腐蚀产物全部牢固地附着于试样表面，或虽有脱落但易于全部收集，则常采用增重法来表示；反之，如果腐蚀产物完全脱落或易于全部清除，则往往采用失重法。平均腐蚀速率（单位时间、单位面积的质量变化）的计算公式如下：

$$\vartheta_W = \frac{\Delta W}{St} = \frac{|W-W_0|}{St}$$

式中：ϑ_W 为腐蚀速率，$g/(m^2 \cdot h)$；$\Delta W = |W-W_0|$，为试样腐蚀前重量 W_0 和腐蚀后重量 W 相比的变化量，g；S 为试样的表面积，m^2；t 为试样的腐蚀时间，h。

需要注意的是：①按上式计算腐蚀速率，是假定整个试验周期内腐蚀始终以恒定的速率进行，而实际中常常并非如此；②当采用重量法时，应按有关标准规定的方法去除试样表面的残余腐蚀产物；③公式中 S 通常是利用试样腐蚀前的表面积，然而，当试验周期内腐蚀导致的试样表面积变化比较明显时，将会影响数据的真实性。

2) 深度法

从工程应用角度上看，影响结构或设备寿命和安全的重要指标是腐蚀后构件的有效截面尺寸。因此，用深度法表征腐蚀程度更有实际意义，特别对衡量不同密度的材料的腐蚀程度，目前该方法已被纳入有关标准，如我国 GB/T 1024—1998《金属材料实验室均匀腐蚀全浸试验方法》，美国材料试验协会标准 ASTM G1、ASTM G31 等。直接测量腐蚀前后或腐蚀过程中某两时刻的试样厚度，就可以得到深度法表征的腐蚀速率（失厚或增厚）。可选择具有足够精度的工具和仪器直接测量厚度变化，也可以采用无损测厚的方法，如涡流法、超声法、射线照相法和电阻法等,破损测量方法以金相剖面法最为实用。

深度法表征的腐蚀速率可以由重量法计算出的腐蚀速率换算得到,换算公式如下:

$$\vartheta_D = 8.76\vartheta_W/\rho$$

式中:ϑ_D、ϑ_W 分别为深度法和重量法表示的腐蚀速率,单位分别为 mm/年和 g/($m^2 \cdot h$);对于腐蚀减薄情况,ρ 为腐蚀材料的密度,对于增厚情况,ρ 应为腐蚀产物的密度,但实际中腐蚀产物密度的准确值难以确定,因此上式一般仅用于减薄情况,ρ 的单位为 g/cm^3。

根据深度法表征的腐蚀速率大小,可以将材料的耐蚀性分为不同的等级,表 1-11 给出了腐蚀的 10 级标准。该分类方法对有些工程应用背景显得过细,因此还有低于 10 级的其他分类法。例如,三级分类法规定:腐蚀速率小于 0.1mm/年为耐蚀(1 级);腐蚀速率在 0.1~1.0mm/年为可用(2 级);腐蚀速率大于 1.0mm/年为不可用(3 级)。不管按几级分类,仅具有相对性和参考性,科学地评定腐蚀等级还必须考虑具体的应用背景。

表 1-11　腐蚀的 10 级标准

耐蚀性分类	耐蚀性等级	腐蚀速率/(mm/年)	耐蚀性分类	耐蚀性等级	腐蚀速率/(mm/年)
Ⅰ 完全耐蚀	1	<0.001	Ⅳ 尚耐蚀	6	0.1~0.5
Ⅱ 很耐蚀	2	0.001~0.005		7	0.5~1.0
	3	0.005~0.01	Ⅴ 欠耐蚀	8	1.0~5.0
Ⅲ 耐蚀	4	0.01~0.05		9	5.0~10.0
	5	0.05~0.1	Ⅵ 不耐蚀	10	>10.0

3)电流密度法

金属的电化学腐蚀是由阳极溶解导致的,因而电化学腐蚀的速率可以用阳极反应的电流密度来表征。法拉第定律指出,当电流通过电解质溶液时,电极上发生电化学变化的物质的量与通过的电量成正比,与电极反应中转移的电荷数成反比。设通过阳极的电流强度为 I,通电时间为 t,则时间 t 内通过电极的电量为 It,相应溶解掉的金属质量为

$$\Delta m = \frac{\overline{M}It}{xF}$$

式中:$\overline{M}$ 为金属的摩尔质量,g/mol;x 为金属阳离子的价数;F 为法拉第常数,约为 96500C/mol。

对于均匀腐蚀情况,阳极面积为整个金属表面 S,因此,腐蚀电流密度

i_{corr} 为 I/S。这样就可以得到重量法表示的腐蚀速率 ϑ_W 和电流密度之间的关系为

$$\vartheta_W = \frac{\Delta m}{St} = \frac{Ai_{corr}}{nF}$$

同样可以得到以深度法表征的腐蚀速率与腐蚀电流密度的关系为

$$\vartheta_D = \frac{\Delta m}{\rho St} = \frac{Ai_{corr}}{nF\rho}$$

当电流密度 i_{corr} 的单位取 $\mu A/cm^2$、其他量的单位同前面规定一样时，又可得到

$$\vartheta_W = 3.73 \times 10^{-4} Ai_{corr}/n$$
$$\vartheta_D = 3.73 \times 10^{-4} Ai_{corr}/(n\rho)$$

前面所介绍的腐蚀速率表征方法均适用于航空铝合金发生全面剥蚀（或均匀腐蚀）的情况。对于非均匀腐蚀，即便是全面腐蚀，上述方法也不适用，需要借助其他方法来评定腐蚀程度。

参考文献

[1] 于美，刘建华，李松梅．航空铝合金防护与检测方法 [M]．北京：科学出版社，2017．

[2] 宣卫芳，胥泽奇，肖敏，等．装备与自然环境试验基础篇 [M]．北京：航空工业出版社，2009．

[3] 王祝堂，郑家驹，王中奎，等．航空航天器用铝材手册 [M]．长沙：中南大学出版社，2015．

[4] 黄伯云，李成功，石力开，等．中国材料工程大典（第4、5卷）有色金属材料工程（上、下）[M]．北京：化学工业出版社，2006．

[5] 中国航空材料手册编辑委员会．中国航空材料手册（第3卷）铝合金 镁合金 [M]．2版．北京：中国标准出版社，2001．

[6] 柯伟，杨武．腐蚀科学技术的应用和失效案例 [M]．北京：化学工业出版社，2006．

[7] 曹楚南．腐蚀试验数据的统计分析 [M]．北京：化学工业出版社，1988．

[8] 曹楚南．中国材料的自然环境腐蚀 [M]．北京：化学工业出版社，2005．

[9] 李金桂．腐蚀控制设计手册 [M]．北京：化学工业出版社，2006．

[10] 汪学华．自然环境试验技术 [M]．北京：航空工业出版社，2003．

[11] 黄建中，左禹．材料的耐蚀性和腐蚀数据 [M]．北京：化学工业出版社，2003．

[12] 石德珂．材料科学基础 [M]．北京：机械工业出版社，1999．

[13] 谢希文，过梅丽．材料工程基础 [M]．北京：北京航空航天大学出版社，1999．

[14] 王晓敏. 工程材料学 [M]. 北京：机械工业出版社, 2000.
[15] 张联盟, 程晓敏, 陈文. 材料学 [M]. 北京：高等教育出版社, 2005.
[16] 师昌绪. 中国工程院化工、冶金材料工程学部第五届学术大会论文集：材料与社会可持续发展 [C]. 北京：中国石化出版社, 2005.
[17] 白新德. 材料腐蚀与控制 [M]. 北京：清华大学出版社, 2003.
[18] 黄永昌. 金属腐蚀与防护原理 [M]. 上海：上海交通大学出版社, 1989.
[19] 张津, 章宗和. 镁合金及应用 [M]. 北京：化学工业出版社, 2004.
[20] 肖纪美, 曹楚南. 材料腐蚀学原理 [M]. 北京：化学工业出版社, 2002.
[21] 于敬敦, 吴幼林, 秀岭, 等. 08CuPVRE 钢耐大气腐蚀的机理 [J]. 中国腐蚀与防护学报, 1994, 14(1)：82-86.
[22] 刘道庆, 吴超, 陈亮. 飞机腐蚀疲劳典型部位地面停放局部环境谱及当量折算 [J]. 飞机设计, 2011, 31(5)：15-17.
[23] 张福泽, 谭卫东, 宋军, 等. 腐蚀温度对飞机疲劳寿命的影响 [J]. 航空学报, 2004, 25 (5)：473-475.
[24] 杨晓华, 姚卫星, 陈跃良. 加速疲劳寿命试验在飞机结构日历寿命研究中的应用 [J]. 腐蚀科学与防护技术, 2002, 14 (3)：172-174.
[25] MILLER R N, SCHUESSLER R L. Predicting service life of aircraft coating in various environments [J]. Corrosion, 1989 (4)：17-21.
[26] ASTM G34-01 Standard test method for exfoliation corrosion susceptibility in 2XXX and 7XXX series aluminum alloys (EXCO Test)[S]. ASTM, 2003.
[27] WANHILL R J H, LUCCIA J J D, RUSSO M T. The fatigue in aircraft corrosion testing programme [R]. AGARD, 1989.
[28] 周希沅. 中国飞机结构腐蚀分区和当量环境谱 [J]. 航空学报, 1998, 20 (3)：230-233.
[29] 周希沅. 飞机结构的当量环境谱与加速试验谱 [J]. 航空学报, 1996, 17 (5)：613-616.
[30] 陈跃良, 段成美. 海军飞机环境谱加速腐蚀当量折算研究 [R]. 海军航空技术学院技术报告, 1995.
[31] 刘庭耀. 飞机结构腐蚀环境的聚类分析 [J]. 飞机设计, 1997, 17 (4)：25-29.
[32] 张福泽. 飞机日历寿命确定的区域定寿法 [J]. 航空学报, 2001, 22 (6)：549-552.
[33] 张栋. 确定飞机日历寿命用的当量环境谱研究 [J]. 航空学报, 2000, 21 (2)：128-133.
[34] 董登科, 王俊扬. 关于军用飞机服役日历年限评定用的当量环境谱 [J]. 航空学报, 1998, 19 (4)：451-455.
[35] 张福泽. 飞机停放日历寿命腐蚀温度谱的编制方法和相应腐蚀介质的确定 [J]. 航空学报, 2001, 22 (4)：359-361.

[36] 刘文珽, 李玉海, 陈群志, 等. 飞机结构腐蚀部位涂层加速试验环境谱研究 [J]. 北京航空航天大学学报, 2002, 28 (1): 109-112.

[37] 陈群志, 崔常京, 王逾涯, 等. 典型机场地面腐蚀环境数据库研究 [J]. 装备环境工程, 2006, 3 (3): 47-49, 76.

[38] 陈跃良, 金平, 林典雄, 等. 海军飞机结构腐蚀控制及强度评估 [M]. 北京: 国防工业出版社, 2009.

[39] 陈群志, 刘桂良, 崔常京, 等. 军用飞机结构局部环境谱编制的工程方法 [J]. 装备环境工程, 2006, 3 (2): 53-56.

[40] 金平, 王国才, 谭晓明. 基于聚类分析的飞机结构局部环境谱编制技术研究 [J]. 科学技术与工程, 2009, 9 (18): 5614-5618.

[41] 赵海军, 金平, 陈跃良. 飞机地面局部气候环境研究 [J]. 航空学报, 2006, 27 (5): 873-876.

[42] 杨晓华, 金平, 陈跃良. 飞机空中使用环境谱的编制 [J]. 航空学报, 2008, 29 (1): 85-90.

第2章
典型航空铝合金大气腐蚀行为与机理

航空铝合金中用的最多的是变形铝合金2×××系和7×××系,而铝锂合金、6×××系合金正处于积极探索或初步应用阶段。在2×××系和7×××系航空铝合金中,国内最典型的代表牌号分别为2A12-T4和7A04-T6轧制状态下的变形铝合金。因此,本章以上述两个牌号的铝合金为研究对象,开展了其大气腐蚀行为与机理研究。

大气腐蚀损伤会削弱飞机结构的承载面积,降低结构的疲劳性能,进而威胁飞行安全并影响飞机的结构寿命。开展铝合金在大气暴露环境下的腐蚀研究,确定其腐蚀损伤发展规律与机理,以及寿命退化规律与机理,对实际结构寿命评定、保障飞机使用安全具有重要意义。

2.1 试验件和试验方法

2.1.1 试验件

沿海大气暴露试验件涉及两种航空铝合金材料:其中一种为2A12-T4(与AA2024-T4相似)铝合金,试验件形式为平板试验件,如图2-1(a)所示;另外一种为7A04-T6(与AA7075-T6相似)铝合金,试验件形式包括平板试验件、中心孔试验件和冷挤压孔试验件,如图2-1(b)、(c)所示。7A04-T6中心孔试验件和冷挤压孔试验件的形状、尺寸均相同,统称为带孔试验件。两种铝合金材料的化学成分见表2-1。L、T和S方向分别指板材的轧制方向、宽度方向(长横向)和厚度方向(短横向)。

试验件均沿着铝合金板材的轧制方向取材。2A12-T4平板试验件由2A12-T4铝合金板材经铣切加工而成,而且表面的铝包层采用机械铣削的方式去除。对试验件表面进行硫酸阳极氧化,并用热水密封。阳极氧化膜的最终厚度平均为

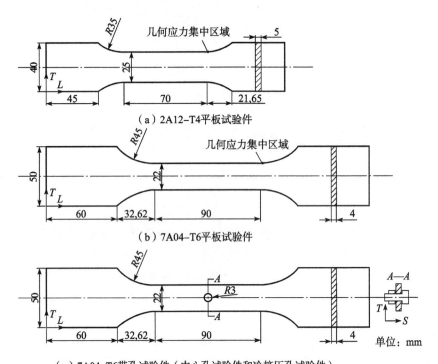

图 2-1 沿海大气暴露试验件的形状和尺寸

$8\mu m$。在暴露试验之前，对试验件进行丙酮超声波除油，然后用蒸馏水清洗，并用无水乙醇脱水。

表 2-1 沿海大气暴露试验件铝合金材料的热处理和化学成分

牌号	热处理	化学成分（质量分数）/%									
		Si	Fe	Cu	Mn	Mg	Cr	Ni	Zn	Ti	Al
2A12	T4	0.10	0.22	4.62	0.54	1.60	—	0.99	0.22	0.13	余量
7A04	T6	0.50	0.50	1.68	0.39	2.31	0.18	—	6.01	0.10	余量

7A04-T6 三类试验件的狗骨形板由 7A04-T6 铝合金轧制板材经铣切加工而成，而且表面的包铝层也采用机械铣削的方式去除。两类带孔试验件的紧固件均采用 30CrMnSiA 钢螺栓和螺母，所有垫圈均为 2A10 铝合金材料。冷挤压孔试验件的中心孔经芯棒冷挤压强化处理。7A04-T6 试验件均采用由阳极氧化层和环氧底漆（环氧涂层）组成的双层防护系统。对狗骨形板所有表面，包括螺栓孔壁，进行硫酸阳极氧化并用热水密封。阳极氧化层的最终平均厚度为 $8\mu m$。紧接着，在 24h 内，对狗骨形板的所有表面喷涂环氧锌

黄底漆。待环氧底漆干燥后，采用涡流法测得底漆涂层的平均厚度为 50μm。研究带环氧锌黄涂层铝合金结构的长期腐蚀特征，对评估长期服役飞机结构的安全性具有重要意义。在暴露试验之前，将紧固件安装在两类带孔试验件上。螺栓、螺母通过垫圈与试验件上、下表面接触，且紧固件与孔之间采用间隙配合。

2.1.2 大气腐蚀试验方法与条件

在海南省的万宁大气试验站开展大气环境暴露试验，如图 2-2 所示，将各组试验件按腐蚀年限分为三批，分别为腐蚀 7 年、12 年和 20 年，一种结构形式的试验件开展同一年限下腐蚀试验的件数为 5 件。根据 ISO 7441：1984（GB/T 19747—2005）的试验方法，试验件均在通风的室内上架，暴露角度与水平面夹角呈 45°，朝向南方，其中，两组强化试验件安装螺母的一侧朝上。

图 2-2　沿海大气暴露试验站室内暴露试验棚

海南万宁环境试验站位于东经 110°30′31″，北纬 18°58′05″，属于典型的湿热海洋大气环境，具有氯离子浓度高和湿度大的特点。

试验站室外环境因素统计平均值和大气腐蚀介质测定值（1997 年）如表 2-2 和表 2-3 所列。

表 2-2　万宁环境因素统计平均值（1997 年）

环境因素	最大值	最小值	年平均值
大气温度/℃	31.4	17.8	23.91
相对湿度/%	100.0	80.0	87.56
大气压力/MPa	1023.1	1003.0	1011.00
降水量/mm	—	—	198.16

续表

环境因素	最大值	最小值	年平均值
降水小时数/h	—	—	23.96
平均风速/(m/s)	—	—	2.43
日照百分率/%	—	—	44.19

表2-3 万宁大气腐蚀介质测定值（1997年）

腐蚀介质名称	年平均值
SO_2	0.045275mg/m^3
NO_2	0.002025mg/m^3
NH_3	0.002700mg/m^3
HCl	0.019675mg/m^3
Cl^-	0.145875 [mg/(100cm^2·day)]
雨水pH值	5.125
雨水SO_4^{-2}含量	3107.25mg/m^2
雨水Cl^-含量	12167.25mg/m^2

2.1.3 试验分析方法与设备

本章的腐蚀形貌分析方法、腐蚀产物分析和去除方法，与本书其他章节中的一致，后续几章将不再详细描述。

1. 腐蚀形貌分析

采用带CCD的PXS-5T型光学显微镜、RH-8800型数字视频显微镜以及VEGA Ⅱ XMU型扫描电镜（SEM）对大气暴露试验件表面腐蚀形貌进行宏观、微观观察。从大气暴露试验件上切取截面试样，对截面用砂纸打磨至1000#或1200#（砂纸）之后，用粒径为0.25μm的金刚石喷雾抛光剂进行抛光，然后对截面腐蚀形貌进行SEM分析。后续对截面试样的打磨和抛光步骤与此处描述一致，简称为打磨和抛光。

采用FEI Quanta 650FEG型扫描电镜对暴露20年2A12-T4平板试验件纵截面（S-L截面）的晶间腐蚀特征进行SEM和EBSD分析。为进行EBSD分析，对S-L截面试样进行了机械研磨、机械抛光和氩离子抛光处理。

2. 腐蚀产物分析和去除

采用X'Pert-PRO型X射线衍射仪（XRD）对试验件表面腐蚀产物和表面

沉积物的物相组成进行分析。一般采用 SEM 配备的 OXFORD 7718 型 X 射线能谱仪（EDS），对试验件表面腐蚀产物、表面局部区域和截面腐蚀产物的元素组成进行分析。为了能更加准确地测定腐蚀产物的元素组成，特别是针对原子序数较小的元素（如 N 元素等）时，采用 Titan Cubed Themis G2 300 型球差校正透射电镜（ACTEM）配备的能谱仪。

在暴露 20 年 2A12-T4 平板试验件的剥蚀区域切取 S-L 截面试样。对 S-L 截面试样依次进行机械研磨、机械抛光和氩离子抛光。采用聚焦离子束（FIB）加工方法，在 S-L 截面上选取沿厚度方向腐蚀最前沿（最深处）的晶间腐蚀区域，制备含腐蚀产物的薄层透射电镜（TEM）样品。在 ACTEM 下对薄层样品进行晶间腐蚀产物 EDS 分析。

根据 ISO 8407:2009（E）标准，将试样放入 20~25℃ 的 HNO_3 溶液（ρ = 1.42g/mL）中浸泡 1~5min，从而去除铝合金试样表面的腐蚀产物。

3. 剩余厚度测量

针对 2A12-T4 平板试验件，切取每个试验件剥蚀最严重区域的横截面，并用 1000#砂纸打磨。用带 CCD 的 PXS-5T 光学显微镜对获取的横截面进行拍照，然后借助 TSview-7 软件测量截面剩余厚度。每个暴露年限下，测量 5 个横截面。每个截面被均匀分成 12 个区域，分别测量每个区域的截面剩余厚度。最小剩余厚度是指每个横截面 12 个区域剩余厚度测量值中的最小值。

针对带涂层 7A04-T6 铝合金平板试验件，在试验件上表面环氧涂层宏观完好区域切取横截面，并用 1000#砂纸打磨。用 RH-8800 数字视频显微镜对横截面上表面环氧涂层进行拍照，然后借助 TSview-7 软件测量环氧涂层的剩余厚度。每个暴露年限下，测量 6 个横截面。每个截面被均匀分成 10 个区域，分别测量每个区域的环氧涂层剩余厚度。

4. 材料微观组织特征分析

切取暴露 20 年 2A12-T4 平板试验件局部作为表面析出相分析试样。采用机械打磨的方法去除试样表面的腐蚀层，然后对表面进行打磨和抛光，并用 SEM 和 EDS 对表面的析出相进行分析。从暴露 20 年带涂层 7A04-T6 平板试验件上切取 S-L 截面试样，然后对截面进行打磨和抛光。在 Keller 试剂（1.0mL HF+2.5mL HNO_3+1.5mL HCl+95mL H_2O）中浸蚀 15s 后，用金相显微镜观察截面的微观组织结构。

从暴露 20 年 2A12-T4 平板试验件和带涂层 7A04-T6 平板试验件上分别切取 0.5mm 厚的 S-L 截面试样。先用 2000#砂纸将截面试样厚度打磨到 80μm，然后在 695PIPS 型离子减薄仪上进行减薄，完成 TEM 样品制备。在 FEI-Talos F200X 型高分辨透射电镜下观察 2A12-T4 和 7A04-T6 样品的晶界组织特征，并用 EDS 和 EPMA 分析晶界析出相的元素组成和分布。

5. 电化学阻抗谱（EIS）测量

EIS 测量在 PARSTAT 2273 型电化学工作站上进行。采用经典的三电极体系，辅助电极为铂电极，参比电极为饱和甘汞电极，工作电极为环氧涂层试样。涂层试样取自不同暴露年限下带涂层 7A04-T6 铝合金平板试验件上表面环氧涂层宏观完好的区域。采用环氧树脂封装工作电极环氧涂层试样，工作面积为 $1cm^2$，测试溶液为 3.5% NaCl 溶液，EIS 测量频率范围为 100kHz～10MHz，施加的扰动电压为 20mV。

2.2　2A12-T4 铝合金板件大气腐蚀行为与机理

本节开展了 2A12-T4 铝合金平板试验件、螺栓干涉试验件和冷挤压后螺栓干涉试验件在海南万宁大气条件下暴露腐蚀 7 年、12 年和 20 年后的疲劳试验研究，以结构最小剩余厚度作为腐蚀特征量，采用统计方法分析了试验件中单侧腐蚀区和双侧腐蚀区的腐蚀损伤分布规律；研究了腐蚀损伤随服役年限的变化规律，并开展了腐蚀产物和腐蚀形貌分析，给出了 2A12-T4 铝合金在大气环境下的剥蚀机理；分析了三种试验件在不同腐蚀周期后的寿命退化规律，研究了试件表面、断口和截面的宏/微观形貌，对腐蚀特征形成的原因和机理进行了讨论。

2.2.1　大气腐蚀损伤规律

1. 腐蚀特征量的选取与测量结果

垂直于轧制方向将试验件切割成若干小段，并经镶嵌、打磨、抛光后制成金相试样，然后进行腐蚀特征量的测量，制成的试验件截面如图 2-3 所示。

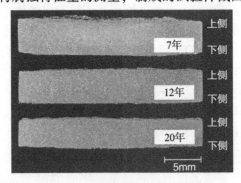

图 2-3　不同腐蚀年限试验件截面

图 2-3 中,三种腐蚀年限试验件的上下表面均已严重腐蚀,无法找到基准面对腐蚀深度进行测量,考虑到剩余厚度是影响结构剩余寿命的主要因素,故以结构最小剩余厚度值作为腐蚀特征量。板件剩余厚度是指去除上下表面腐蚀深度(包括点蚀和剥蚀)后的基体厚度,本节所测量的板件最小剩余厚度是指在局部区域内板件剩余厚度的最小值。若将测量结果应用于其他厚度 2A12-T4 结构的腐蚀损伤评估,需根据本节中板件的实际厚度(5.08mm)进行相应折算。

由于在大气腐蚀过程中,试验件的左右两侧也受到腐蚀,导致左右两侧的局部区域受到图 2-4 中所示的垂直方向和水平方向的双侧腐蚀,使板件截面呈现出两侧薄中间厚的形状,因此,仅受垂直方向的单侧腐蚀区域应与双侧腐蚀区域区分开来。本节将同一截面划分为四个区域,如图 2-4 所示,分别测量每个区域的最小剩余厚度值,纳入统计分析数据。

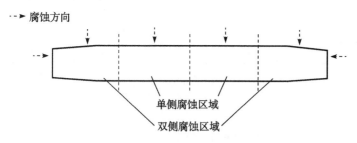

图 2-4　截面测量区域划分

实际上,飞机结构的不同部位也是受到两种不同状态的腐蚀。如飞机蒙皮的大部分区域受到的是单侧腐蚀,而飞机的大梁、长桁的角端部位受到的则是双侧腐蚀。对不同部位进行腐蚀损伤评估时要根据它们受到的腐蚀状态区分考虑。

通过带 CCD 的体式显微镜对测量区域进行拍照,而后使用 TSView7 软件对板件的最小剩余厚度进行测量,测量精度为 0.01mm。每个腐蚀年限测量的单侧腐蚀区和双侧腐蚀区数据各为 72 个。不同年限大气腐蚀后的板件最小厚度值测量结果如表 2-4 所示。

表 2-4　大气腐蚀后 2A12-T4 板件最小厚度值测量结果 (mm)

序号	单侧腐蚀区			双侧腐蚀区			序号	单侧腐蚀区			双侧腐蚀区		
	7年	12年	20年	7年	12年	20年		7年	12年	20年	7年	12年	20年
1	4.25	4.12	3.50	3.83	4.04	3.22	37	4.41	4.21	3.80	4.23	3.89	3.55
2	4.41	4.25	3.75	4.28	3.75	3.32	38	4.34	4.27	3.89	4.27	4.07	3.45

续表

序号	单侧腐蚀区			双侧腐蚀区			序号	单侧腐蚀区			双侧腐蚀区		
	7年	12年	20年	7年	12年	20年		7年	12年	20年	7年	12年	20年
3	4.60	4.24	3.06	4.29	3.96	2.84	39	4.07	4.12	3.94	3.24	4.07	3.65
4	4.34	4.29	3.13	3.93	4.10	2.99	40	4.25	4.26	3.92	3.76	4.09	3.83
5	4.53	4.11	3.41	4.47	3.96	3.37	41	4.28	4.04	3.21	3.90	3.91	3.17
6	4.35	3.94	3.08	4.43	4.14	3.18	42	4.45	4.23	3.32	3.87	3.77	3.22
7	4.41	4.06	3.84	3.83	3.67	2.97	43	4.62	4.16	3.49	4.13	3.82	3.33
8	4.59	4.14	3.68	4.07	3.53	3.01	44	4.57	4.06	3.98	3.75	3.87	3.45
9	4.42	4.29	4.04	3.80	3.39	4.02	45	4.52	3.93	3.88	4.29	4.04	3.65
10	4.21	4.24	4.14	4.10	3.03	4.06	46	4.65	4.14	4.21	4.07	3.93	3.39
11	4.49	3.85	4.03	4.09	3.62	3.64	47	4.47	3.99	3.66	4.40	3.64	3.75
12	4.71	4.19	4.04	3.88	4.01	3.52	48	4.45	3.80	3.86	3.84	3.69	3.48
13	4.43	4.03	4.02	3.97	3.95	3.53	49	4.23	3.97	3.69	4.16	3.63	3.18
14	4.38	4.35	4.00	4.05	3.92	3.76	50	4.41	4.15	3.64	4.24	3.45	3.05
15	4.46	4.40	3.88	4.17	3.95	3.33	51	4.44	4.00	3.39	4.11	3.31	3.08
16	4.30	4.14	3.94	4.26	3.81	3.54	52	4.60	4.14	3.60	4.10	3.37	2.97
17	4.34	3.69	3.39	3.98	3.61	3.36	53	4.55	4.06	3.46	4.23	3.30	3.05
18	4.46	3.91	3.30	4.34	3.95	3.72	54	4.54	3.99	3.61	3.88	3.38	3.18
19	4.31	3.93	3.62	3.79	3.98	3.29	55	4.46	3.95	3.70	3.78	3.30	3.33
20	4.29	3.82	3.72	4.07	3.79	3.46	56	4.56	4.35	3.88	4.18	3.23	3.30
21	4.30	3.94	3.69	4.35	3.77	3.45	57	4.31	4.19	3.91	3.95	3.84	3.93
22	4.40	4.13	3.87	4.33	4.10	3.61	58	4.54	3.92	3.78	4.19	3.87	3.80
23	4.31	4.24	3.62	3.66	3.83	3.48	59	4.44	4.23	3.80	3.87	3.70	3.67
24	4.39	4.19	4.00	4.06	3.90	3.56	60	4.51	4.06	3.86	4.30	3.83	3.78
25	4.58	3.78	3.52	3.79	3.98	3.31	61	4.20	4.19	3.77	3.81	4.09	3.79
26	4.58	3.83	3.66	3.90	3.89	3.40	62	4.61	4.16	3.83	4.52	3.83	3.53
27	4.37	3.94	3.55	4.30	3.85	3.11	63	4.45	4.12	4.06	4.29	4.16	3.87
28	4.23	4.05	3.89	3.88	3.67	3.19	64	4.56	4.02	4.13	4.07	3.98	3.93
29	4.63	3.93	3.52	4.38	3.91	3.35	65	4.44	4.14	3.44	3.86	3.91	3.38
30	4.09	4.09	3.61	3.79	3.70	3.38	66	4.42	4.38	3.36	3.99	3.90	3.50
31	4.50	4.05	3.62	3.93	3.68	3.15	67	4.19	4.24	3.76	4.27	4.09	3.18
32	4.41	4.17	3.60	3.82	3.97	3.25	68	4.54	4.25	3.72	4.55	4.02	2.89
33	4.67	3.97	3.76	4.08	3.76	3.52	69	4.30	4.13	4.07	4.47	4.11	3.52

续表

序号	单侧腐蚀区			双侧腐蚀区			序号	单侧腐蚀区			双侧腐蚀区		
	7年	12年	20年	7年	12年	20年		7年	12年	20年	7年	12年	20年
34	4.25	3.85	3.77	4.11	3.80	3.83	70	4.49	4.07	3.93	3.94	4.04	3.31
35	4.48	4.13	4.11	4.10	4.08	3.95	71	4.16	3.92	3.76	4.31	3.69	3.36
36	4.36	4.18	4.05	4.06	3.94	3.81	72	4.46	4.06	4.09	4.39	4.08	3.55

2. 板件最小剩余厚度的分布规律

本节采用正态分布、对数正态分布、甘贝尔（Gumbel）第一型极值分布、Logistic 分布和威布尔分布 5 种形式进行比较研究，确定大气腐蚀条件下腐蚀损伤的分布规律。5 种分布类型的累积分布函数分布如下。

（1）正态分布：

$$F(x) = \int_{-\infty}^{x} \frac{1}{\sqrt{2\pi}\sigma} e^{-\frac{(x-\mu)^2}{2\sigma^2}} dx \tag{2-1}$$

（2）对数正态分布：

$$F(x) = \int_{-\infty}^{\lg x} \frac{1}{\sqrt{2\pi}\sigma} e^{-\frac{(\lg x-\mu)^2}{2\sigma^2}} dx \tag{2-2}$$

（3）Gumbel 第一型极值分布：

$$F(x) = \exp\left[-\exp\left(-\frac{x-\mu}{\sigma}\right)\right] \tag{2-3}$$

（4）Logistic 分布：

$$F(x) = \frac{\exp[(x-\mu)/\sigma]}{1+\exp[(x-\mu)/\sigma]} \tag{2-4}$$

（5）威布尔分布：

$$F(x) = 1 - \exp\left[-\left(\frac{x}{\sigma}\right)^\beta\right] \tag{2-5}$$

式（2-1）~式（2-5）中：x 为最小剩余厚度的随机变量；μ 为位置参数；σ 为尺度参数；β 为形状参数。

上述 5 种分布均可以取对数化简为线性方程的形式，再通过最小二乘法拟合得到不同分布函数的参数值。采用 Pearson 相关系数法对不同分布形式的拟合度进行对比，Pearson 相关系数 R 的公式为

$$R = \frac{\sum_{i=1}^{n}(x_i - \bar{x})(y_i - \bar{y})}{\left[\sum_{i=1}^{n}(x_i - \bar{x})^2 \sum_{i=1}^{n}(y_i - \bar{y})^2\right]^{0.5}} \tag{2-6}$$

式中：x_i 为第 i 个实测厚度值；$\bar{x}$ 为样本 x 的均值；y_i 为 x_i 对应的拟合函数值；$\bar{y}$ 为样本 y 的均值；n 为样本数。不同拟合模型的相关系数值如表 2-5 所示。

表 2-5 不同拟合模型的相关系数值

类型	大气腐蚀年数	正态分布	对数正态分布	Gumbel 第一型极值分布	Logistic 分布	威布尔分布
单侧腐蚀区	7	0.995	0.993	-0.958	0.993	0.991
	12	0.993	0.992	-0.957	0.991	0.990
	20	0.987	0.980	-0.936	0.985	0.997
双侧腐蚀区	7	0.981	0.974	-0.950	0.979	0.972
	12	0.955	0.944	-0.879	0.955	0.988
	20	0.996	0.997	-0.980	0.993	0.977

根据相关系数 R 与 t 分布的关系，在显著水平 α 下满足假设分布的相关系数临界值为

$$R_c = \frac{t_\alpha(n-2)}{\sqrt{(n-2)+t_\alpha^2(n-2)}} \quad (2-7)$$

在样本数 $n=72$，给定显著水平 $\alpha=0.01$ 下，$R_c=0.274$。根据表 2-5，5 种分布的拟合均高度相关，相比而言，拟合最差的为 Gumbel 第一型极值分布，最佳拟合为正态分布。可以认为，在相同周期的大气腐蚀条件下（超过 7 年），2A12-T4 铝合金结构单一表面受到单侧腐蚀和角端受到双侧腐蚀后结构的最小剩余厚度均服从正态分布。板件最小厚度的正态分布检验图如图 2-5 所示。拟合度较高的正态分布、对数正态分布、Logistic 分布和威布尔分布的分布系数如表 2-6 所示。

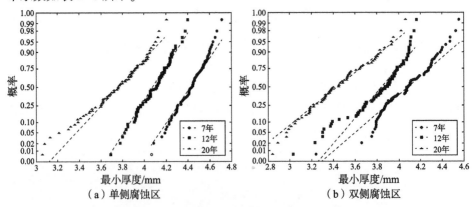

图 2-5 板件最小厚度值的正态分布检验图

表 2-6 不同模型的分布系数

类型	大气腐蚀年数	正态分布		对数正态分布		Logistic 分布		威布尔分布	
		μ	σ	μ	σ	μ	σ	σ	β
单侧腐蚀区	7	4.4211	0.1478	0.6453	0.0146	4.4211	0.0839	4.4856	37.0716
	12	4.0883	0.1613	0.6112	0.0173	4.0883	0.0916	4.1584	31.3776
	20	3.7335	0.2807	0.5710	0.0337	3.7335	0.1594	3.8522	16.3912
双侧腐蚀区	7	4.0747	0.2576	0.6093	0.0281	4.0747	0.1462	4.1864	19.2817
	12	3.8179	0.2697	0.5809	0.0323	3.8179	0.1529	3.9318	17.5941
	20	3.4379	0.3015	0.5348	0.0381	3.4379	0.1715	3.5650	13.9721

3. 腐蚀动力学规律

由于本书采用最小剩余厚度作为腐蚀特征量,且在实际应用时一般根据最小剩余厚度对结构的寿命进行估算,因此,取损伤概率 p 来估算板件的最小剩余厚度,则存活率 $p_s=1-p$。在一定可靠度(即存活率)与置信度要求下,板件最小剩余厚度 t 的估算公式为

$$t=\bar{t}-ks=\frac{1}{n}\sum t_i - k\sqrt{\frac{\sum t_i^2 - n\left(\frac{1}{n}\sum t_i\right)^2}{n-1}} \quad (2-8)$$

式中:$\bar{t}$ 为子样均值;s 为子样标准差;n 为样本数;k 为单侧容限系数,可表示为

$$k=\frac{\mu_p+\mu_\gamma\sqrt{\frac{1}{n}\left[1-\frac{\mu_\gamma^2}{2(n-1)}\right]+\frac{\mu_p^2}{2(n-1)}}}{1-\frac{\mu_\gamma^2}{2(n-1)}} \quad (2-9)$$

式中:μ_p 为与损伤概率 p 相关的标准正态偏量;μ_γ 为与置信度 γ 相关的标准正态偏量;n 为样本数。本章中样本数为 72,在 99.9% 可靠度与 90% 置信度下,$k=3.52$。根据式(2-8),受单侧腐蚀 7 年后的板件最小剩余厚度为 3.93mm,即有 90% 的把握可以说,在单侧腐蚀 7 年后,至少有 99.9% 的区域的板件最小厚度大于 3.93mm。因此,可以使用 3.93mm 作为大气腐蚀 7 年后板件的剩余厚度进行寿命评估,结果是偏于安全的。其他腐蚀年限不同的腐蚀状态下,2A12-T4 铝合金板件满足 99.9% 可靠度与 90% 置信度的最小剩余厚度如图 2-6(a)所示,大气腐蚀年数与板件最小剩余厚度平均值的关系如图 2-6(b)所示。

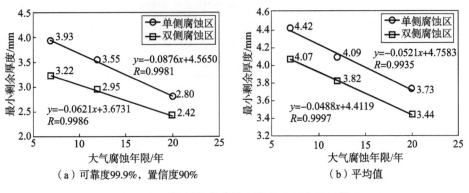

图 2-6　大气腐蚀年限与板件最小厚度的关系

从图 2-6（b）可以看出，不论是单侧腐蚀还是双侧腐蚀，在大气腐蚀 7~20 年间 2A12-T4 铝合金板件的最小剩余厚度值基本是线性减小的。从拟合得到的线性方程来看，方程的截距值均小于板件的初始厚度值 5.08mm，这说明即使板件在初始状态有阳极氧化层的保护，在大气腐蚀前 7 年的平均腐蚀损伤速率还是要比 7~20 年间的损伤速率快。总地来说，2A12-T4 铝合金板件的腐蚀损伤速率是一个先快后慢的过程，仅从本书的研究数据来看，腐蚀损伤速率在 7 年之后是线性的。

对比单侧腐蚀和双侧腐蚀的腐蚀损伤速率，发现在双侧腐蚀下板件最小剩余厚度拟合方程的斜率绝对值小于单侧腐蚀，且截距值也小于单侧腐蚀。这说明在 7~20 年间，双侧腐蚀的损伤速率要小于单侧腐蚀，且在大气腐蚀前 7 年双侧腐蚀的平均损伤速率大于单侧腐蚀。

2.2.2　表面腐蚀行为与机理

由于试验件在水平放置暴露过程中上表面发生了更为严重的腐蚀，因此在后续表面腐蚀行为与机理分析时，仅针对试验件上表面开展分析。

1. 表面腐蚀形貌和腐蚀产物

在沿海大气环境中暴露 7 年、12 年、20 年后，2A12-T4 平板试验件的表面腐蚀形貌如图 2-7 所示。从图 2-7（a）可以看出，在暴露 7 年后，试验件表面多个部位发生轻微的层状剥蚀，且主要分布于试验件的边界处。说明在这段时间内，表面的阳极氧化膜早已失去了保护作用。同时在未剥蚀区域有明显的盐和尘土等杂质的沉积，见图 2-7（e）A 区域的局部放大图。如图 2-7（b）、（c）所示，在分别暴露 12 年和 20 年后，试验件整个表面均发生了严重的剥蚀，而且随着暴露时间的增加，表面的剥蚀的层状剥离特征更加明显。如

图 2-7（d）所示，在暴露 7 年后，腐蚀最严重的试验件表面剥蚀区域面积百分比高达 69%，5 个试验件的平均百分比约为 37%，且与 5#试验件的百分比接近（图 2-7（a））。从暴露 7 年、12 年、20 年的腐蚀形貌中可以发现，剥蚀区域均存在白色腐蚀产物。与户外暴露相比，在通风室内暴露的试验件可以避免被雨水冲刷。试验件表面的大气沉积物和腐蚀产物都具有吸湿特性，因此可以在一定程度上加速试验件的腐蚀。

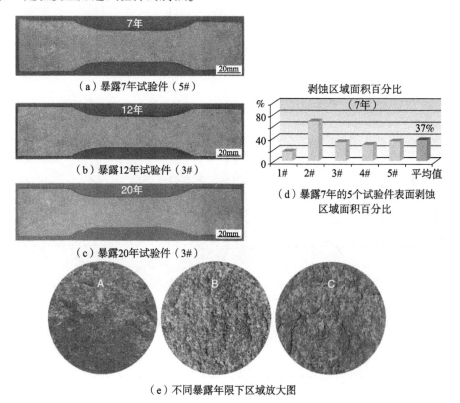

（a）暴露7年试验件（5#）

（b）暴露12年试验件（3#）

（c）暴露20年试验件（3#）

（d）暴露7年的5个试验件表面剥蚀区域面积百分比

（e）不同暴露年限下区域放大图

图 2-7　不同暴露年限下 2A12-T4 平板试验件的表面腐蚀形貌（上表面）

对暴露 20 年 2A12-T4 平板试验件表面剥蚀区域的白色腐蚀产物进行了 XRD 分析，结果如图 2-8 所示。从分析结果可知，腐蚀产物主要为 $Al(OH)_3$。由于腐蚀产物 $Al(OH)_3$ 的体积比母材铝合金的体积大，所以可为铝合金组织的向外剥离提供楔形膨胀力，进而为铝合金在沿海大气暴露过程中发生剥蚀提供了必要条件。

2. 表面未剥蚀区域的腐蚀行为与机理分析

暴露 7 年 2A12-T4 平板试验件表面未剥蚀区的微观形貌如图 2-9 所示。在未剥蚀区域，点蚀和晶间腐蚀共存，而且在腐蚀区域表面有腐蚀产物覆盖。

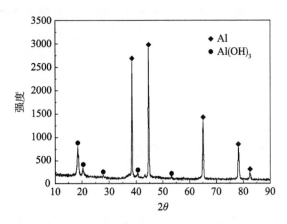

图 2-8　暴露 20 年试验件表面剥蚀区域的腐蚀产物 XRD 分析

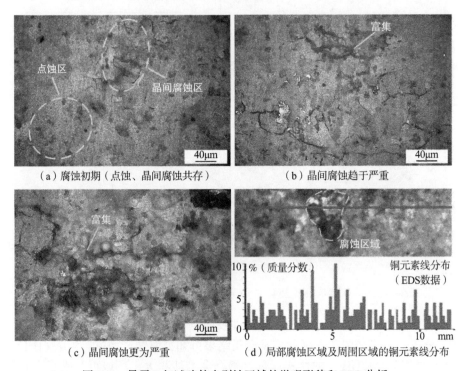

图 2-9　暴露 7 年试验件未剥蚀区域的微观形貌和 EDS 分析

从图 2-9（a）中点蚀和晶间腐蚀区域可以看出，虽然点蚀和晶间腐蚀共存，但对应的腐蚀区域是相对随机的。有研究认为铝合金表面的阳极氧化膜在二相粒子表面及周围区域较为薄弱，在腐蚀介质作用下，优先发生破坏。另一项研究表明，当铝合金暴露于含有 Cl^- 的环境中时，阳极氧化膜的溶解破坏从晶界处开始。结合图 2-9（a）中的腐蚀特征，可以认为铝合金在沿海大气暴露过程中，上述两种观点同时成立，即阳极氧化膜不仅在晶界处，而且在二相粒子表面及周围区域均较为薄弱。试验件在暴露过程中，高湿度环境的出现（如雾和露），会使得试验件表面形成一层液膜，加之沿海大气中 NaCl 等腐蚀性介质在试验件表面的沉积，构成了含有腐蚀介质离子的电解质液膜，为铝合金的大气腐蚀创造了条件。当电解质溶液接触到表面阳极氧化膜后，Cl^- 会加速氧化膜的溶解破坏，在阳极氧化膜薄弱的两种部位优先发生破坏，使得基体铝合金发生点蚀和晶间腐蚀。因此在大气腐蚀初期点蚀和晶间腐蚀共存。

随着暴露时间的增加，表面更多区域的阳极氧化膜将被溶解破坏，从而出现更多晶内和晶间的腐蚀坑。如图 2-9（a）~（c）所示，随着晶间腐蚀逐渐严重，点蚀也变得严重，而且在点蚀区域和晶间腐蚀区域均出现了明显的 Cu 富集（图 2-9（b）~（d））。2A12-T4 铝合金的析出相主要包括粗大的 S 相（Al-Cu-Mg）、Al-Cu-Fe-Mn-Si 相和 Al-Cu-Fe-Mn 相，分别如图 2-10（a）、（b）、（c）所示。同时在晶界处有 θ 相（Al-Cu）析出，如图 2-10（d）所示。这些析出相的存在增加了铝合金基体点蚀和晶间腐蚀的敏感性。腐蚀发生在析出相处，析出相内合金发生选择性腐蚀：析出相中的 Al 和 Mg 优先发生溶解，而不活泼的元素 Cu 等在腐蚀区域发生富集，出现图 2-9 中观察到的 Cu 富集现象。由于 Cu 富集区相对于周围区域的电化学电位较高，因此作为阴极加速了周围区域的腐蚀。

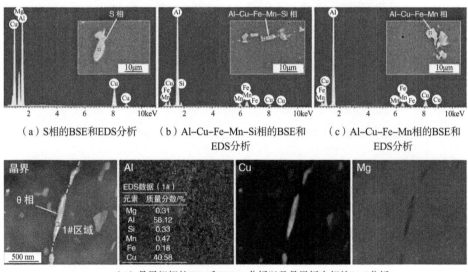

(a) S 相的 BSE 和 EDS 分析 (b) Al-Cu-Fe-Mn-Si 相的 BSE 和 EDS 分析 (c) Al-Cu-Fe-Mn 相的 BSE 和 EDS 分析

(d) 晶界组织的 TEM 和 EPMA 分析以及晶界析出相的 EDS 分析

图 2-10　2A12-T4 铝合金的析出相

暴露7年2A12-T4平板试验件表面未剥蚀区域在去除腐蚀产物后的微观形貌，如图2-11所示。从图2-11（a）可以明显看到，不仅点蚀和晶间腐蚀共存，而且在部分晶间腐蚀处伴有蚀坑出现。单纯点蚀所形成的点蚀坑呈现完全对外敞开状（图2-11（b）），蚀坑表面呈现蜂窝状，而且较大的点蚀坑是由几个小的、独立的点蚀坑逐渐扩张连接形成的。图2-11（c）中出现晶间腐蚀与腐蚀坑相连的腐蚀形貌。同时结合图2-11（a）、（c）可以发现，与晶间腐蚀相连通的腐蚀坑较大，而且蚀坑不完全对外敞开，在①点所在的上表面区域内侧也发生了明显的腐蚀。

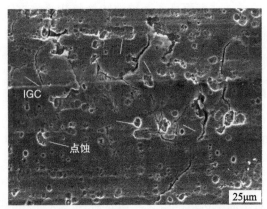

（a）整体形貌

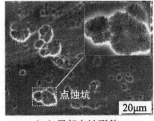

（b）局部点蚀形貌

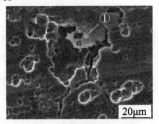

（c）局部晶间腐蚀形貌

图2-11　暴露7年试验件表面未剥蚀区域在去除腐蚀产物后的微观形貌

如图2-12所示，暴露7年后试验件表面局部区域虽然未出现明显的剥蚀，但是在表面层以下已经发生了大量晶间腐蚀。由于晶界处的阳极氧化膜较薄弱且相对容易被氯离子破坏，因此在溶解破坏过程中，晶界处的氧化膜会产生裂纹。表面的点蚀区域被腐蚀产物覆盖，而且根据EDS分析结果可知，腐蚀产物主要由$Al(OH)_3$组成。表面点蚀主要分布于表面层晶粒上。图2-12中的腐蚀坑呈现为完全对外敞开状，与图2-11（b）中的腐蚀坑形貌类似。

沿海暴露过程中，当试验件表面的阳极氧化膜局部被溶解破坏后，局部点

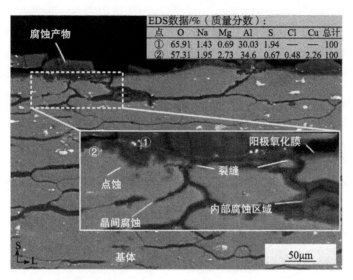

图 2-12 暴露 7 年试验件未剥蚀区域 S-L 截面的 SEM 形貌和腐蚀产物 EDS 分析

蚀开始发生。周围处于钝化态基体或者相对于基体电化学电位更高的 Al-Cu-Fe-Mn-（Si）析出相作为阴极发生吸氧反应（式（2-10）），而蚀坑底部的 Al 作为阳极被溶解成 Al^{3+}（式（2-11）），并与阴极形成的 OH^- 结合形成腐蚀产物 $Al(OH)_3$。腐蚀产物的沉积会导致闭塞电池的形成。为了保持孔内电荷的平衡，Cl^- 进入孔中，Cl^- 浓度的升高引起了如式（2-12）和式（2-13）所示的反应发生。

$$O_2(g) + 2H_2O + 4e^- \longrightarrow 4OH^-(aq) \tag{2-10}$$

$$Al \longrightarrow Al^{3+} + 3e^- \tag{2-11}$$

$$Al^{3+} + H_2O + Cl^- \longrightarrow Al(OH)Cl^+ + H^+ \tag{2-12}$$

$$2Al + 6H^+ + 4Cl^- \longrightarrow 3H_2 + 2AlCl_2^+ \tag{2-13}$$

由于大气环境存在干湿交替的过程，当处于干燥（湿度低）阶段时，不仅式（2-10）和式（2-12）中所需要的 H_2O 无法提供，会导致点蚀反应的停止，而且覆盖在蚀坑表面的腐蚀产物会因失水而龟裂，从而破坏闭塞电池，因此点蚀不会持续发展下去。有相关研究表明，AA2024 铝合金的稳定点蚀起始于分布在表面层以下的 S 相处，然后随着腐蚀向周围扩展，腐蚀坑逐渐变大，且扩展过程中优先沿晶界发展。这解释了图 2-11（c）中与晶间腐蚀相连通的腐蚀坑形貌的形成，这些腐蚀坑较大且未完全对外敞开。

暴露 7 年 2A12-T4 平板试验件上表面局部鼓泡区域的微观形貌如图 2-13 所示。可以看出，鼓泡区域的局部腐蚀比周围发生的点蚀和晶间腐蚀严重

（图2-13（a））。从图2-13（b）中的三维形貌可以看到，鼓泡区域内部填满了腐蚀产物，而且鼓泡区域外部为一层较薄的铝合金组织层。分析形成局部鼓泡的原因可能是，由于初期晶间腐蚀产物是 $Al(OH)_3$ 凝胶，在大气环境干湿交替的过程中逐步沉积在靠近表面的晶间腐蚀通道处，逐渐阻碍新形成的 $Al(OH)_3$ 凝胶通过晶间腐蚀通道向外表面的输送。鼓泡区域外部有一层较薄的铝合金组织层，说明造成鼓泡发生的腐蚀主要发生在这层组织以内，类似于图2-12中的内部腐蚀区域。表面以下内部区域腐蚀产物的持续生成，腐蚀产物体积相对于母材铝合金的膨胀以及腐蚀产物难以通过晶间腐蚀通道传输到外表面的原因，使得腐蚀产物在内部腐蚀区域不断累积，最终发生表面鼓泡。

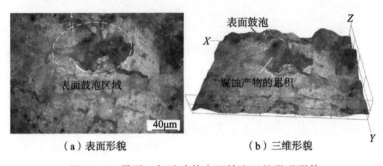

图2-13 暴露7年试验件表面鼓泡区的微观形貌

3. 表面剥蚀区域腐蚀行为与机理分析

图2-14（a）为沿海大气中暴露20年后，2A12-T4平板试验件的表面微观腐蚀形貌。可以看出，表面发生了明显的层状剥离，呈现出典型的剥蚀特征。同时，如图2-14（b）所示，试验件表面的腐蚀产物发生龟裂，形成块状，而且局部还覆盖有一定量的丝带状腐蚀产物。①点的EDS分析中，Si和Ca的存在表明大气沉积物中含有这两种元素。结合图2-14（c）发现，该丝带状腐蚀产物由无定形小颗粒相互连接而成，并且结构是松散的。从图2-14（c）中②区域的Al与O质量分数可以确定丝带状腐蚀产物和无定形颗粒均为 $Al(OH)_3$。

从剥蚀区域的S-L截面BSE形貌（图2-14（d））可以看出，不仅在剥蚀区域暴露表面局部出现丝带状腐蚀产物（Part1、Part2→③），同时在表层（剥离层）与内侧基体之间严重晶间腐蚀处（晶间腐蚀产物堆积较多）且靠近与大气环境直接相通的一侧也出现丝带状腐蚀产物（Part2→④）。注意到这种丝带状的腐蚀产物在Part3剥离层外侧表面以及剥离层与基体之间的晶间腐蚀区域均不存在。可以发现丝带状腐蚀产物出现的位置均与外界大气环境直接相

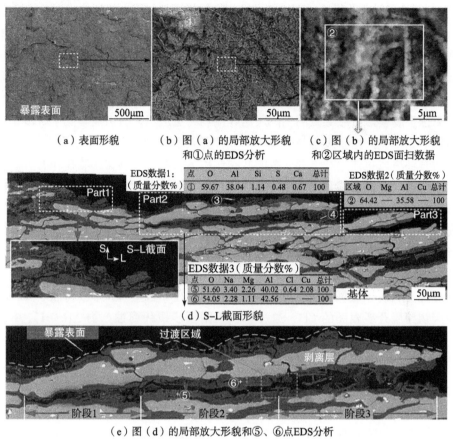

图 2-14 暴露 20 年试验件剥蚀区域的微观 BSE 形貌和腐蚀产物 EDS 分析

通,而且已经发生的晶间腐蚀较为严重。根据图 2-14（e）中剥离层内侧严重晶间腐蚀区域腐蚀产物的特点,腐蚀过程可以清楚地分为三个阶段:阶段 1 晶间腐蚀产物已经产生了较大的楔形膨胀,而且腐蚀产物在近似 L 方向上出现了开裂;阶段 2 晶间腐蚀产物呈现为明显的板结块状（龟裂）,且在近似 S 和 L 方向上均出现了开裂;阶段 3 晶间腐蚀产物明显减少,主要呈现为丝带状腐蚀产物,且与附着于晶粒外侧表面的腐蚀产物相连。

丝带状腐蚀产物的出现作为沿海大气环境中 2A12-T4 铝合金剥蚀的一个特征,分析丝带状腐蚀产物的形成机理,对全面认识铝合金在大气环境中的剥蚀过程具有一定的意义。但考虑到丝带状腐蚀产物的形成涉及腐蚀产物与大气环境中温湿度、风、盐雾、SO_2 等多种因素的长期综合作用,目前的实验室加速试验方法很难用来模拟研究丝带状腐蚀产物的形成机理,因此本书仅对可能的形成机理进行讨论。基于目前对剥蚀机理的认识,剥蚀发展呈现为鳞片状逐层剥落。因此,图 2-14 (d) 中 Part1 区域暴露表面的丝带状腐蚀产物,可以认为是在其外侧剥离层剥离前经历了与 Part2→④处丝带状腐蚀产物类似的形成过程后形成的。因此仅针对图 2-14 (e) 中阶段 3 丝带状腐蚀产物的形成过程进行分析和讨论。

随着剥离层内侧晶界处晶间腐蚀逐渐严重,晶界处腐蚀产物不断堆积,且由腐蚀产物楔形膨胀导致的剥离层向外侧剥离更加明显,出现类似于阶段 1 的腐蚀产物形貌。由于发生晶间腐蚀产物楔形膨胀的晶界尾部与外界大气相通,在大气环境风化作用和干湿交替的共同作用下,腐蚀产物在近似 S 和 L 方向上出现开裂,类似于阶段 2 的腐蚀产物形貌。这使得大气腐蚀介质(NaCl 等)可以沿近似 S 方向上开裂的通道到达基体晶粒表面的氧化膜(Al_2O_3)处或者腐蚀产物深层开裂表面,且在图 2-14 (e) 中近似 S 向开裂处⑤、⑥点的 EDS 分析结果中确实发现有 Na 和 Cl 元素的存在。吸附在表面氧化膜上的 Cl^- 与氧化物 Al_2O_3 晶格中的 Al^{3+} 发生反应,这是晶格中阴离子(O^{2-} 和 Cl^-)的离子交换过程,从而导致氧化膜局部溶解和破坏,使得晶粒重新开始被腐蚀。同时腐蚀产物深层开裂表面的 Cl^-,通过竞争吸附逐步取代腐蚀产物 $Al(OH)_3$ 中的 OH^-,按照下列反应顺序将不溶于水的 $Al(OH)_3$ 逐步转变为可溶的 $AlCl_3$。

$$Al(OH)_3 + Cl^- \longrightarrow Al(OH)_2Cl + OH^- \qquad (2-14)$$

$$Al(OH)_2Cl + Cl^- \longrightarrow Al(OH)Cl_2 + OH^- \qquad (2-15)$$

$$Al(OH)Cl_2 + Cl^- \longrightarrow AlCl_3 + OH^- \qquad (2-16)$$

随着晶粒腐蚀的重新开始、新形成腐蚀产物的膨胀、大气环境的风化作用,以及上述 $Al(OH)_3$ 向 $AlCl_3$ 转变等因素的综合作用,使得原来的腐蚀产物部分脱落,出现类似于图 2-14 (e) 中过渡区域中最右侧部分的形貌。同时新形成的腐蚀产物为具有一定流动性的 $Al(OH)_3$ 凝胶。由于试验件放置于通风的室内,腐蚀产物 $Al(OH)_3$ 凝胶将会在有风作用的环境中逐渐干燥,干燥条件将影响腐蚀产物的最终形貌。$Al(OH)_3$ 溶胶在室温下自然干燥呈现片、块状,而在吹氮气干燥条件下,在微观上呈现为有序的长条丝状 $Al(OH)_3$。从图 2-14 (c) 可以发现,构成丝带状腐蚀产物的 $Al(OH)_3$ 颗粒粒径小于 $2\mu m$。Liu 等在研究超细氢氧化铝粉体的干燥过程时发现,粒径为 $0.5 \sim 10\mu m$ 的 $Al(OH)_3$ 颗粒团聚效果明显。虽然凝胶相对于溶胶来说流动性会差,但本质上都呈现为空间网状结构。因此,丝带状腐蚀产物可能是新形成的腐蚀产物 $Al(OH)_3$ 凝胶在通风环境中干燥形成的,呈现出阶段 3 的丝带状腐蚀产物形貌。然后在长期风化作用下丝带状的腐蚀产物被风化为颗粒状,但由于处在沿海高湿度环境中,$Al(OH)_3$ 颗粒因出现团聚而能保持丝带状,呈现出图 2-14 (c) 的形貌。

2.2.3 截面腐蚀行为与机理

1. 截面腐蚀产物分析

暴露 20 年后，2A12-T4 平板试验件纵截面晶间腐蚀产物的分析结果如图 2-15 所示。由于试验件表层晶间腐蚀产物可能会混入部分大气沉积物等杂质，为了准确测定截面晶间腐蚀产物的元素组成，在 S-L 截面上选取在厚度方向（S 向的反方向）上，晶间腐蚀最前沿（最深处）的晶间腐蚀产物进行能谱分析，如图 2-15（a）~（c）所示。同时，由于 SEM 一般只配备一个 EDS 探头，对原子序数较小的元素（如 N 元素等）的检测极限和灵敏度不高。为此采用配备 4 个对称 EDS 探头的球差校正透射电镜（对小原子序数元素具有

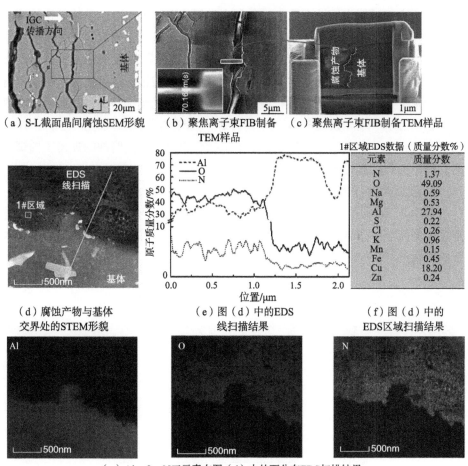

(a) S-L 截面晶间腐蚀 SEM 形貌
(b) 聚焦离子束 FIB 制备 TEM 样品
(c) 聚焦离子束 FIB 制备 TEM 样品
(d) 腐蚀产物与基体交界处的 STEM 形貌
(e) 图 (d) 中的 EDS 线扫描结果
(f) 图 (d) 中的 EDS 区域扫描结果
(g) Al、O、N 三元素在图 (d) 中的面分布 EDS 扫描结果

图 2-15 暴露 20 年试验件剥蚀区域 S-L 截面的晶间腐蚀形貌和腐蚀产物 EDS 分析

非常高的检测精度),对晶间腐蚀产物进行了能谱分析。

如图 2~15 (d)~(g) 所示,在腐蚀产物中检测到有 N、S、Cl 元素的存在,而且 N 元素质量分数远大于 S、Cl 两元素。分析腐蚀产物中 N 元素可能存在的形式应该是硝酸或者亚硝酸盐,说明在长期沿海大气暴露过程中,NO_x^- 直接参与了铝合金的晶间腐蚀。其中 NO_x^- 的来源可能是大气环境污染物中 NO 和 NO_2 溶于试验件表面液膜生成的硝酸或者亚硝酸,同时也可能来自于试验件表面大气沉积物中的硝酸盐。在第 3 章中将分析硝酸根对铝合金剥蚀的影响。类似地,S 元素可能来自于大气污染物 SO_2,也可能来自于试验件表面大气沉积物中的硫酸盐。Cl 元素则来自于大气污染物(包括沉积物)中的氯化物。

沿海大气环境中腐蚀介质主要包括大气污染物 SO_2、NO_x 以及氯化物等大气沉积物。其中 SO_2 和氯化物由于其腐蚀性较强,在研究金属的大气腐蚀时往往会予以考虑,而对 NO_x 的关注度较低。在对大气暴露铝和铝合金试验件表面沉积物分析时,发现有硝酸盐存在,但未发现硝酸铝,这可能与硝酸盐具有良好的水溶性有关。目前虽然有较多关于铝合金大气腐蚀的文献,但是在对腐蚀产物的分析中均未发现有 N 元素的存在。基于本研究在腐蚀产物中对 N 元素的发现,后续在实验室环境下开展模拟铝合金沿海大气腐蚀的加速腐蚀试验时,NO_x^- 的作用是绝对也不能忽视的。

2. 截面腐蚀行为与机理分析

从图 2-16 可以看出,2A12-T4 平板试验件的最小剩余厚度随着暴露时间的增加而减小。根据平均最小剩余厚度的变化规律,可以推断前 7 年的平均大气腐蚀速率比 7~20 年的平均腐蚀速率快。

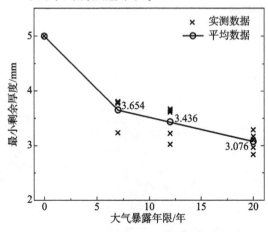

图 2-16 试验件最小剩余厚度与大气暴露年限之间的关系

暴露 20 年 2A12-T4 平板试验件的 S-T 和 S-L 截面腐蚀特征如图 2-17 所示。在两截面上，表面剥蚀层以下区域都发生了大量的晶间腐蚀。在 S-L 截面上，晶间腐蚀前沿（最大晶间腐蚀深度）基本分布在沿 L 方向的水平线上，说明在同一纵截面上晶间腐蚀在试验件厚度方向上的扩展速率基本相同。从整体上看，沿着 S 的反方向（指向基体未腐蚀区域的方向），晶间腐蚀的严重程度（晶间腐蚀产物的累积情况）逐渐减弱。

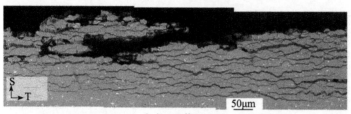

（a）S-T截面

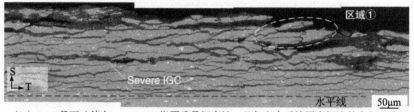

（b）S—L截面（其中Severe IGC指严重晶间腐蚀，且与文中后续图中标注的含义一致）

图 2-17　剥蚀区域的截面 BSE 腐蚀形貌（20 年）

从图 2-17（b）中区域①可以发现，由于腐蚀产物膨胀，发生向外剥离的铝合金组织并不是单个晶粒或者单层晶粒构成，而是由多个晶粒构成的多层晶粒组织。同时，剥离层组织内部晶粒也发生了相对较弱的晶间腐蚀。明显地，剥离层组织上、下两侧的连续晶界在发生楔形膨胀剥离之前基本平行于 L 向，而且发生了较内部晶粒组织更为严重的晶间腐蚀。有趣的是，在纵截面（S-L 截面）上绝大部分发生严重晶间腐蚀的连续被腐蚀晶界呈现为平行于 L 向，如图 2-17（b）所示，而且在相邻的两条发生严重晶间腐蚀的连续被腐蚀晶界之间存在有沿不同方向发生相对较弱的晶间腐蚀。但这一有趣的现象并不存在于 S-T 截面上。分析这一现象对进一步认识此类铝合金在沿海大气环境中的晶间腐蚀和剥蚀特征具有重要意义，此处将采用 EBSD、SEM、TEM 分析手段对这一现象的产生原因进行分析。

选取暴露 20 年 2A12-T4 平板试验件纵截面晶间腐蚀与未腐蚀的交界区域进行 EBSD 分析，结果如图 2-18 所示。图 2-18（a）中整个截面上的晶粒呈现为扁平状，而且平均的晶粒横纵比为 2.5∶1。晶粒取向使得 S-L 截面上晶粒在近似平行 L 方向上具有较长的晶界，为上述有趣现象的发生创造了基本条件。对同一区域的 EBSD 和 SEM 结果进行比较，可以发现图 2-18（a）和（c）中仅显示严重的晶间腐蚀，而在图 2-18（b）中相邻的两条发生严重晶间腐蚀的连续被腐蚀晶界之间可以明显看到存在相对较弱的晶间腐蚀。

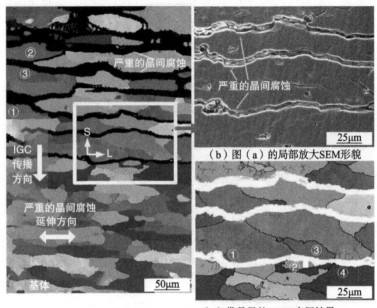

(a) EBSD 表征结果

(b) 图 (a) 的局部放大 SEM 形貌

(c) 带晶界的 EBSD 表征结果，与图 (b) 的区域一致

图 2-18　暴露 20 年试验件 S-L 截面的 EBSD 和 SEM 表征结果

综合分析图 2-18 发现，发生严重晶间腐蚀的连续被腐蚀晶界的分布具有以下特征。同时为了能清楚地阐述以下分布特征，将这些连续被腐蚀晶界看作是从纵截面左端向右端延伸形成的。

(1) 发生严重晶间腐蚀的连续晶界沿着某一晶粒上（下）晶界近似水平（平行于 L 向）向前延伸，直到该晶界近似水平的最右侧顶点。

(2) 发生严重晶间腐蚀的连续晶界延伸到某一晶粒上（下）晶界近似水平的最右侧顶点后，如果此时发生严重晶间腐蚀的连续晶界已经延伸到了另一晶粒下（上）晶界，则沿着该晶粒下（上）晶界继续向前延伸，直到该晶界近似水平的最右侧顶点，如图 2-18（c）所示的发生严重晶间腐蚀的连续晶界的延伸路线（晶粒①下晶界→晶粒②上晶界→晶粒③下晶界）；如果此时发生严重晶间腐蚀的连续晶界恰巧未延伸到另一晶粒下（上）晶界，按照发生严重晶间腐蚀的连续晶界重新开始延伸的情况处理，优先选择近似水平的晶界进行延伸，后续按照上一种情况来分析，如图 2-20（c）所示的发生严重晶间腐蚀的连续晶界的延伸路线（晶粒③下晶界→晶粒④上晶界）。

（3）发生严重晶间腐蚀的连续晶界在沿着某一晶界的延伸过程中，如果遇到左侧呈现小角度楔形且楔形关于水平方向近似对称的晶粒时，发生严重晶间腐蚀的连续晶界开始沿着两楔形边的晶界延伸，后续延伸按照特征（1）、（2）来分析，如图 2-18（a）所示的发生严重晶间腐蚀的连续晶界延伸到晶粒③处出现两条延伸路线（晶粒①上晶界左半段→晶粒②下晶界、晶粒①上晶界左半段→晶粒①上晶界右半段）。

上述发生严重晶间腐蚀的连续晶界的延伸特征，可以保证发生严重晶间腐蚀的连续晶界趋于平行于 L 向。上述 3 个特征的本质是近似平行于 L 向的晶界相比于其他方向的晶界更容易发生严重晶间腐蚀，如图 2-19 所示。图 2-19（a）中①、②、③三处的晶界均近似垂直于 L 向，所发生的晶间腐蚀较相邻其他方向的晶界最弱，而且随着晶界方向与 L 向之间角度的增大，所发生的晶间腐蚀逐渐减弱，如图 2-19（b）所示。

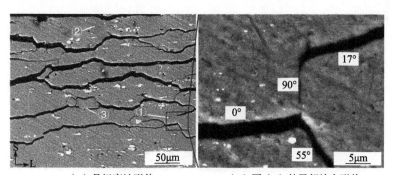

（a）晶间腐蚀形貌　　　（b）图（a）的局部放大形貌

图 2-19　暴露 20 年试验件 S-L 截面的晶间腐蚀 BSE 形貌

为分析试验件纵截面上晶界角度（即晶界方向与轧制方向之间的角度）与晶界析出相之间的关系，共分析了 40 条晶界。在纵截面上，与轧制方向成不同角度的晶界，对应的晶界组织特征如图 2-20 所示。明显地，平行于轧制方向的晶界上析出相连续性最好且分布最密（图 2-20（a）、（b））；当晶界方向与轧制方向之间的角度增加到 12°时，晶界上的析出相连续性降低且分布减少（图 2-20（c）、（d））；角度进一步增加到 67°或 90°后，晶界上的析出相基本消失（图 2-20（e）~（h））。晶界上析出相呈现这种分布特性的原因，与铝合金板材的轧制过程和后续的热处理有关，超出了本研究的范围，不做进一步解释。图 2-20（b）中晶界析出相的 EDS 分析结果如图 2-20（d）所示，从区域①处的元素质量分数可以确定，晶界处析出相为富 Cu 的 θ 相，呈现为扁平状，且沿晶界分布。θ 相在晶界处的析出使得晶界上出现贫 Cu 区，θ 相与相邻的贫 Cu 区形成电偶，晶界贫 Cu 区为阳极，发生晶间腐蚀。因此晶界处析出相的连续性越好，晶间腐蚀敏感性越强。结合图 2-20 中不同方向晶界上析出相的分布情况，可以得出结论，近似平行于 L 向的晶界相比于其他方向的晶界更容易发生严重晶间腐蚀。

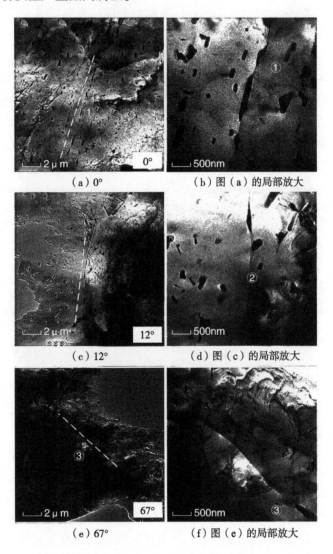

(a) 0°　　　　　　　　(b) 图 (a) 的局部放大

(c) 12°　　　　　　　 (d) 图 (c) 的局部放大

(e) 67°　　　　　　　 (f) 图 (e) 的局部放大

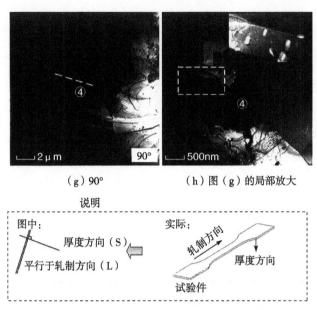

(g) 90°　　　(h) 图 (g) 的局部放大

图 2-20　暴露 20 年试验件 S-L 截面上与轧制方向
成不同角度的晶界对应的晶界组织特征

从力学角度分析，不考虑晶界上析出相连续性的影响，可以假设不同方向晶界的晶间腐蚀敏感性相同。随着晶间腐蚀的进行，晶间腐蚀产物会产生向外的膨胀力，而且随着晶间腐蚀严重程度的增加，晶间腐蚀产物不断累积，膨胀力增加。经过轧制的铝合金材料在 L 向的屈服强度和抗拉强度均大于 S 向，即材料沿 S 方向发生变形相对容易。通常，晶间腐蚀发生在试验件表层，容易进一步发生剥蚀。由于材料本身在 S 方向上的约束较弱，所以在纵截面上沿 S 方向的晶间腐蚀产物膨胀较容易。除了平行于轧制方向的晶界，其他方向的晶界在发生晶间腐蚀时，腐蚀产物膨胀力都会产生一个沿 L 方向的分力，而且偏离轧制方向越严重的晶界产生沿 L 方向的分力越大。因此严重晶间腐蚀较容易发生在近似平行于 L 向的晶界上，不易发生在平行于 S 向的晶界上。

综合上述分析，可以认为晶粒取向、晶界上析出相连续性好以及材料本身对晶间腐蚀产物膨胀的约束力弱，是导致在纵截面上绝大部分发生严重晶间腐蚀的连续被腐蚀晶界平行于轧制方向的原因。对存在于相邻两条发生严重晶间腐蚀的连续被腐蚀晶界之间的晶界，由于不易发生严重晶间腐蚀，只发生了相对较弱的晶间腐蚀，最终呈现出图 2-17 (b) 中的有趣现象。

2.3　带涂层 7A04-T6 铝合金板件大气腐蚀行为与机理

2.3.1　表面腐蚀行为

由于试验件在水平放置暴露过程中上表面发生了更为严重的腐蚀,因此在后续进行表面腐蚀行为与机理分析时,仅针对试验件上表面开展分析。

1. 表面腐蚀特征和腐蚀产物

在沿海大气环境中暴露 7 年后,三类带涂层 7A04-T6 试验件上表面铝合金基体均出现了不同程度的局部剥蚀,且平板试验件腐蚀最严重,其表面腐蚀区域面积百分比均值为 9.02%。说明 7 年后试验件表面涂层和阳极氧化膜早已经丧失了保护能力。随着暴露年限的增加,整体上三类带涂层试验件表面腐蚀情况更加严重。暴露 20 年后,三类带涂层试验件上表面的腐蚀特征如图 2-21 所示。明显地,试验件表面腐蚀区域的分布具有一定的随机性,表明带涂层铝合金试验件的大气腐蚀为局部腐蚀。

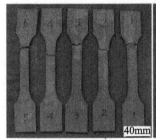 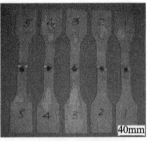

（a）平板试验件　　　（b）中心孔试验件　　　（c）冷挤压孔试验件

图 2-21　暴露 20 年后三类带涂层 7A04-T6 试验件的表面腐蚀形貌（上表面）

不同暴露年限下带涂层 7A04-T6 平板试验件表面腐蚀区域面积百分比如图 2-22 所示。可以发现,腐蚀区域面积百分比平均值随暴露年限的增加而增加,且在 20 年后达到 39.79%。根据腐蚀区域面积百分比平均值的变化规律,可以推断出,带环氧底漆涂层的 7A04-T6 铝合金在前 12 年间的大气腐蚀平均速率低于 12~20 年的大气腐蚀平均速率。

三类带涂层试验件上表面的腐蚀特征基本相同。如图 2-23（a）、（b）所示,铝合金基体腐蚀区域出现层状剥离,呈现出典型的剥蚀特征,并且伴有白色腐蚀产物形成。两类带孔试验件的 30CrMnSiA 螺栓,由于其腐蚀电位较铝合金垫片的腐蚀电位低,而发生了严重的锈蚀,如图 2-23（c）所示。同时可以注意到,钢螺栓发生的腐蚀形式主要是点蚀。

第 2 章 典型航空铝合金大气腐蚀行为与机理

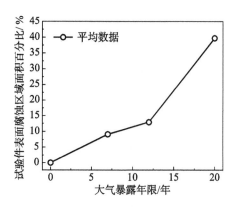

图 2-22 不同暴露年限下平板试验件表面腐蚀区域面积百分比

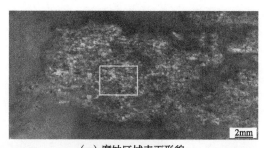

(a) 腐蚀区域表面形貌

(b) 图(a)的局部放大形貌　　(c) 螺栓腐蚀形貌(带孔试验件)

图 2-23 暴露 20 年试验件的局部腐蚀特征

暴露 20 年三类带涂层 7A04-T6 试验件表面腐蚀区域的面积百分比如图 2-24 所示。对于两类带孔试验件，在计算腐蚀区域面积百分比时，螺栓孔壁表面也计算在内。由于大气腐蚀的随机性，同一类型试验件的腐蚀区域面积百分比具有一定的分散性，但从总体上看，平板试验件的腐蚀区域面积百分比明显大于两类带孔试验件的，而且平均腐蚀区域面积百分比约为两类带孔试验件的 2 倍。

与户外暴露相比，暴露在通风室内的试验件可避免被雨水冲刷，因此试验

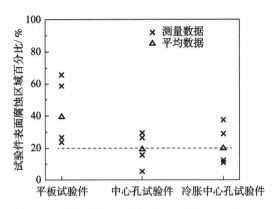

图 2-24　暴露 20 年三类带涂层试验件表面腐蚀区域的面积百分比

件表面的大气沉积物和腐蚀产物不会被雨水冲刷掉。图 2-23 中剥蚀区域白色腐蚀产物的 XRD 分析结果如图 2-25 所示，可以发现，腐蚀产物主要为 $Al(OH)_3$。

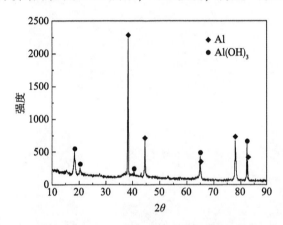

图 2-25　暴露 20 年试验件表面剥蚀区域的腐蚀产物 XRD 分析

如图 2-26 所示，在暴露 7 年之后，平板试验件表面有较少的盐和尘土等杂质沉积。随着暴露时间的增加，环氧涂层颜色逐渐变暗，试验件表面的沉积物逐渐增加。对比图 2-26（b）、（c）可以发现，暴露 20 年的试验件表面杂质沉积量较 12 年的有所减少，但白色的盐沉积量明显增加。表面的盐沉积增加了试验件表面的盐浓度，进而加速了涂层的老化和基体的腐蚀。

由于 7A04-T6 试验件带有环氧涂层，因此在涂层宏观完好区域表面的沉积物可以认为是在通风室内大气沉积物长期累积形成的结果。因此分析试验件表面沉积物，对进一步认识大气腐蚀和模拟沿海大气环境腐蚀具有重要意义。对不同暴露年限下带涂层 7A04-T6 平板试验件表面涂层宏观完好区域的沉积物，进行

第 2 章 典型航空铝合金大气腐蚀行为与机理

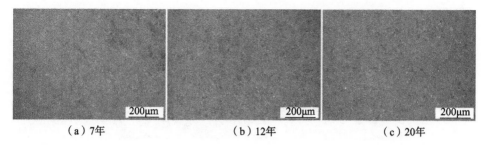

(a) 7年　　　　　　　　(b) 12年　　　　　　　　(c) 20年

图 2-26　不同暴露年限下平板试验件表面涂层宏观完好区域沉积物的分布特征

了 XRD 分析,结果如图 2-27 所示。可以发现,暴露 7 年、12 年、20 年试验件表面大气沉积物物相组成基本一致,主要包括:①尘土和砂石沉积物,如 $Al_2Si_2O_5(OH)_4$、SiO_2 和 $CaCO_3$,其中高岭土 $Al_2Si_2O_5(OH)_4$ 是由硅酸盐类矿物质在酸性介质条件下,经风化作用而形成;②腐蚀性介质沉积物,如 KCl、NaCl、Na_2SO_4、KNO_3 和 $CaCl_2$。因此,沿海大气腐蚀介质中的阴离子主要有 Cl^-、SO_4^{2-} 和 NO_3^-。同时在 2.2 节对 2A12-T4 铝合金大气腐蚀晶间腐蚀产物分析时,也发现了有 N、S、Cl 三元素的存在。因此在开展模拟沿海大气环境腐蚀的实验室加速腐蚀试验时,加速腐蚀介质阴离子除了考虑 Cl^- 和 SO_4^{2-},还必须考虑 NO_3^-。

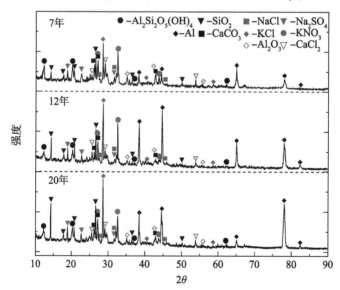

图 2-27　不同暴露年限下平板试验件表面涂层宏观完好区域大气沉积物的 XRD 分析

将不同暴露年限下带涂层 7A04-T6 平板试验件表面涂层宏观完好区域的表面沉积物去除后,表面微观形貌如图 2-28 所示。在暴露 7 年后,虽然环氧涂层表面宏观完好,但在放大 5000 倍时,涂层表面呈现松糕状形貌,而且出

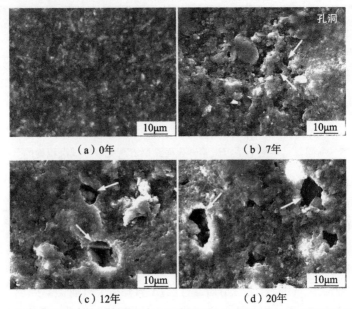

图 2-28　不同暴露年限下平板试验件表面涂层宏观完好区域在去除表面沉积物后的微观形貌

现了微观的小体积孔洞。这主要是由于长期温度、湿度及腐蚀介质的共同作用，涂层发生老化，表面发生降解。由于试验件暴露在沿海通风室内，避免了阳光的照射，所以试验件会长时间暴露在相对湿度较高的环境中。在雾、露等高湿度环境下形成的表面液膜或风的作用下，降解产物被洗掉或吹掉，从而出现微观孔洞。随着沿海暴露时间的增加，伴随涂层老化逐渐严重，涂层厚度呈线性下降，而且表面孔洞体积明显增大，到最后呈现深坑状。不同暴露年限下平板试验件表面涂层宏观完好区域的缺陷（微观表面孔洞）面积百分比如图 2-29 所示。明显可见，表面涂层宏观完好区域的缺陷面积百分比均值随暴

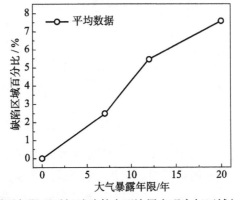

图 2-29　不同暴露年限下平板试验件表面涂层宏观完好区域的缺陷面积百分比

露时间的延长而增加,而且在暴露20年后达到7.57%。涂层厚度的减小和表面孔洞的出现,降低了涂层对腐蚀介质的屏蔽作用,使得涂层的电化学阻抗显著下降,20年后涂层基本失效。

2. 表面腐蚀分形特征

由于带涂层试验件表面腐蚀区域为二维平面封闭区域,如图2-21和图2-23 (a) 所示,即腐蚀区域周界可构成封闭曲线。因此带涂层试验件表面腐蚀区域周界的分形维数可以采用小岛法 (slit island) 来确定。小岛法的基本原理是依据周长-面积关系来估算分形维数D,且周长$L(\varepsilon)$与面积$A(\varepsilon)$存在下述关系:

$$\alpha_D(\varepsilon) = \frac{L^{\frac{1}{D}}(\varepsilon)}{A^{\frac{1}{2}}(\varepsilon)} \qquad (2-17)$$

式中:ε为测量码尺,且$\varepsilon = \frac{\eta}{L_0}$,$\eta$为绝对测量码尺,$L_0$为岛的初始图形周长;$\alpha_D(\varepsilon)$只与所选择的测量码尺有关,与实际岛的大小无关。

为避免测量码尺ε取值的繁琐,假设不同大小的岛图形存在统计意义上的相似,即在特定的测量码尺下它们的周长和面积具有分形特征,因此可以对式(2-17)两边取对数简化得

$$\lg L = \text{const} + \frac{D}{2} \lg A \qquad (2-18)$$

采用HiRox公司的RH-8800数字视频显微镜,对暴露7年、12年、20年带涂层7A04-T6平板试验件表面的腐蚀区域进行拍照。然后在数字视频显微镜数据处理平台上对腐蚀区域的周界进行描绘,并自动计算出不同腐蚀区域的面积和周界长度。上述测量方法中以单位像素的长度作为测量码尺。针对不同暴露年限下的平板试验件,分别随机选取10个腐蚀区域进行上述测量。将测得的周长L和面积A数据分别取对数作图,并采用最小二乘法进行线性拟合,结果如图2-30所示。

从图2-30中的线性拟合结果可以看出,$\lg L$与$\lg A$之间呈现高度线性相关,且拟合相关系数r均大于0.99。这说明不同暴露年限下带涂层7A04-T6平板试验件表面腐蚀区域具有明显的统计分形特征。根据式(2-18),通过拟合斜率值,计算得到不同暴露年限下带涂层7A04-T6平板试验件表面腐蚀区域的分形维数,结果如图2-31所示。

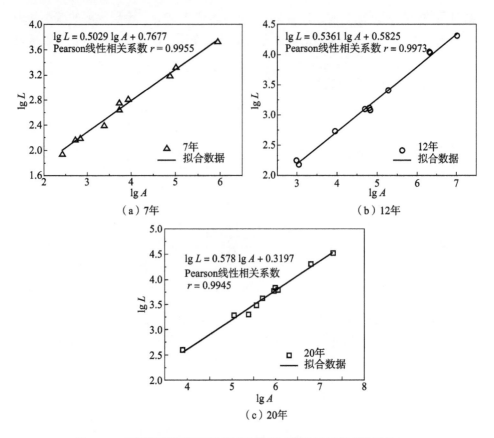

图 2-30 不同暴露年限下平板试验件表面腐蚀区域的对数周长 $\lg L$ 与对数面积 $\lg A$ 之间的关系及线性拟合结果

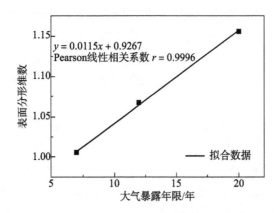

图 2-31 不同暴露年限下带涂层试验件表面腐蚀区域的分形维数

如图 2-31 所示，表面腐蚀区域的分形维数均介于 1~1.2 之间，且随着沿海暴露年限的增加呈高度线性增大。这说明随腐蚀时间的增加，带涂层试验件表面腐蚀区域周界腐蚀形貌更加复杂化。利用此线性规律可以进行其他长期暴露年限下分形维数的预测以及通过分形维数来估算其暴露年限。同时研究带涂层金属试验件在局部腐蚀阶段的实验室加速腐蚀与沿海大气腐蚀之间的加速等效关系时，可以尝试将表面腐蚀区域的分形维数作为等效关系建立的桥梁。

2.3.2 截面腐蚀行为与机理

1. 环氧涂层鼓泡区的截面腐蚀行为

暴露 20 年带涂层 7A04-T6 平板试验件涂层鼓泡区 S-L 截面的 SEM 形貌和能谱分析结果如图 2-32 所示。从图 2-32（a）中可以看到中间区域的涂层出现明显的鼓泡。鼓泡区的阳极氧化膜已经被破坏了，而且铝合金基体发生了腐蚀。综合之前对腐蚀产物的分析、A 点的 EDS 分析结果（图 2-32（b））以及 Al、O 元素的分布图（图 2-32（c）），可以判断图 2-32（a）中鼓泡区内部堆满了腐蚀产物，而且腐蚀产物应该主要是 $Al(OH)_3$。涂层与基体之间腐蚀产物的堆积和体积膨胀导致局部涂层发生了鼓泡。S 元素分布在整个涂层区域（图 2-32（c）），且 S 元素可能来自于大气污染物 SO_2。SO_2 的存在显著降低了涂层与基体的结合力，使涂层的耐蚀性下降。从图 2-32（b）中看到腐蚀产物中存在 Cl 元素。Cl^- 的存在会加速铝合金基体表面阳极氧化膜的溶解破坏。

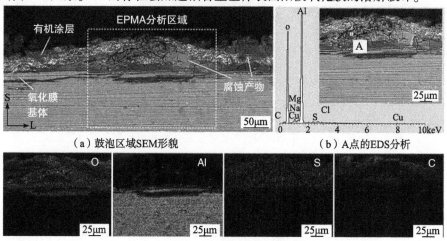

（a）鼓泡区域SEM形貌　　（b）A点的EDS分析

（c）O、Al、S、C四种元素的面分布图

图 2-32　暴露 20 年带涂层平板试验件涂层鼓泡区 S-L 截面的 SEM 形貌和能谱分析结果

如图 2-32（c）所示，以 C 元素为表征的环氧涂层被鼓泡区的腐蚀产物分成了上、下两部分。出现这一现象的原因可能是在铝合金基体发生腐蚀前涂层内部上、下两部分就发生了一定程度的开裂。在基体腐蚀发生后，腐蚀产物沿着涂层内部的开裂部位输运，最终由于腐蚀产物堆积和体积膨胀致使环氧涂层被分成了上、下两部分。

2. 剥蚀扩展行为与机理分析

1）7A04-T6 铝合金的剥蚀敏感性分析

暴露 20 年带涂层 7A04-T6 平板试验件的铝合金基体金相组织和晶界微观组织如图 2-33 所示。铝合金基体的晶粒沿轧制方向呈扁平状，而且存在有大量的第二相粒子，如图 2-33（a）所示。7A04 铝合金主要含有的第二相粒子为 η 相（$MgZn_2$）、T 相（AlZnMgCu）、S 相（$CuMgAl_2$）和 β 相（Al_7Cu_2Fe）。T6 时效后 7×××系铝合金的主要强化相是 G.P. 区和少量过渡相 η′相（$MgZn_2$）。如图 2-33（b）所示，晶界处析出相呈链状连续分布。对比图 2-33（b）中晶内 α 固溶体（区域 2#）与晶界处析出相（区域 1#）的 EDS 分析结果，晶界析出相的 Mg、Zn 含量较高，因此晶界析出相主要为 η 相。

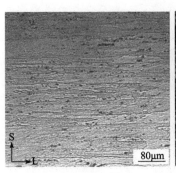
(a) S-L 截面金相组织

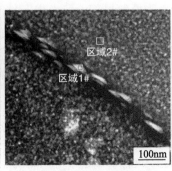
(b) 晶界微观组织及能谱分析

EDS数据（质量分数%）	区域1#
Mg	0.74
Al	19.92
Fe	0.15
Cu	0.75
Zn	2.64
总计	100.00

EDS数据（质量分数%）	区域2#
Mg	0.42
Al	24.61
Fe	0.15
Cu	0.44
Zn	0.96
总计	100.00

图 2-33　暴露 20 年平板试验件的铝合金基体金相组织和晶界微观组织

在腐蚀过程中，η 相作为阳极优先溶解。晶界处 η 相的连续分布，使得晶界处阳极相 η 相与阴极相晶界无沉淀带（PFZ）组成了腐蚀电偶，从而形成了腐蚀活性通道，导致晶间腐蚀敏感性增加。在腐蚀介质作用下，腐蚀沿着与轧制方向平行的晶界扩展，腐蚀产物在晶界处堆积。由于腐蚀产物体积的膨胀，在晶界处产生楔形力，最终使合金表层发生向外剥离。因此，暴露 20 年的 7A04-T6 铝合金基体的剥蚀敏感性较强。

2)剥蚀扩展行为与机理分析

剥蚀发生与未发生的交界区域可用来研究剥蚀的扩展过程。暴露20年带涂层7A04-T6平板试验件剥蚀发生与未发生交界区域的S-L截面腐蚀特征如图2-34所示。从图2-34（a）可看出，铝合金基体剥蚀发生区域的左侧基体完好，且环氧涂层完整，未出现鼓泡现象。S-L截面上铝合金基体的剥蚀沿轧制方向向前扩展。由于晶间腐蚀产物的膨胀，图2-34（b）中A区域的腐蚀产物呈现楔形，且腐蚀产物区域上侧的合金组织发生明显向外剥离，下侧合金组织发生的向外剥离不太明显。同时在腐蚀产物尖端产生一条明显的裂纹。

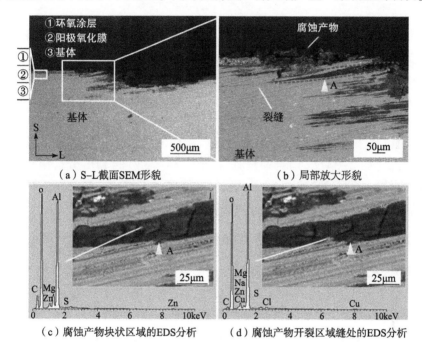

(a) S-L截面SEM形貌　　(b) 局部放大形貌

(c) 腐蚀产物块状区域的EDS分析　　(d) 腐蚀产物开裂区域缝处的EDS分析

图2-34　暴露20年带涂层平板试验件剥蚀发生与未发生交界区域的S-L截面特征

图2-34（b）中A区域附近出现的楔形剥离特征，可以采用图2-35中简化的力学模型进行分析。A_1区域的上侧合金组织（part1）与下侧合金组织（part2）均发生了向外剥离。相对于基体铝合金的未腐蚀区域来说，A_1区域上、下两侧合金组织的向外剥离可以看作悬臂梁结构受载发生弯曲。上侧合金组织受腐蚀产物膨胀力F_1和悬臂梁基座C_1处产生的弯矩M_1共同作用而平衡，下侧合金组织受A_1、B两区域的腐蚀产物膨胀力F_2、F_3以及悬臂梁基座C_2处产生的弯矩M_2共同作用而平衡。显然在part1还没有出现完全向外剥离前，part2若要出现与part1同样程度的剥离，需要的腐蚀产物膨胀力F_3要更大，

但由于B区域的晶间腐蚀扩展得不深，难以提供足够的膨胀力，因此下侧合金组织并没有形成与上侧合金组织类似的明显向外剥离。

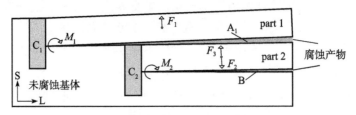

图 2-35　楔形剥离分析的力学模型

由于试验件的放置处通风，加之万宁市昼夜温差变化，试验件表面存在干湿交替，使得晶间腐蚀产物发生龟裂（板结），如图 2-34（c）所示。从图 2-34（c）中 EDS 分析结果可以发现，在腐蚀产物块状区域内除了铝合金组成元素和 O 元素外，出现了 C、S 两元素。其中 C 元素可能是环氧涂层局部老化破坏后随腐蚀介质进入腐蚀区域的。S 元素可能来自于大气污染物 SO_2，也可能来自于试验件表面大气沉积物中的硫酸盐。对比 A 区域腐蚀产物块状区（图 2-34（c））与裂缝处（图 2-34（d））的 EDS 分析结果，可以发现，裂缝处多了 Na 和 Cl 两个元素。说明腐蚀产物的龟裂裂缝正好为 NaCl 等腐蚀介质的传输提供了通道，为腐蚀的进一步发展提供了条件。

2.3.3　不同暴露年限下基体未腐蚀区域环氧涂层的老化特征

从图 2-21 和图 2-22 可以发现，三类带涂层 7A04-T6 试验件在大气暴露过程中铝合金基体发生的腐蚀为局部腐蚀，在基体未腐蚀区域的环氧涂层宏观上完好，且暴露 20 年平板试验件表面宏观完好涂层区域面积百分比（均值）仍大于 60%。这应该是由于大气沉积物，如盐粒子等腐蚀介质，会随机沉积在试验件表面的不同区域，造成不同区域的腐蚀介质沉积量不同，从而导致局部区域的环氧涂层和基体优先发生破坏。

对于基体未腐蚀区域的环氧涂层，虽然宏观完好，但在长期暴露过程中会发生老化，这必将会降低涂层的防腐性能。因此，研究不同暴露年限下基体未腐蚀区域环氧涂层的老化特征，对于评价实际飞机内部带涂层铝合金结构在长期服役过程中，其表面宏观完好涂层的防护特性，具有一定的意义。在后续分析环氧涂层的老化特征时，将针对不同暴露年限下带涂层 7A04-T6 平板试验件上表面基体未腐蚀区域的宏观完好环氧涂层，开展剩余厚度退化和电化学特性研究。

1. 环氧涂层厚度退化特征

从图 2-36 可以看出，环氧涂层的厚度随着暴露年限的增加明显减小。涂层的外表面均较为平滑，且未出现明显的损伤。不同暴露年限下环氧涂层剩余厚度的测量结果如表 2-7 所示。

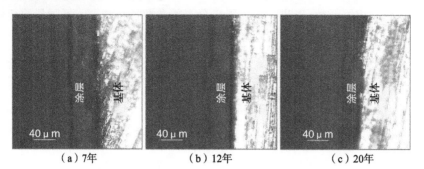

（a）7年　　　　　　（b）12年　　　　　　（c）20年

图 2-36　不同暴露年限下环氧涂层的截面特征

表 2-7　不同暴露年限下环氧涂层的剩余厚度值（单位：μm）

序号	7年	12年	20年	序号	7年	12年	20年	序号	7年	12年	20年
1	37.00	28.14	24.11	21	34.56	30.28	22.74	41	41.29	31.21	22.12
2	38.23	23.85	23.42	22	33.04	33.03	24.59	42	40.98	30.28	20.89
3	39.77	29.97	24.58	23	32.42	28.75	24.61	43	40.67	31.81	17.25
4	40.98	26.61	25.52	24	38.23	34.56	24.88	44	44.04	31.50	15.70
5	39.76	35.17	26.13	25	35.78	29.36	23.96	45	41.29	29.37	22.43
6	39.15	30.28	26.11	26	36.41	31.19	23.04	46	38.54	29.99	19.66
7	40.68	32.42	23.66	27	31.20	32.12	21.82	47	42.20	30.61	21.51
8	36.40	27.52	22.12	28	34.57	29.97	26.12	48	46.80	34.56	18.74
9	38.84	29.97	21.81	29	36.72	35.17	22.46	49	39.14	28.44	16.90
10	43.44	31.20	23.66	30	40.14	38.23	19.66	50	44.66	25.08	26.73
11	42.82	34.26	22.73	31	35.78	33.03	24.59	51	45.27	29.06	19.98
12	41.29	29.36	20.28	32	38.84	29.11	25.82	52	40.06	37.02	20.58
13	35.17	30.91	20.90	33	39.45	30.64	24.58	53	41.90	35.17	19.97
14	37.92	34.25	22.73	34	34.87	32.42	23.35	54	40.98	33.64	23.96
15	34.56	36.41	20.89	35	37.92	32.74	21.81	55	42.21	33.34	23.05
16	33.96	33.97	22.13	36	45.26	37.31	21.51	56	44.35	30.89	24.89
17	35.79	37.92	19.66	37	46.19	33.53	22.43	57	43.74	26.61	19.98
18	37.01	30.28	23.35	38	44.65	35.22	25.50	58	44.37	32.12	22.48
19	32.13	37.92	24.27	39	43.12	36.10	21.81	59	43.73	30.89	20.28
20	33.95	37.02	24.28	40	42.81	34.26	23.35	60	41.91	28.75	21.35

将不同暴露年限下环氧涂层剩余厚度值分别进行正态分布、对数正态分布、Logistic 分布、威布尔分布（双参数）和 Gumbel 分布拟合，拟合方法：

①对分布函数进行对数化处理，化简为线性方程的形式；②采用中位秩计算累积失效概率，获得 n 对数据 (x_i,y_i)；③用最小二乘法确定线性回归系数和 Pearson 线性相关系数 r，进一步求得各分布的参数拟合结果。不同暴露年限下环氧涂层剩余厚度值对应 5 种不同分布的参数拟合结果如表 2-8 所示。

表 2-8　不同暴露年限下环氧涂层剩余厚度值对应 5 种不同分布的参数拟合结果

不同分布的参数		7 年	12 年	20 年
正态分布	μ	39.4823	31.9132	22.4903
	σ	4.0272	3.3503	2.4511
	r	0.9927	0.9934	0.9863
对数正态分布	μ	1.5943	1.5017	1.3495
	σ	0.0452	0.0463	0.0502
	r	0.9893	0.9909	0.9724
Logistic 分布	μ	39.4823	31.9132	22.4903
	σ	2.2852	1.8915	1.3811
	r	0.9849	0.9905	0.9854
威布尔分布（双参数）	σ	41.1723	33.3119	23.5216
	β	12.0271	11.7156	11.1363
	r	0.9846	0.9831	0.9952
Gumbel 分布	μ	37.6083	30.3745	21.3328
	σ	3.3277	2.7322	2.0554
	r	-0.9549	-0.9682	-0.9349

表 2-8 中：μ 为位置参数；σ 为尺度参数；r 为相关系数；β 为形状参数。下文中的分布拟合参数定义与此处一致。

查相关系数起码值 r_α 表，在显著度 α 为 0.01 且 $n=60$ 时，$r_{0.1}=0.330$。可以发现，在置信度为 99% 的情况下，5 种分布均可以较好地描述环氧涂层剩余厚度值的分布，而且正态分布的拟合相关性最好。同时结合图 2-37 中正态概率纸检验结果，可以判断暴露 7 年、12 年、20 年后环氧涂层的剩余厚度值服从正态分布。

从图 2-38 可以看出，随着暴露年限的增加，环氧涂层的剩余厚度均值线性减小。由于涂层剩余厚度数据测量自试验件上表面涂层宏观完好区域，因此这种线性退化关系仅对宏观完好的涂层有效。在暴露过程中，虽然大气环境中气候和化学环境因素在一年内是不断变化的，但大气环境的年度变化却可以忽略不计。以年为单位分析环氧涂层剩余厚度均值时，随暴露年限增加呈线性变化规律,说明环氧涂层的年老化速率以及年厚度减小速率是基本恒定的。

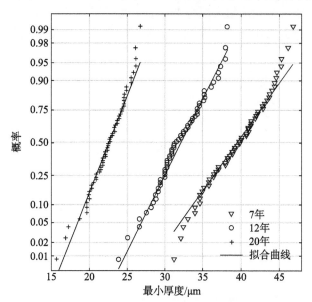

图 2-37 正态概率纸检验结果

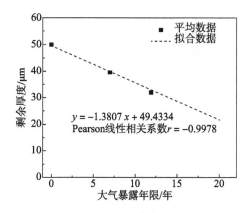

图 2-38 环氧涂层剩余厚度均值随暴露年限的变化规律

2. 不同暴露年限下环氧涂层的电化学特性

不同暴露年限下环氧涂层试样的电化学阻抗伯德(Bode)图如图 2-39 所示。从图 2-39(a)可以观察到,阻抗曲线的高频端对应于涂层电容的那条斜线,随暴露年限增加依次向低频方向移动,说明随暴露年限的增加,涂层电容增大,涂层耐蚀性降低。另外,随着暴露年限的增加,涂层试样在 10mHz 处的阻抗值 $|Z|_{f=0.01}$ 发生显著下降,由 70.8MΩ·cm² 下降至 0.075MΩ·cm²。暴露 12 年后的涂层仍

具有较高的阻抗值,说明环氧涂层对铝合金基体仍具有一定的保护作用。但暴露20年后,在低频区的相位角出现小于零的情况(图2-39(b)),呈现出感抗的特征,说明铝合金基体发生了腐蚀,涂层已经散失了对基体的保护作用。

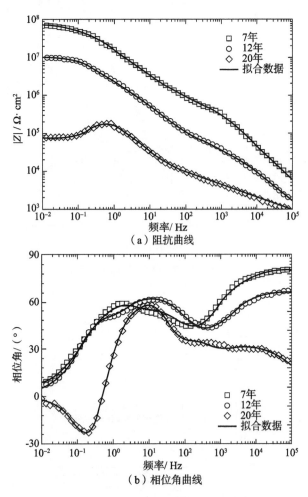

图2-39 暴露7年、12年、20年环氧涂层试样的电化学阻抗Bode图及拟合数据

图2-39(a)中3条阻抗曲线均在中间频率段应出现直线平台的区域出现了一条斜率在-0.5~-0.2的斜线,呈现出Warburg阻抗特征。由于有机涂层中颜料、填料等添加物颗粒的阻挡作用,电解质溶液将从添加物颗粒之间的空隙弯弯曲曲地向内渗入,并不沿宏观浓度梯度方向产生Warburg阻抗。该涂层在中频部分出现的Warburg阻抗特征,分析可能是由于锌黄底漆中加入了颜料锌铬黄。锌铬黄遇水发生水解后,生成K_2CrO_4、$ZnCrO_4$、$Zn(OH)_2$和$Zn_2(OH)_2CrO_4$。大

量的锌铬黄颜料以及其水解生成物起到了阻挡的作用，使得电解质溶液渗入涂层变得困难，这样减缓了参与界面腐蚀反应的反应粒子的传输速度，从而出现扩散阻抗。图 2-39（b）中，12 年和 20 年涂层试样的相位角曲线均呈现三个时间常数，除有对应于涂层阻抗的时间常数外，其余两个时间常数应该分别对应于阳极氧化膜溶解的时间常数和铝合金基体腐蚀的时间常数。

尽管 7 年、12 年、20 年涂层体系的构成基本相同，但由于 20 年涂层试样在 EIS 阻抗测试中呈现出感抗的特性，所以区别于 7 年、12 年试样，在 20 年涂层试样的等效电路中增加了电感和感应电阻。整个等效电路的拟合在 ZSimpWin 软件下完成。图 2-40 所示为 7 年、12 年、20 年涂层试样的电化学阻抗等效电路。图 2-39 中的拟合数据（拟合曲线）来自对应的等效电路，可以发现，实验数据（散点图）与拟合数据吻合较好。图 2-40 中的等效电路元件如下：R_s 代表溶液电阻；R_c 和 C_c 分别代表涂层微孔电阻和涂层电容；W 代表涂层的 Warburg 扩散阻抗；Q_f 和 R_f 分别代表阳极氧化膜反应的界面双电层电容和电荷转移电阻；C_{dl} 和 R_t 分别代表铝合金基体腐蚀的界面双电层电容和电荷转移电阻；L 和 R_L 分别代表铝合金基体腐蚀产生的电感和感应电阻。电感回路通常是由于沉积（吸附）在电极表面的腐蚀产物造成的。由于阳极氧化膜的频响特性与"纯电容"并不一致，因此使用常相位角元件 Q（CPE）代替电容 C，以取得更好的拟合效果。相位角元件 Q 的阻抗由下式计算。

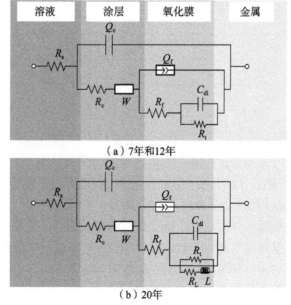

图 2-40 不同暴露年限下涂层试样的电化学阻抗等效电路

$$Z_Q = Y_0^{-1}(j\omega)^{-n} (0 \leqslant n \leqslant 1) \tag{2-19}$$

式中：Y_0 和 n 为 CPE 参数，且当 $n=1$ 时，CPE 表示纯电容；j 为虚数单位；ω 为角频率（$\omega = 2\pi f$，f 为频率）。

暴露 7 年、12 年、20 年涂层试样电化学阻抗等效电路的参数拟合结果如表 2-9 所示。可以看出，R_c、R_f 和 R_t 随暴露年限的增加而减小。随着涂层的老化，涂层剩余厚度减小，涂层阻挡水、氧和盐离子的能力下降，涂层自身的耐蚀性下降。同时基体表面阳极氧化膜由于外层环氧涂层的老化，Cl^- 等腐蚀性离子更容易入侵。腐蚀性离子的长期作用将导致阳极氧化膜局部发生溶解破坏，致使其耐蚀性也发生退化，进而使得铝合金基体发生腐蚀变得容易，R_t 减小。暴露 20 年涂层试样的串联感应电阻 R_L 为 $6.99 \times 10^4 \Omega \cdot cm^2$，表明基体表面沉积的腐蚀产物对基体有一定的保护作用。

表 2-9 暴露 7 年、12 年、20 年涂层试样电化学阻抗等效电路的参数拟合结果

等效电路参数	7 年	12 年	20 年
$Q_c/(F/cm^2)$	1.01×10^{-9}	2.64×10^{-8}	9.51×10^{-7}
n_c	0.9	0.75	0.59
$R_c/(\Omega \cdot cm^2)$	6.83×10^5	8.62×10^4	7.08×10^3
$Q_f/(F/cm^2)$	1.24×10^{-8}	4.61×10^{-8}	2.10×10^{-7}
n_f	0.74	0.81	0.89
$R_f/(\Omega \cdot cm^2)$	2.41×10^7	4.95×10^6	1.41×10^4
$C_{dl}/(F/cm^2)$	2.57×10^{-9}	8.62×10^{-8}	2.05×10^{-7}
$R_t/(\Omega \cdot cm^2)$	4.61×10^7	5.38×10^6	2.49×10^5
$R_L/(\Omega \cdot cm^2)$	—	—	6.99×10^4
L/H	—	—	9.97×10^4
chi-square value/χ^2	2.466×10^{-3}	1.066×10^{-3}	1.134×10^{-3}

暴露 20 年带涂层 7A04-T6 平板试验件 S-L 截面的背散射电子形貌如图 2-41 所示。虽然截面涂层具有一定的厚度，且厚度均匀，宏观上完好，但局部涂层与阳极氧化膜之间已经出现了明显的开裂痕迹，而且涂层内部也出现了裂纹，导致涂层散失了对 Cl^- 等腐蚀介质的阻挡作用，使得铝合金基体极易发生腐蚀。这很好地解释了 20 年涂层试样虽然宏观上涂层完好，且具有一定的厚度，但在电化学阻抗测试中低频段呈现感抗特征。分析造成涂层出现上述开裂现象的原因应该主要包括以下几个方面：

(a) S-L截面形貌　　　　　　(b) 局部放大形貌

图 2-41　暴露 20 年带涂层平板试验件 S-L 截面的背散射电子形貌

(1) 阴极剥离。在大气腐蚀条件下，涂层以下阳极氧化膜或者铝合金基体发生电化学腐蚀，阴极发生氧还原反应，阴极区的 pH 值会升高。碱性环境会攻击界面的金属氧化物或聚合物涂层，影响涂层与阳极氧化膜的结合，然后导致出现分离开裂。

$$O_2+2H_2O+4e^- \longrightarrow 4OH^- \qquad (2-20)$$

(2) 涂层的光老化。涂层在光老化过程中生成的酮、醇和酸等小分子不断损失，涂层发生收缩，使得涂层脆化。加之涂层中含有颜料锌铬黄，涂层高聚物的损失会有效地增加颜料在涂层表层的浓度，使得涂层表层变得相对较脆，而内层相对有弹性，容易导致涂层出现开裂。

(3) 温度变化。在大气环境中，温度存在季节性或者昼夜性的交替变化。温度的交替变化引发涂层的膨胀、收缩以及涂层张力和内应力的变化，会导致涂层结合力下降、发生开裂及破坏。

(4) 大气污染物 SO_2 的作用。大气污染物 SO_2 的存在能显著降低涂层的结合力，使得涂层与阳极氧化膜之间发生开裂。特别是当 SO_2 与 H_2O 共同作用时，对涂层破坏效果更加显著。

参考文献

[1] 马腾, 王振尧, 韩薇. 铝和铝合金的大气腐蚀 [J]. 腐蚀科学与防护技术, 2004, 16 (03): 155-161.

[2] SUN S, ZHENG Q, LI D, et al. Exfoliation corrosion of extruded 2024-T4 in the coastal environments in China [J]. Corrosion Science, 2011, 53 (8): 2527-2538.

[3] DAVIS J R. Corrosion of aluminum and aluminum alloys [M]. ASTM International, 1999.

[4] 吴华伟, 叶从进, 聂金泉. 基于 K-S 检验法和 ALTA 的 IGBT 模块可靠性寿命分布研

究［J］. 重庆交通大学学报（自然科学版），2019，38（01）：119-124.

［5］ 陈跃良，吕国志，段成美. 服役条件下飞机结构腐蚀损伤概率模型研究［J］. 航空学报，2002，23（1）：249-251.

［6］ 陈跃良，杨晓华，秦海勤. 飞机结构腐蚀损伤分布规律研究［J］. 材料科学与工程，2002，20（3）：378-380.

［7］ 中国国家标准化管理委员会. 正态分布完全样本可靠度置信下限：GB/T 4885—2009［S］. 北京：中国标准出版社，2009.

［8］ 陈传尧. 疲劳与断裂［M］. 武汉：华中科技大学出版社，2002.

［9］ 陈群志，崔常京，王逾涯，等. 典型机场地面腐蚀环境数据库研究［J］. 装备环境工程，2006，3（3）：47-49，76.

［10］ 曹楚南. 中国材料的自然环境腐蚀［M］. 北京：化学工业出版社，2005.

［11］ 胡芳友，王茂才，温景林. 沿海飞机铝合金结构件腐蚀与防护［J］. 腐蚀科学与防护技术，2003（02）：97-100.

［12］ 李涛. 铝合金在西沙大气环境中早期腐蚀行为与机理研究［D］. 北京：北京科技大学，2009.

［13］ 李文文，丁良生，艾云龙，等. 铝合金阳极氧化膜的耐蚀性能［J］. 材料保护，2015，48（03）：46-51.

［14］ 王佳. 液膜形态在大气腐蚀中的作用［M］. 北京：化学工业出版社，2016.

［15］ ZHANG J, HU J, ZHANG J, et al. Electrochemical behaviors of corrosion of LY12 aluminum alloy/passivation film/epoxy coatings composite electrodes［J］. Acta Metallurgica Sinica, 2006, 42 (5): 528-532.

［16］ BOAG A, HUGHES A E, WILSON N C, et al. How complex is the microstructure of AA2024-T3[J]. Corrosion Science, 2009, 51 (8): 1565-1568.

［17］ MONDOLFO L F. Aluminum Alloys: structure and properties［M］. London: Butterworth, 1976.

［18］ LAFERRERE A, PARSON N, ZHOU X, et al. Effect of microstructure on the corrosion behaviour of extruded heat exchanger aluminium alloys［J］. Surface and Interface Analysis, 2013, 45 (10): 1597-1603.

［19］ ZHOU X, LUO C, HASHIMOTO T, et al. Study of localized corrosion in AA2024 aluminium alloy using electron tomography［J］. Corrosion Science, 2012, 58: 299-306.

［20］ MCNAUGHTAN D, WORSFOLD M, Robinson M J. Corrosion product force measurements in the study of exfoliation and stress corrosion cracking in high strength aluminium alloys［J］. Corrosion Science, 2003, 45 (10): 2377-2389.

［21］ ROBINSON M J. Mathematical modelling of exfoliation corrosion in high strength aluminium alloys［J］. Corrosion Science, 1982, 22 (8): 775-790.

［22］ ZHANG S, HE Y, ZHANG T, et al. Long-term atmospheric corrosion behavior of epoxy prime coated aluminum alloy 7075-T6 in coastal environment［J］. Materials, 2018, 11

(6): 965.

[23] GRAEDEL T E. Corrosion mechanisms for aluminum exposed to the atmosphere [J]. Journal of the Electrochemical Society, 1989, 136 (4): C204-C212.

[24] 朱红, 王芳辉. 干燥方法对氢氧化铝和氧化铝形貌的影响 [J]. 北京交通大学学报, 2004, 28 (03): 56-59, 69.

[25] 刘桂华, 张玉敏, 李小斌. 超细氢氧化铝粉体干燥过程中表面活性剂的作用机理 [J]. 中国有色金属学报, 2009, 19 (04): 744-748.

[26] 戴树桂. 环境化学 [M]. 北京: 高等教育出版社, 2006.

[27] ZHANG S, ZHANG T, HE Y, et al. Long-term atmospheric pre-corrosion fatigue properties of epoxy primer-coated 7075-T6 aluminum alloy structures [J]. International Journal of Fatigue, 2019, 129: 105225.

[28] OESCH S, FALLER M. Environmental effects on materials: The effect of the air pollutants SO_2, NO_2, NO and O_3 on the corrosion of copper, zinc and aluminium. A short literature survey and results of laboratory exposures [J]. Corrosion Science, 1997, 39 (9): 1505-1530.

[29] ZHANG S, ZHANG T, HE Y, et al. Effect of coastal atmospheric corrosion on fatigue properties of 2024-T4 aluminum alloy structures [J]. Journal of Alloys and Compounds, 2019, 802: 511-521.

[30] CASTAÑO J G, DE LA FUENTE D, MORCILLO M. A laboratory study of the effect of NO_2 on the atmospheric corrosion of zinc [J]. Atmospheric Environment, 2007, 41 (38): 8681-8696.

[31] 安百刚, 张学元, 韩恩厚, 等. 铝和铝合金的大气腐蚀研究现状 [J]. 中国有色金属学报, 2001, 11 (S2): 11-15.

[32] MENDOZA A R, CORVO F. Outdoor and indoor atmospheric corrosion of non-ferrous metals [J]. Corrosion science, 2000, 42 (7): 1123-1147.

[33] KNIGHT S P, CLARK G, DAVENPORT A J, et al. Understanding the directional dependence of intergranular corrosion in aluminium alloys [C]. Materials Science Forum. Trans Tech Publ, 2010.

[34] 于美, 刘建华, 李松梅. 航空铝合金腐蚀防护与检测方法 [M]. 北京: 科学出版社, 2017.

[35] 吴学仁. 飞机结构金属材料力学性能手册 [M]. 北京: 航空工业出版社, 1997.

[36] DUNCAN J R, BALLANCE J A. Marine salts contribution to atmospheric corrosion [M]. ASTM International, 1987.

[37] YANG X F, CROLL S G. Accelerated exposure of pigmented anti-corrosion coating systems [J]. Surface Coatings International Part B: Coatings Transactions, 2004, 87 (1): 7-13.

[38] LIANG Z, FENG Z, Guangxiang X. Comparison of fractal dimension calculation methods for channel bed profiles [J]. Procedia Engineering, 2012, 28: 252-257.

[39] MANDELBROT B B. The fractal geometry of nature [M]. New York: W. H. Freeman and

Company, 1983.

[40] 曹树刚, 郭平, 刘延保, 等. 煤体破坏过程中裂纹演化规律试验 [J]. 中国矿业大学学报, 2013, 42 (05): 725-730.

[41] 苏景新. 铝锂合金剥蚀研究和分形维数在表征腐蚀中的应用 [D]. 杭州: 浙江大学, 2006.

[42] DONG C F, AN Y H, LI X G, et al. Electrochemical performance of initial corrosion of 7A04 aluminium alloy in marine atmosphere [J]. The Chinese Journal of Nonferrous Metals, 2009, 19 (2): 346-352.

[43] RAVICHANDRAN R, RAJENDRAN N. Electrochemical behaviour of brass in artificial seawater: effect of organic inhibitors [J]. Applied Surface Science, 2005, 241 (3-4): 449-458.

[44] 蔡彪, 李劲风, 贾志强, 等. 175℃回归7150-RRA铝合金力学性能及剥蚀性能 [J]. 材料热处理学报, 2009, 30 (01): 109-113.

[45] 李晓刚, 董超芳, 肖葵, 等. 金属大气腐蚀初期行为与机理 [M]. 北京: 科学出版社, 2009.

[46] 何希杰, 劳学苏. 回归分析中临界相关系数的求值方法 [J]. 河北工程技术高等专科学校学报, 1993 (02): 12-19.

[47] 曹楚南, 张鉴清. 电化学阻抗谱导论 [M]. 北京: 科学出版社, 2002.

[48] 苏景新, 白云, 关庆丰, 等. 飞机蒙皮结构表面涂层失效的电化学阻抗分析 [J]. 中国腐蚀与防护学报, 2013, 33 (03): 251-256.

[49] 孙志华, 章妮, 蔡健平, 等. 航空铝合金涂层体系加速老化试验前后电化学阻抗变化 [J]. 航空学报, 2008, 29 (03): 746-751.

[50] 张金涛, 胡吉明, 张鉴清, 等. LY12铝合金/钝化膜/环氧涂层复合电极的腐蚀电化学行为 [J]. 金属学报, 2006, 42 (05): 528-532.

[51] ZHANG G A, XU L Y, CHENG Y F. Investigation of erosion-corrosion of 3003 aluminum alloy in ethylene glycol-water solution by impingement jet system [J]. Corrosion Science, 2009, 51 (2): 283-290.

[52] GUAN F, ZHAI X, DUAN J, et al. Influence of sulfate-reducing bacteria on the corrosion behavior of 5052 aluminum alloy [J]. Surface and Coatings Technology, 2017, 316: 171-179.

[53] YANG L, WAN Y, QIN Z, et al. Fabrication and corrosion resistance of a graphene-tin oxide composite film on aluminium alloy 6061 [J]. Corrosion Science, 2018, 130: 85-94.

[54] KATAYAMA H, KURODA S. Long-term atmospheric corrosion properties of thermally sprayed Zn, Al and Zn-Al coatings exposed in a coastal area [J]. Corrosion Science, 2013, 76: 35-41.

[55] TRDAN U, GRUM J. SEM/EDS characterization of laser shock peening effect on localized corrosion of Al alloy in a near natural chloride environment [J]. Corrosion Science, 2014, 82: 328-338.

[56] AL-KHALDI T A, LYON S B. The effect of interfacial chemistry on coating adhesion and performance: A mechanistic study using aminobutylphosphonic acid [J]. Progress in Organ-

ic Coatings, 2012, 75 (4): 449-455.

[57] TOUZAIN S, LE THU Q, BONNET G. Evaluation of thick organic coatings degradation in seawater using cathodic protection and thermally accelerated tests [J]. Progress in Organic Coatings, 2005, 52 (4): 311-319.

[58] ROY D, SIMON G P, FORSYTH M, et al. Modification of thermoplastic coatings for improved cathodic disbondment performance on a steel substrate: a study on failure mechanisms[J]. International Journal of Adhesion and Adhesives, 2002, 22 (5): 395-403.

[59] 潘莹, 张三平, 周建龙, 等. 大气环境中有机涂层的老化机理及影响因素 [J]. 涂料工业, 2010, 40 (04): 68-72.

[60] OOSTERBROEK M, LAMMERS R J, VAN DER VEN L, et al. Crack formation and stress development in an organic coating [J]. Journal of Coatings Technology, 1991, 63 (797): 55-60.

第3章
大气腐蚀环境下航空铝合金结构日历安全寿命分析

飞机结构是在大气环境下服役/使用的，除了一些由耐腐蚀材料（如钛合金、不锈钢、复合材料等）制成的结构和处于密闭环境的结构被近似认为是受到纯疲劳作用外，大多数结构不可避免地会发生腐蚀损伤。材料的腐蚀是一个与环境作用强度（环境腐蚀性）和作用时间相关的过程，与疲劳过程类似，环境腐蚀性的大小相当于疲劳加载强度，环境作用时间的长短相当于疲劳加载次数，因此，研究结构的疲劳过程有疲劳寿命，研究结构的腐蚀过程有日历寿命。工程应用中是以疲劳安全寿命对结构疲劳问题进行管理的，但是对结构腐蚀问题还只是以日历寿命为准，不存在统计分析的过程，即不存在"日历安全寿命"的概念。

实际上，结构的腐蚀过程也存在分散性，主要体现在三个方面：一是材料分散性，如不同批次材料的元素成分、热处理过程可能存在差别，可能导致材料的腐蚀敏感性不同；二是结构分散性，如加工装配过程的差别可能使一些配合较差或磨损严重的局部区域更易发生腐蚀；三是环境分散性，现阶段确定日历寿命的研究基本是在实验室加速条件下开展的，得到的结果与实际情况存在差别，且同一地区不同年份的大气环境也会有所差别。因此，结构发生腐蚀失效的日历寿命也是具有分散性的，其服从一定的概率分布规律。腐蚀造成的飞机结构损伤同样会威胁飞行安全及飞机的使用经济性，对于飞机结构日历寿命的确定，也应该贯彻可靠性设计思想。

本章针对飞机结构中受腐蚀影响结构（即腐蚀关键件和腐蚀疲劳关键件）的腐蚀问题，从可靠性角度出发提出了飞机结构日历安全寿命的概念，分别建立了飞机结构防护体系、飞机结构基体和飞机结构整体的日历安全寿命确定方法，通过建立结构防护体系可靠度与机群维修费用间的函数关系，给出了飞机结构防护体系日历寿命可靠度的确定方法。

第3章 大气腐蚀环境下航空铝合金结构日历安全寿命分析

3.1 飞机结构日历安全寿命的概念

根据我国《军用飞机结构完整性大纲》，飞机结构疲劳安全寿命的概念是"用飞行小时、起落次数等表示使用周期，在该周期内飞机结构由于疲劳开裂而发生破坏的概率极低"。美国《飞机结构完整性大纲》（Aircraft Structural Integrity Program）中对安全寿命（safe life）的定义为"Safe-life of a structure is that number of events such as flights, landings, or flight hours, during which there is a low probability that the strength will degrade below its design ultimate value due to fatigue cracking"，与我国的"完整性大纲"给出的定义基本一致。《飞机结构载荷/环境谱》中给出的飞机结构疲劳安全寿命的概念是"安全寿命采用大分散系数所获得的具有极低疲劳开裂概率的使用寿命，分散系数取决于疲劳可靠度（疲劳开裂概率）的要求和结构疲劳寿命分散性。按照安全寿命准则确定的疲劳寿命可以使飞机在该寿命期内结构疲劳破坏的概率很低，以确保结构的使用安全"。

可以看出，现在公认的"安全寿命"就是以安全寿命设计准则，通过可靠性分析所确定的具有极低失效概率的寿命值。

因此，对飞机结构的日历安全寿命定义如下：飞机结构日历安全寿命是指飞机结构在实际服役/使用条件下，按照安全寿命设计准则所确定的飞机结构能够完成其使用功能的日历使用时间，在此时间内，飞机结构因腐蚀问题造成的结构失效概率极低。

从上述定义可以看出，日历安全寿命实际上就是一个服役/使用日历限制周期，可以保证在该周期内，结构发生失效的概率极低。发生失效的原因可能是由腐蚀单独引起的，也可能是由腐蚀与疲劳作用共同引起的，或者在此寿命周期内，各种因素交替耦合作用引起的。对于腐蚀关键件，则是由腐蚀原因单独作用引起的；对于疲劳关键件，只要确定了飞机的飞行强度，则疲劳安全寿命也可用日历安全寿命来表示；对于腐蚀疲劳关键件，日历安全寿命应该反映疲劳与腐蚀共同作用的效应。从本质上说，飞机结构的"寿命"是其可否正常工作的周期的表征，应该描述飞机结构在服役/使用过程中所允许损伤达到的同一种状态。也就是说，飞机结构的日历寿命与其他寿命指标（如疲劳寿命等）有着一一对应的关系，用哪一个寿命指标来表征飞机结构的寿命特性都是可以的，都是飞机结构可正常工作的周期限制的表示。

与飞机结构日历安全寿命相关的概念内涵如图3-1所示。

飞机机体的日历安全寿命取决于机体结构中易受腐蚀的主要结构件的日历

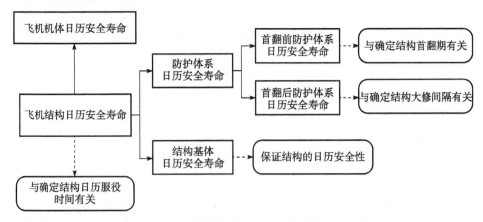

图 3-1 与飞机结构日历安全寿命相关的概念内涵

寿命，选取飞机的具有代表性的易腐蚀主要结构件是确定飞机机体日历安全寿命的关键。

对于具体的飞机结构，结构表面均有防护体系，起到隔离环境介质与基体材料的作用，在其有效期内，可以防止基体材料发生腐蚀。当表面防护体系失效后，结构的基体材料就会与环境介质产生接触而发生腐蚀，如果防护体系未得到及时修复，随着服役时间的增长，基体材料的腐蚀进一步发展，将最终导致结构的功能失效。因此，飞机结构的日历安全寿命由防护体系的日历安全寿命和结构基体的日历安全寿命组成。

结构表面防护体系的日历安全寿命是指表面防护体系在一定可靠度与置信度下不发生功能失效的使用时间限制。对影响飞行安全的关键结构以及基体材料抗腐蚀性特别差的结构（如起落架等），防护体系的日历安全寿命与结构的使用安全性有关，应选取较高的可靠度与置信度；对其他飞机结构，由于防护体系失效后，结构基体发生腐蚀失效仍需要一定的时间，应综合考虑结构安全、大修时间、修理费用等因素，从最经济的角度出发确定防护体系的可靠度与置信度，因此，这些结构的防护体系日历安全寿命主要与使用经济性有关。

飞机结构的表面防护体系分为很多类型，如面漆、底漆、缓蚀剂、阳极氧化层、镀锌层、包铝层等，各种类型的防护体系又可分为很多不同的牌号。结构在出厂时，其防护体系最为完善，对结构基体的保护作用也最强；当飞机服役一段时间后，结构的表面防护体系遭到损伤，有的类型的防护体系在结构大修时是可以修复的，如面漆、底漆等，而有的类型的防护体系在结构大修时是无法修复的，如阳极氧化层、包铝层等。若表面防护体系在首次大修（首翻）前已腐蚀至内层，引起不可修复的防护层发生了损伤，则首翻后防护体系的状态要比飞机出厂时差,其日历安全寿命也要比首翻前防护体系的日历安全寿命短。因此,防护体系的日历安全寿命分为两类：①首翻前结构防护体系日历安全寿命,是指飞机出厂后的结构防护体系状态对应的具有特定腐蚀失效概率的日历寿命限制,其主要与结构首翻期的确定有关；②首翻后结构防护体系日历安全寿命,是指飞机在大修后的结构防护体系状态对应的具有特定腐蚀失效概率的日历寿命限制,其主要与结构大修间隔的确定有关。这里需要说明的是,首翻前与首翻后防护体系日历安全寿命的区别在于内层防护体系是否受到损伤,如果结构首翻时内层防护体系完好,在首翻时可以将防护体系修复至出厂状态,则在首翻后进行结构的日历安全寿命管理仍以首翻前日历安全寿命为准。

结构基体的日历安全寿命是指在没有表面防护体系保护的情况下,结构基体在很高的可靠度与置信度下不发生功能失效的使用时间限制。结构基体材料发生腐蚀,将直接影响结构整体的功能发挥,威胁飞行安全。因此,结构基体的日历安全寿命与结构的使用安全性相关,必须要选取一个很高的可靠度,使结构基体在其日历安全寿命期内具有极低的腐蚀失效概率,以确保结构的使用安全。

防护体系日历安全寿命和结构基体日历安全寿命组成了飞机结构的日历安全寿命。飞机结构日历安全寿命可以用于飞机结构的寿命管理,与确定飞机结构的日历服役时间有关,还应包括为达到此服役时间而进行的结构大修所对应的首翻期、大修间隔和维修措施等内容。

3.2 基体材料日历安全寿命的确定原理与方法

飞机结构的基体日历安全寿命,是指在没有表面防护体系的保护作用下,按照安全寿命设计准则所确定的飞机结构基体能够完成其使用功能的日历使用时间,也就是通过可靠性分析所获得的飞机结构基体具有极低腐蚀失效概率的日历寿命限制。

结构基体的日历安全寿命,与结构基体所选用的材料与加工工艺、结构形式及抗疲劳设计水平、飞机的使用环境与服役历程、结构所处部位、结构受载情况、可靠度与置信度等参数有关。结构基体发生腐蚀的形式可能包括接触腐蚀、点蚀、剥蚀、应力腐蚀开裂、腐蚀疲劳裂纹等,具体需要根据材料类型、结构形式和结构受载情况进行分析。为了保证结构基体的安全可靠,要根据结构基体的腐蚀形式以及结构基体在此形式下的腐蚀损伤规律,确定给定可靠度与置信度下的结构基体日历安全寿命。

结构基体材料发生腐蚀，将直接影响结构整体功能的发挥，威胁飞行安全。因此，结构基体的日历安全寿命与结构的使用安全性相关，必须要选取一个很高的可靠度，使结构基体在其日历安全寿命期内具有极低的腐蚀失效概率，以确保结构的使用安全。通常情况下，基体腐蚀损伤寿命所服从的分布类型不同，则其选取的可靠度与置信度也不一样。例如，若结构基体的腐蚀损伤寿命服从对数正态分布，为保证飞行安全，通常结构基体的日历安全寿命需要满足99.9%的可靠度与90%的置信度；若服从威布尔分布，则需要满足95%的可靠度和95%的置信度。

飞机结构分为腐蚀关键件、疲劳关键件和腐蚀疲劳关键件（包括应力腐蚀关键件），其中，疲劳关键件可以认为在服役时不受腐蚀的影响，其日历寿命在理论上是无限长的（实际上由疲劳寿命与飞行强度就可确定最长服役时间）。飞机结构基体日历安全寿命的研究对象主要就是腐蚀关键件和腐蚀疲劳关键件（包括应力腐蚀关键件），可以称为不受载结构和受载结构。

确定结构基体日历安全寿命的技术途径如图3-2所示，需说明的几项主要工作如下所述。

1) 研究对象的选取与结构基体模拟试验件的设计制造

从偏于安全的角度可虑，研究结构基体日历安全寿命所选用的试验件不应有任何表面防护体系的保护。首先，应根据研究的目的选定基体日历安全寿命的研究对象，如飞机结构中易受腐蚀的主要结构件等。其次，应根据研究对象的材料、加工工艺、所在位置、受载情况等确定研究对象的腐蚀失效形式，如点蚀、剥蚀、腐蚀疲劳、应力腐蚀开裂等。最后，根据研究对象的腐蚀失效形式，进行结构模拟试验件的设计与制造。

进行基体模拟试验件的设计与制造，需要遵循以下原则：①试验件应使用与飞机实际结构一致的基体材料，包括相同的材料牌号、相同的加工工艺、相同的热处理状态等；②试验件表面应去除防护体系；③应根据实际结构及其腐蚀失效形式进行模拟试验件的形状与尺寸设计，试验件中应考虑那些影响材料腐蚀的结构特征，如接触、圆孔、间隙等，若实际结构不受载，则与之对应的试验件可以设计得相对简单一些，只要能反映出腐蚀规律即可，若实际结构受载，则对应的试验件应设计成可以在疲劳试验机（或在应力腐蚀加载设备）上方便加载的形状，此类试验件还要能够反映出实际结构的局部特征，以确保试验件受载时的局部应力分布与实际结构一致；④生产一个机群的飞机将历经较长的时间，实际机群所采用的基体材料可能不是一个批次生产出来的，建议进行试验件加工时选用不同批次的原材料，以反映出材料与工艺的分散性。

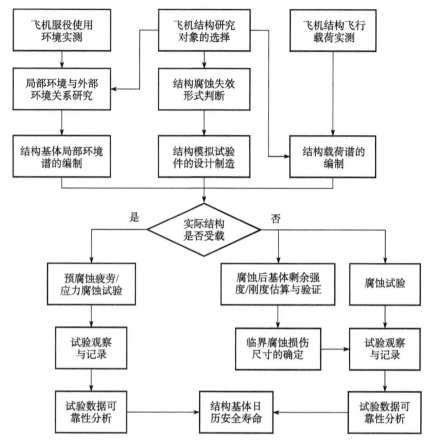

图 3-2 确定结构基体日历安全寿命的技术途径

2) 结构基体局部环境谱与结构载荷谱的编制

进行实验室条件下的加速试验研究,必须要保证试验所采用的加速环境谱与飞机结构所在位置的局部环境损伤等效,这就需要进行结构所在部位的局部加速环境谱的编制。

首先,对飞机的实际服役环境进行实测,确定飞机的外部环境特征。其次,建立所要研究结构所在的局部环境与外部环境的关系模型。最后,根据所确定的飞机结构局部环境特征,利用现有的方法编制结构局部环境加速谱。

虽然对受载的飞机结构主要以疲劳寿命进行管理,但在腐蚀环境与载荷(循环载荷、静载荷或残余应力等)的共同作用下,结构可能会发生腐蚀疲劳或应力腐蚀开裂,这些情况也应该纳入到基体日历安全寿命的研究范畴。因此,需要根据飞机结构的飞行实测载荷,编制结构载荷谱。

需要说明的是,根据飞机结构实测载荷编制的载荷谱反映出了实测飞机的受载情况，一般可用基准载荷谱表示。然而，由于所完成飞行任务的不同，同一型号的不同飞机的载荷严重程度有所区别。依据基准载荷谱所确定的基体日历安全寿命进行飞机结构基体寿命管理时，应将飞机的实际飞行小时数等损伤折算到基准载荷谱下的基准飞行小时数。

3) 不受载结构基体的日历安全寿命确定

确定不受载结构的基体日历安全寿命，首先是要确定其结构功能失效的判据。对飞机结构中完全不受载荷的结构，其功能失效的判据可以取为发生穿透性腐蚀，或腐蚀产物发生剥落而影响到其他部位功能的发挥。此外，在飞机结构还存在一类结构，它们并不是完全不受载荷的影响，而是受载很小，可不作为腐蚀疲劳关键件研究，且不受到持续静载或残余应力的作用，也不作为应力腐蚀关键件研究，其可以划分到不受载结构的范畴进行日历寿命管理。这种结构需要根据它们在飞机全寿命期内可能遇到的最大载荷作为考核条件，通过试验或应力分析，判断其允许的最大腐蚀深度，并以此作为结构功能失效的判据。

对不受载结构进行结构模拟试验件的腐蚀试验，每隔一定的腐蚀时间取出部分试验件测量试验件的最大腐蚀深度，而后进行最大腐蚀深度的分布规律研究和可靠性分析，得到在此腐蚀周期下满足给定可靠度与置信度要求的基体最大腐蚀深度。将不同腐蚀周期下满足可靠度与置信度要求的最大腐蚀深度进行综合分析，确定最大腐蚀深度的变化规律。根据最大腐蚀深度的变化规律，即可获得结构达到其失效判据时的腐蚀周期，即结构的基体日历安全寿命。

4) 受载结构基体的日历安全寿命确定

对腐蚀疲劳关键件，确定其基体日历安全寿命的步骤简述如下，更为详细的方法可以参见第4章飞机结构的安全寿命包线部分的内容。

(1) 根据飞机的设计水平，确定飞机整体的疲劳安全寿命；

(2) 将试验件分为若干组，每组试验件在加速环境谱下经历不同的预腐蚀周期（等效腐蚀年限）；

(3) 预腐蚀作用后，在编制的载荷谱下进行疲劳试验至断裂；

(4) 在选定的可靠度与置信度下，计算每组预腐蚀疲劳试验件的安全寿命；

(5) 将每组试验件的预腐蚀疲劳安全寿命进行拟合，拟合出一条预腐蚀周期对疲劳安全寿命的影响曲线；

(6) 计算结构基体在防护体系达到防护体系的日历安全寿命时的剩余损伤度；

(7) 如果飞机的使用目标是将飞机结构的设计疲劳安全寿命用完，则可以根据预腐蚀周期对疲劳安全寿命的影响曲线和飞机的剩余飞行小时数确定曲线中的对应点，从而确定结构基体在其对应飞行强度下的年损伤度，考虑到结构基体在防护体系失效后的剩余损伤度，就可以求得结构基体的日历安全寿命；

（8）如果飞机按照预定的飞行计划使用，可以根据预腐蚀周期对疲劳安全寿命的影响曲线和飞机的使用计划确定曲线中的对应点，确定结构基体在此使用计划下的年损伤度，结合结构基体在防护体系失效后的剩余损伤度，就可以求得结构基体的日历安全寿命。

需要对上述过程做出以下补充说明：飞机整体的疲劳安全寿命是通过一些特定的关键承力件来确定的，飞机的疲劳安全寿命本身就是由这些结构件通过疲劳试验和可靠性分析给出的。若以这些结构研究其基体日历安全寿命，其经过腐蚀后的疲劳安全寿命肯定无法达到飞机的设计疲劳安全寿命。对于这些结构，若要将其用至疲劳安全寿命到寿，其基体的日历安全寿命是0年，即这些结构的基体不能受到腐蚀影响，它们的防护体系日历安全寿命应具有很高的可靠度水平，以保证防护体系在结构大修前有效。对于飞机结构的其他部位，虽然也是按照疲劳安全寿命进行管理，但一般情况下它们实际的疲劳安全寿命比飞机的设计疲劳安全寿命要长。因此，这些结构的基体材料在经受过一定周期的环境腐蚀后，是可以达到飞机的设计疲劳安全寿命要求的。

对应力腐蚀关键件，确定其基体日历安全寿命的步骤如下：

（1）对结构进行应力分析，确定结构中最易产生应力腐蚀开裂的部位及裂纹方向；

（2）将试验件分为若干组，根据最易产生应力腐蚀开裂的部位及裂纹方向，对不同组的试验件预置不同长度的初始裂纹（其中一组不预置裂纹，用于确定应力腐蚀开裂时间）；

（3）开展各组试验件的应力腐蚀试验；

（4）对各组试验数据进行综合分析，确定应力腐蚀裂纹的扩展规律及临界断裂长度；

（5）通过可靠性分析，求得给定可靠度与置信度下的分散系数；

（6）将应力腐蚀裂纹扩展时间除以分散系数，得到应力腐蚀关键件的日历安全寿命。

在实际应用中，进行基体日历安全寿命的管理应结合结构检查，若结构基体在大修时已发现存在了腐蚀损伤，则应立即对损伤部位进行修理，并进行修理后结构的寿命评估，判断结构能否在到达下一次大修前有足够的可靠度保证不发生失效。

3.3 结构防护体系日历安全寿命的确定原理与方法

3.3.1 飞机结构防护体系日历安全寿命的确定原理与方法

飞机结构防护体系的日历安全寿命以服役年限为基本单位，若飞机在全寿命期内所处的服役地区环境相近，则可以认为飞机在单一环境下进行服役，仅需要编制飞机所在服役地区的年腐蚀谱就可以通过试验和分析得到飞机结构防护体系的日历安全寿命；若飞机在其寿命期内在环境差异较大的不同地区服役，则认为飞机在多种环境下服役，需要编制不同地区的年腐蚀谱进行试验与分析得到结构防护体系日历安全寿命。

1. 单一服役环境下飞机结构防护体系日历安全寿命的确定原理与方法

表面防护体系的日历安全寿命，与防护体系选用材料与工艺、飞机的使用环境与服役历程、结构所处部位、根据使用需求选取的可靠度与置信度等参数相关。其中，前三项参数决定了防护体系的真实失效时间，选取的可靠度与置信度决定了防护体系日历安全寿命的安全性水平。

选取防护体系日历安全寿命的可靠度与置信度时，应根据结构的重要程度、维修成本等综合考虑确定。

对于飞机结构的关键承力部位或者对于结构基体材料抗腐蚀性特别差的部位，应该选取较高的可靠度水平，以保证防护体系在结构大修前发生失效的概率很低，从而保证基体结构在大修前不发生腐蚀失效。

对于一般结构，应主要从结构使用维修经济性的角度出发确定可靠度水平，既不能过高，使结构频繁修理，影响装备完好率和增大维修成本；也不能过低，使过多结构的基体腐蚀严重，导致结构的深度修理甚至换件，同样增大维修成本。

此外，结构防护体系日历安全寿命可靠度的选取，必须要确保结构基体在此可靠度对应的日历周期内不因腐蚀影响而发生断裂失效。

由于通过实际服役条件确定结构的日历寿命需要很长的试验周期，在工程上一般通过开展实验室加速条件下的等效试验进行腐蚀问题的研究。确定表面防护体系的日历安全寿命的技术途径如图3-3所示。有几项需要说明的主要工作如下所述。

1）结构防护体系模拟试验件的设计与制造

应根据研究的目的选定防护体系日历安全寿命的研究对象，例如，确定飞机机体的日历安全寿命，通常要选取最易受腐蚀的主要构件作为研究对象。

第3章 大气腐蚀环境下航空铝合金结构日历安全寿命分析

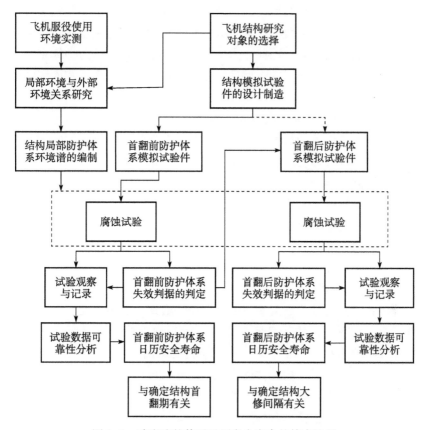

图 3-3 确定防护体系日历安全寿命的技术途径

进行防护体系模拟试验件的设计,需要遵循以下原则:①试验件应使用与飞机实际结构一致的表面防护体系材料,包括相同的基体材料、相同的防护体系类型与材料牌号、相同的结构加工工艺和相同的防护层厚度等;②试验件应与实际结构有相同的局部特征,如研究对象与其他结构通过铆钉相连,则试验件中应考虑对接触部位的设计,再如实际结构中存在凸台、圆孔等影响防护体系腐蚀规律的特征也应考虑;③生产一个机群的飞机将经历较长的时间,因此,实际机群所采用的防护体系材料可能不是一个批次生产出来的,在试验件加工时应尽量选择不同批次的同一牌号防护体系材料,以反映出材料的分散性。

生产模拟试验件时,应首先根据飞机结构出厂时的状态生产首翻前结构模拟件。当根据此模拟件确定了结构首翻前防护体系的失效判据后(即表面防护体系在首翻时可能达到的状态),可以再根据判据生产首翻后结构模拟件。例如,把结构包铝层发生腐蚀作为首翻前结构模拟件的失效判据,则按此日历安全寿命管理的飞机实际结构在大修时将有部分区域可能发生包铝层失效，由于在飞机结构大修时，一般只是重新涂刷底漆和面漆，包铝层和包铝层外的阳极氧化层并不能得到修复。因此，为了更合理地模拟首翻后防护体系状态，并从偏安全的角度出发，设计的首翻后结构模拟件应只进行底漆和面漆喷涂，不进行包铝和阳极氧化处理。

2) 结构局部防护体系环境谱的编制

进行实验室条件下的加速试验研究，必须要保证试验所采用的加速环境谱与飞机结构真实服役环境的腐蚀损伤作用等效，这就需要进行结构所在部位的局部加速环境谱的编制。

首先，对飞机的实际服役环境进行实测，确定飞机的外部环境特征。其次，建立所要研究结构所在的局部环境与外部环境的关系模型，具体方法可参见本书第7章内容。最后，根据所确定的飞机结构局部环境特征，利用现有的方法编制结构加速环境谱。

3) 首翻前与首翻后防护体系失效判据的判定

进行疲劳试验时结构断裂对应的载荷循环数即为疲劳寿命，但研究日历寿命与其不同，判断防护体系日历寿命到寿的判据往往不能直观表现出来。因此，要进行防护体系日历安全寿命的评定先要给出防护体系日历到寿的判据。防护体系失效即会造成结构基体的腐蚀，因此，可以通过观察结构基体是否发生腐蚀损伤得到首翻前防护体系失效判据；同理，可以通过观察内层不可修复防护体系是否发生损伤得到首翻后防护体系失效判据。

获取防护体系失效判据的具体过程，首先要开展不同周期的腐蚀试验，记录防护层的损伤特征和损伤的具体位置；其次通过显微镜直接观察、脱漆后观察、能谱分析等一些手段，判断结构基体（或不可修复防护层）是否受到腐蚀，并记录腐蚀的具体位置；最后，通过防护层损伤位置和基体（或不可修复防护层）腐蚀位置的对应关系，找到基体发生腐蚀时对应的防护层的损伤特征，从而得到首翻前（或首翻后）的防护体系失效判据。

4) 开展不同防护体系模拟件的腐蚀试验

在编制的加速环境谱下开展首翻前和首翻后防护体系模拟件的腐蚀试验。在试验过程中，每当等效腐蚀谱施加完一个周期（如等效一年）即进行一次试验件表面的观察与记录。当试验件表面防护体系出现失效判据所对应的损伤特征，即认为此件试验件的表面防护体系在此等效腐蚀年限时达到日历寿命限制值。

从节省试验成本的角度出发，首翻后结构模拟件的腐蚀试验可以省略不做。由于首翻前结构模拟件的防护体系比首翻后结构模拟件的要完善，首翻后结构模拟件的失效判据通常会在首翻前结构模拟件的失效判据之前出现（例如漆层的损伤往往先于包铝层的损伤出现）。因此，可以只进行首翻前结构模拟件的腐蚀试验，每件试验件在上述两个判据出现时分别记录两次数据，以首翻后结构模拟件失效判据对应的日历时间作为首翻后结构防护体系的日历寿命。

5）试验数据的可靠性分析与防护体系日历安全寿命的确定

从节省试验经费的角度出发，试验件通常只是做成能够反映实际结构特征的模拟件，而非实际结构件。因此，试验件的结构表面积一般只有实际结构表面积的几分之一甚至更小。假设实际结构在关键部位的表面积为试验件关键部位表面积的 k 倍，则实际结构在服役环境中可以等效看作是 k 件试验件同时接受腐蚀，其中任意一件的表面防护体系失效都要视为整个实际结构的表面防护体系发生失效。因此，对试验件所选取的可靠度与实际结构的可靠度不同。研究实际结构表面防护体系的日历安全寿命时，必须要考虑到试验件与实际结构件在关键部位的表面积差别。

选取实际结构表面防护体系的日历安全寿命可靠度为 α，则对一个样本容量为 n 的实际结构样本来说，当达到防护体系日历安全寿命时，大约有 $n(1-\alpha)$ 个结构的表面防护体系发生失效。从偏于安全的角度考虑，对一个样本容量为 nk 的试验件样本（实际结构表面积为试验件表面积的 k 倍，则样本容量为 nk 的试验件样本相当于样本容量为 n 的实际结构样本）来说，当达到防护体系日历安全寿命时，仍然需要要求有 $n(1-\alpha)$ 个试验件的表面防护体系发生失效。假设以试验数据进行实际结构表面防护体系的日历安全寿命分析时，应选取的日历安全寿命可靠度为 α'，则有关系式 $nk(1-\alpha')=n(1-\alpha)$，可以求得

$$\alpha'=(k+\alpha-1)/k \tag{3-1}$$

由试验数据根据可靠度 α' 得到的分析结果可以作为实际结构在可靠度为 α 的防护体系日历安全寿命。

下面借助图 3-4 对以上问题予以进一步阐述。图中共有 4 件实际结构，序号为 I#~IV#，假设实际结构的表面积为试验件的 5 倍，则 4 件实际结构的表面积之和就相当于 20 件试验件的表面积和，试验件序号为 1#~20#。

再假设实际结构表面防护体系的日历安全寿命为 10 年，日历安全寿命可靠度为 75%。则意味着当 4 件结构服役/使用 10 年后，大约有 4×(1-75%)=1 件结构的表面防护体系发生失效，如 I#结构上的阴影部分所示。从偏于安全的角度考虑，对一个样本容量为 4×5=20 的试验件样本来说，当达到防护体系的日历安全寿命 10 年时，最多仍要求有 1 件试验件的表面防护体系发生失效，如 4#试验件上的阴影部分所示，则试验件表面防护体系日历安全寿命可靠度为

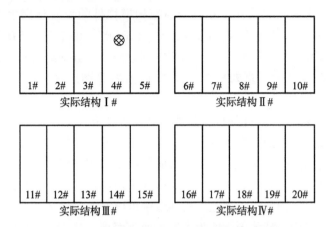

图 3-4 试验件与实际结构的比例关系示意图

$(20-1)/20=95\%$。可以看出，由于试验件的表面积小于实际结构，试验件表面防护体系日历安全寿命可靠度明显大于实际结构。

由试验数据根据上述可靠度得到的分析结果可以作为实际结构在可靠度为 α 时的防护体系日历安全寿命。

在得到的试验结果和给出的可靠度下，确定结构防护体系的日历安全寿命应先确定防护体系日历寿命服从何种分布，而后根据确定分布的概率密度函数，得到满足给定可靠度与置信度的日历安全寿命值。由于确定分布形式和计算可靠度值的过程已有通用的方法，在这里就不再赘述了。

2. 多服役环境下飞机结构防护体系日历安全寿命的确定原理与方法

飞机在全寿命服役过程中，通常是在多个地区服役的。如民用飞机，通常是在所飞航线的多个城市间转换；军用飞机也经常会在不同地区调换使用。由于不同地区腐蚀环境的差异，仅凭某一地区的等效环境谱确定的结构防护体系日历安全寿命是无法用于多地区服役飞机的防护体系日历寿命管理的。

现有的研究表明，腐蚀对材料的损伤作用可以认为服从线性规律。在此基础上，可以通过线性累积损伤的计算方法进行多服役环境下飞机结构防护体系日历安全寿命的确定，具体步骤如下：

1）编制不同服役地区的局部环境谱

根据不同服役地区的气候环境参数和选择的研究对象，编制飞机在不同地区服役时对应的防护体系局部环境谱。

例如，飞机将在甲、乙、丙、丁四个地区服役，其中，甲地与乙地的服役环境相近，则共需编制三种环境谱：甲地与乙地对应的环境谱 A、丙地对应的环境谱 B 和丁地对应的环境谱 C。

2) 确定防护体系在不同服役环境下的日历安全寿命

根据图 3-2 所示的流程，分别开展不同环境谱下的防护体系试验与分析，确定防护体系在不同环境谱下的日历安全寿命。

例如，通过试验与分析，得到防护体系在环境谱 A 下对应的首翻前和首翻后日历安全寿命分别是 10 年和 9 年，在环境谱 B 下对应的首翻前和首翻后日历安全寿命分别是 5 年和 4 年，在环境谱 C 下对应的首翻前和首翻后日历安全寿命分别是 7 年和 6 年。

3) 根据使用计划进行日历安全寿命预测

根据线性累积损伤的计算方法，若防护体系在某一环境谱下的日历安全寿命为 T 年，飞机在其对应的地区服役/使用了 t 年（$t<T$），则防护体系在此 t 年的损伤为 t/T；当防护体系的累积损伤度达到 1 时，则认为防护体系达到了预期的安全使用周期限制，此时所对应的日历时间的总和即为多服役地区防护体系日历安全寿命值。

根据上述例子，若新飞机计划在甲地服役 5 年，在乙地服役 3 年，在丙地服役 5 年，在丁地服役 7 年。则防护体系在甲地和乙地的首翻前年损伤度为 1/10，首翻后年损伤度为 1/7；在丙地的首翻前年损伤度为 1/5，首翻后年损伤度为 1/4；在丁地的首翻前年损伤度为 1/7，首翻后年损伤度为 1/6。根据累积损伤计算结果，防护体系在甲地服役 5 年和乙地服役 3 年的首翻前累积损伤度为 0.8，防护体系还剩余 0.2 的累积损伤度即需开展首翻修理，也就是说飞机在丙地至多服役 1 年就需要对防护体系进行修理；经过首翻后，防护体系继续在丙地服役 4 年的首翻后累积损伤量刚好达到 1，则需要对其进行第二次修理；飞机大修后转至丁地服役，服役 6 年后需要对防护体系进行第三次修理，修理后的防护体系可以安全地在剩余的 1 年服役周期内使用。

需要说明的是，飞机结构的首翻期和大修间隔期通常是根据关键承力结构的疲劳安全寿命确定的，防护体系的日历安全寿命只是与首翻期和大修间隔期的制定过程有关，而不是起决定性作用。当飞机结构到达大修期限，而防护体系尚未到达其使用限制时，一般也要把防护体系进行修理；而当防护体系到达其使用限制，飞机尚未达到大修期限时，则需要根据防护体系的损伤情况以及结构基体的日历安全寿命等问题综合分析，决定是否将结构大修提前。

3.3.2 飞机结构防护体系日历安全寿命可靠度的确定原理与方法

1. 研究意义

现阶段制订飞机结构服役/使用寿命限制的疲劳安全寿命并不是指飞机结构破坏时的寿命，而是一个飞机具有高可靠度的服役/使用周期限制值。由于结构破坏会直接威胁飞行安全，其可靠度水平一般较高，例如，若飞机结构疲劳寿命服从对数正态分布，需要满足99.9%的可靠度与90%的置信度。但对于飞机结构的防护体系而言，其失效时并不会立即导致结构破坏，在确定其日历安全寿命时可以找到一个合适的可靠度水平，既能保证结构安全，又可以提高飞机结构的使用经济性。

飞机结构防护体系的日历安全寿命不仅与防护体系本身以及飞机的使用环境有关，还与选取的可靠度有关。若可靠度选取偏低，则到达防护体系日历安全寿命时可能会有较多的结构防护体系发生失效，导致较多的结构基体材料发生腐蚀，从而需要在飞机大修时对较多的部位进行修理，甚至可能存在某些部位由于防护体系失效后未能得到及时修复而导致结构换件，既增加飞机的使用维护成本，又可能影响结构安全；若可靠度选取偏高，将导致由此确定的防护体系日历安全寿命偏短，使得结构在全寿命期内频繁大修，不仅使飞机的检查维护成本增加，还影响了飞机的战备率。此外，结构防护体系日历寿命可靠度的选取，还必须要确保结构基体在此可靠度对应的日历周期内不发生失效。

因此，为飞机结构防护体系日历寿命选取一个合适的可靠度水平，对保证飞机结构安全、提高使用效率、减小维护成本具有重要意义。

2. 飞机结构防护体系日历安全寿命可靠度的确定方法

飞机结构防护体系日历安全寿命可靠度的选取，与结构基体的腐蚀损伤规律密切相关，选取的可靠度不仅要保证结构的安全，还要从经济性的角度出发，使飞机的使用维护成本最低。

本节建立防护体系日历安全寿命可靠度的确定方法如下：

（1）建立结构基体腐蚀损伤量与腐蚀时间的关系模型。

飞机结构基体在腐蚀环境下发生的损伤类型有很多种，如不受载结构可能发生的点蚀、剥蚀等，受载结构可能发生的腐蚀疲劳、应力腐蚀开裂等。

根据结构基体的腐蚀损伤类型，开展结构基体模拟件在实验室条件下的加速腐蚀试验。试验过程中要求试验件无表面防护体系且能够反映出结构基体的局部特征，试验条件（腐蚀环境和载荷环境）能够反映出飞机结构的实际服役环境且具有明确的等效关系。将试验件分为多组，各组经历不同的腐蚀周期，并确定在不同腐蚀周期后的结构腐蚀损伤量，同时建立结构基体的平均腐蚀损伤量与腐蚀时间的关系模型：

$$h=f(t) \tag{3-2}$$

式中：h 为平均腐蚀损伤量，即可靠度为50%的腐蚀损伤量；t 为等效腐蚀时间；$f(t)$ 是平均腐蚀损伤量与基体腐蚀时间的函数关系。

根据飞机结构大修要求和结构的剩余强度要求，确定结构达到换件要求的损伤临界值 h_C 和结构达到报废要求的损伤临界值 h_B。当结构损伤量达到 h_C 时，即认为结构修理已不经济或修理后的结构不能保证飞行安全，需要进行结构的更换；当结构损伤量达到 h_B 时，即认为结构已不能再继续使用，如再使用将有突然断裂的危险。

这里以一个例子对飞机结构的换件临界损伤值 h_C 和报废临界损伤值 h_B 做如下解释。飞机的某一结构为损伤容限关键件，结构在服役/使用载荷下的临界裂纹长度为 200mm，但当其裂纹长度超过 150mm 时，结构的损伤已十分严重，已不能保证飞行安全，必须停止结构的继续使用，即 150mm 裂纹长度为结构的报废临界损伤值 h_B。还是对于此飞机结构，当结构的裂纹长度不超过 50mm 时，可通过铰孔、打止裂孔、补强等措施对结构进行经济修理，但裂纹长度一旦超过 50mm，对此结构的修理费用已超过换件的费用，修理已是不经济的了，即 50mm 裂纹长度为结构的换件临界损伤值 h_C。从此例可以看出，结构的换件临界损伤值 h_C 小于报废临界损伤值 h_B，当结构损伤大于 h_C 而小于 h_B 时，结构还可继续保持安全服役，只是修理已经不经济了。

（2）开展防护体系试验件的腐蚀试验，建立防护体系的日历安全寿命表达式。

开展防护体系试验件在等效加速腐蚀环境下的腐蚀试验，根据防护体系日历到寿的判据，得到不同试验件达到失效判据时的等效腐蚀时间，即不同试验件的日历寿命。

根据试验结果，确定防护体系日历寿命的分布规律，并以此得到防护体系的日历安全寿命表达式：

$$N_\alpha = \overline{N} - k_\alpha \cdot S \tag{3-3}$$

式中：N_α 为可靠度 α 下的防护体系日历安全寿命；$\overline{N}$ 为试验得到的日历寿命的平均值，可由公式（3-4）求得；k_α 为满足可靠度 α 与给定置信度的单边容限系数，可通过查阅标准获取，对于正态分布函数下的 k_α 值，可由式（3-5）近似求得；S 为试验得到的日历寿命的标准差，可通过式（3-6）求得。

$$\overline{N} = \frac{1}{n}\sum_{i=1}^{n} N_i \tag{3-4}$$

$$k_\alpha = \frac{\mu_\alpha + \mu_\gamma\sqrt{\frac{1}{n}\left[1-\frac{\mu_\gamma^2}{2(n-1)}\right]+\frac{\mu_\alpha^2}{2(n-1)}}}{1-\frac{\mu_\gamma^2}{2(n-1)}} \tag{3-5}$$

$$S = \sqrt{\frac{1}{n-1}\sum_{i=1}^{n}(N_i - \overline{N})^2} \tag{3-6}$$

式（3-4）、（3-5）、（3-6）中：n 为数据个数；N_i 为第 i 件试验件的日历寿命；μ_α 为与可靠度 α 相关的标准正态偏量；μ_γ 为与置信度 γ 相关的标准正态偏量。

若实际机群中结构的数量为 m 件，则达到日历安全寿命 N_α 时，有 γ 的置信度认为大约有 $m(1-\alpha)$ 件结构的防护体系失效。

同样，对于任意的可靠度 α'，当达到以此可靠度确定的日历安全寿命 N_α' 时，有 γ 的置信度认为大约有 $m(1-\alpha')$ 件结构的防护体系失效。

（3）建立维修成本与可靠度的关系模型，求得使机群维修成本最低的可靠度值。

设结构经济修理的费用为 C_0，结构换件的费用为 C_1，整个机群 m 件结构的维修总费用为 C，机群维修的其他费用（如拆解、运输等）为 C_2。

结构达到换件要求的损伤临界值是 h_C，结构基体的平均腐蚀损伤量与腐蚀时间的关系模型是 $h=f(t)$，这意味着防护体系失效的结构基体在经历了 $t_C = f^{-1}(h_C)$ 时间后，大约有一半需要进行换件。假设一个可靠度 $\alpha'(\alpha'>\alpha)$，在达到日历安全寿命 N_α 的 $m(1-\alpha)$ 件防护体系失效结构中，有 $m(1-\alpha')$ 件结构的基体至少在腐蚀环境下经历了 t_C 的时间，即 $N_\alpha - N_{\alpha'} = t_C$，其中，$N_{\alpha'}$ 为由可靠度 α' 确定的日历安全寿命；在日历安全寿命 N_α 到达换件要求的损伤临界值的结构件数为 $0.5m(1-\alpha')$。因此，可以得到方程：

$$N_\alpha - N_{\alpha'} = \overline{N} - k_\alpha \cdot S - (\overline{N} - k_{\alpha'} \cdot S) = (k_{\alpha'} - k_\alpha) \cdot S = f^{-1}(h_C) \tag{3-7}$$

即

$$k_{\alpha'} = \frac{f^{-1}(h_C)}{S} + k_\alpha \tag{3-8}$$

即可靠度 α' 和可靠度 α 之间存在函数关系，可以写为

$$\alpha' = g(\alpha) \tag{3-9}$$

因此，若选定可靠度为 α 确定防护体系的日历安全寿命，则达到防护体系日历安全寿命时的机群维修总费用为

$$C = C_0 \cdot \{m(1-\alpha) - 0.5m[1-g(\alpha)]\} + C_1 \cdot 0.5m[1-g(\alpha)] + C_2 \tag{3-10}$$

只用机群在一次大修时的维修总费用尚不能衡量机群在全寿命期内的大修经济性。若选取的防护体系日历安全寿命可靠度很高，可以使机群在单次大修的费用很低，但会增加维修次数；从机群全寿命期内的所有大修来看，其费用之和可能很高。因此，应以机群每服役一年所分摊的大修费用 C_a 来衡量大修

经济性。

$$C_a = \frac{C}{N_\alpha} = \frac{C}{\overline{N} - k_\alpha \cdot S} \tag{3-11}$$

在式（3-10）和式（3-11）中，m、C_0、C_1、C_2、$\overline{N}$、S 为已知量，因此，机群的大修成本是防护体系日历安全寿命可靠度 α 的函数。将式（3-11）的导数取 0，即可得到使机群维修成本最低的可靠度 α 的值。

（4）确定可靠度的限制条件。

通过上述步骤可以确定使机群维修成本最低的可靠度 α，但尚不能确定此可靠度就是要选取的防护体系日历安全寿命可靠度。从结构安全性的角度出发，选取的防护体系日历安全寿命可靠度必须要同时保证飞机结构具有很高的可靠度不发生失效断裂，即防护体系日历安全寿命的可靠度受到结构安全性的限制。

结构达到报废要求的损伤临界值是 h_B，即防护体系失效的结构基体在经历了 $t_B = f^{-1}(h_B)$ 时间后，大约有一半需要报废。假设一个可靠度 β，在达到日历安全寿命 N_α 的 $m(1-\alpha)$ 件防护体系失效结构中，有 $m(1-\beta)$ 件结构的基体至少在腐蚀环境下经历了 t_β 的时间，则 $N_\alpha - N_\beta = t_\beta$，其中，$N_\beta$ 为由可靠度 β 确定的日历安全寿命；在日历安全寿命 N_α，到达报废要求的损伤临界值的结构件数为 $0.5m(1-\beta)$。因此，可以得到方程：

$$N_\alpha - N_\beta = \overline{N} - k_\alpha \cdot S - (\overline{N} - k_\beta \cdot S) = (k_\beta - k_\alpha) \cdot S = f^{-1}(h_B) \tag{3-12}$$

即

$$k_\beta = \frac{f^{-1}(h_B)}{S} + k_\alpha \tag{3-13}$$

即可靠度 β 和可靠度 α 之间存在函数关系，可以写为

$$\beta = l(\alpha) \tag{3-14}$$

则结构基体的可靠度为

$$\lambda = 1 - \frac{0.5m(1-\beta)}{m} = 0.5[1 + l(\alpha)] \tag{3-15}$$

若由 α 值确定的结构基体实际可靠度满足结构可靠度要求，则可选定此 α 值作为防护体系的可靠度；若不能满足，则需要根据结构基体的最低可靠度要求 λ（如 99.9%）通过式（3-15）反推来确定防护体系日历寿命可靠度的最小要求值 $\underline{\alpha}$，即

$$\underline{\alpha} = l^{-1}(2\lambda - 1) \tag{3-16}$$

3.4 大气环境下航空铝合金结构日历安全寿命确定方法与分析示例

3.4.1 结构研究对象

假定的结构连接部位的示意图如图3-5所示。结构连接形式为单侧铆钉搭接式，上下两块壁板由三排半圆头铆钉连接，两个相邻隔框间用于连接的铆钉个数为54×3个；壁板厚度为2mm，所用材料为7B04铝合金；铆钉直径为5mm，所用材料为2A10铝合金。

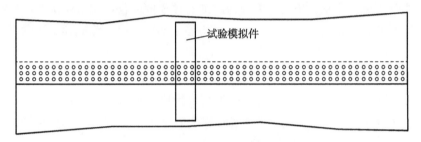

图3-5 某型飞机机身壁板连接结构示意图

结构的受载方向为图3-5中垂直方向，根据有限元分析和试验结果，此类结构的失效部位位于第一排或第三排铆钉处，失效形式主要为广布疲劳损伤。

3.4.2 用于寿命评定的结构模拟件加速试验

1. 试验件与试验夹具

1) 试验件

根据假定结构的特征，设计的结构模拟试验件采用多铆钉搭接的形式，试验件单面搭接，由半圆头铆钉铆接。搭接板为2mm厚的7B04铝合金，按轧制方向取材；铆钉材料为2A10，连接段直径为5mm。试验件无表面防护层，主要用于考查结构基体在腐蚀环境影响下的寿命退化规律。试验件构型尺寸和实际照片如图3-6和图3-7所示。

2) 试验夹具

由于试验件是单面搭接的形式，在受到拉载时会产生较大的弯曲变形，发生提前破坏，与所模拟结构的实际破坏形式不符。因此，试验使用了防弯夹具，如图3-8所示。最外侧夹板的作用是防止加载时面外弯矩的影响，约束试验件中部的变形；两块垫板用于保证加载的对称性。加载前，在夹具与试验件

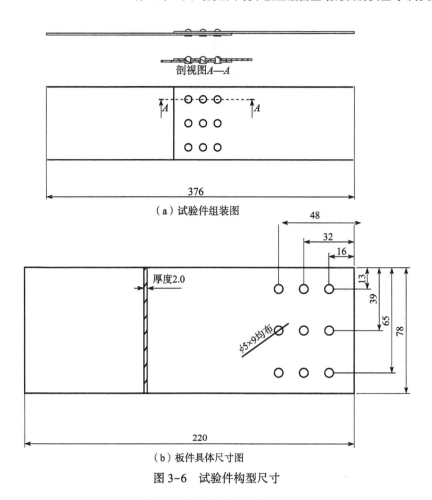

(a) 试验件组装图

(b) 板件具体尺寸图

图 3-6 试验件构型尺寸

图 3-7 试验件照片

接触部位涂抹了二硫化钼润滑脂,并垫上了聚四氟乙烯薄膜作为润滑条,使夹具和试验件不直接接触,以减小摩擦。

2. 试验条件

根据第 3 章日历安全寿命和第 4 章安全寿命包线的定寿原理可知,飞机结构(包括防护体系和基体)的损伤度是一个定值,但其具体的日历寿命和疲劳寿命限制还与飞机的服役/使用强度以及服役环境腐蚀性相关,只有

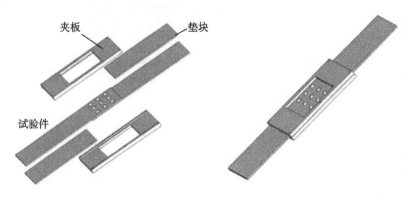

图 3-8　试验夹具与试验件装配图

在飞机到寿停飞时才能完全确定。在飞机服役过程中，由日历安全寿命和安全寿命包线确定飞机结构的寿命限制可以根据飞机的已服役信息计算出已消耗的损伤，而后根据剩余损伤度和计划服役条件预测出结构的剩余寿命限制。

飞机的服役/使用历程是根据实际情况"用"出来的，在飞机服役前不可能知道。然而，为了进行本章飞机结构定寿过程的演示，本节只是给出了一些假设的飞机服役条件，包括飞机的基准飞行载荷、服役地区和使用强度。

对试验件的疲劳加载由 MTS-810-500kN 疲劳试验机实施，如图 3-9（a）所示，加载条件为：加载谱形为正弦等幅谱，最大净截面应力为 130MPa，应力比为 0.06，加载频率为 15Hz。假设在此加载条件下，每 8 个循环相当于飞机实际服役 1 当量飞行小时。

腐蚀试验在 DCTC1200P 盐雾腐蚀试验箱中开展，如图 3-9（b）所示。假设飞机在甲、乙、丙、丁 4 个地区服役，4 个地区的环境腐蚀性不同，按顺序

　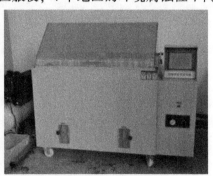

（a）疲劳试验现场　　　（b）腐蚀试验现场

图 3-9　试验现场图

依次增强。在实验室中对甲、乙、丙、丁4个地区采用的腐蚀施加条件相同，4个地区的环境腐蚀性差异体现在加速腐蚀谱的作用时间上。甲、乙、丙、丁4个地区的腐蚀施加条件为：酸性NaCl溶液盐雾试验，用H_2SO_4调整溶液pH值为4，腐蚀温度为40℃，盐雾沉降量为$1\sim2mL/(h\cdot80cm^2)$。由上述加速腐蚀环境作用32.5h相当于飞机在甲地服役1年，作用44h相当于乙地服役1年，作用70h相当于丙地服役1年，作用76h相当于丁地服役1年。

3. 试验方案

试验件主要开展疲劳试验和腐蚀疲劳交替试验，以确定结构安全寿命包线中的腐蚀影响系数曲线。开展纯疲劳试验的试验件为4件。腐蚀疲劳交替试验分为5组，总腐蚀时间分别为325h、975h、1300h、1625h和1950h，每组试验件件数均为4件。5组腐蚀疲劳交替试验的试验次序为"腐蚀—疲劳—腐蚀—疲劳"的形式，即腐蚀疲劳交替两次。每次腐蚀时间以及第一次疲劳加载的循环数如表3-1所示，试验件在第二次疲劳加载时直接加载至断裂。

表3-1 腐蚀疲劳交替试验的施加条件

组号	每次腐蚀时间/h	第一次疲劳加载循环数/周次
1	162.5	80000
2	487.5	60000
3	650.0	50000
4	812.5	50000
5	975.0	45000

4. 试验结果与计算

试验件的纯疲劳试验结果如表3-2所示。

表3-2 疲劳试验结果

试验件编号	0-1	0-2	0-3	0-4	均值
疲劳寿命/循环数	138324	176771	195420	134194	161177
对应飞行小时数/efh	17290.5	22096.4	24427.5	16774.3	20147.2
对数寿命/log（efh）	4.2378	4.3443	4.3879	4.2246	4.2987

注：efh为等效飞行小时数。

腐蚀疲劳交替试验结果如表3-3所示。

表 3-3 腐蚀疲劳交替试验结果

总腐蚀 325h				总腐蚀 975h			
编号	疲劳寿命	对应飞行小时	对数寿命	编号	疲劳寿命	对应飞行小时	对数寿命
1-1	90485	11310.6	4.0535	2-1	110077	13759.6	4.1386
1-2	113470	14183.8	4.1518	2-2	103176	12897.0	4.1105
1-3	128705	16088.1	4.2065	2-3	77767	9720.9	3.9877
1-4	151690	18961.3	4.2779	2-4	73607	9200.9	3.9638
总腐蚀 1300h				总腐蚀 1625h			
编号	疲劳寿命	对应飞行小时	对数寿命	编号	疲劳寿命	对应飞行小时	对数寿命
3-1	65469	8183.6	3.9129	4-1	87463	10932.9	4.0387
3-2	93485	11685.6	4.0677	4-2	75508	9438.5	3.9749
3-3	94003	11750.4	4.0701	4-3	52756	6594.5	3.8192
3-4	60460	7557.5	3.8784	4-4	60634	7579.3	3.8796
总腐蚀 1950h							
编号	疲劳寿命	对应飞行小时	对数寿命				
5-1	68997	8624.6	3.9357				
5-2	87102	10887.8	4.0369				
5-3	53866	6733.3	3.8282				
5-4	48095	6011.9	3.7790				

为了验证防护体系的日历寿命服从何种分布，以及疲劳/预腐蚀疲劳试验结果是否可以代表飞机结构的寿命特征，使用 GB/T 4882—1985《数据的统计处理和解释　正态性检验》中推荐的 Shapiro-Wilk 方法检验试验结果或试验结果的对数值是否符合正态分布。Shapiro-Wilk 方法首先将每个子样中的个体从小到大排列成次序统计量 $x_{(1)} \leqslant x_{(2)} \leqslant x_{(3)} \leqslant x_{(4)} \cdots$，根据下式计算：

$$W = \frac{\left\{\sum_{k=1}^{l} \alpha_{k,n} [x_{(n+1-k)} - x_{(k)}]\right\}^2}{\sum_{k=1}^{n} [x_{(k)} - \bar{x}]^2} \tag{3-17}$$

式中：$\bar{x}$ 为样本均值；n 为样本量，当 n 为偶数时，$l=n/2$，当 n 为奇数时，$l=(n-1)/2$；$\alpha_{k,n}$ 是根据文献 [8] 中附表 16 查得的系数。若 $W<Z_p$，则说明不满足正态分布，反之则满足正态分布，Z_p 为文献 [8] 中附表 17 查得的对应显著性水平 p 的临界值。取显著性水平为 0.05，当 $n=4$ 时，$Z_p=0.748$，当 $n=16$ 时，$Z_p=0.887$。

经公式（3-17）计算得到，防护体系日历寿命的 W 值为 0.9693，日历寿命对数值的 W 值为 0.9633；无防护体系试验件各组试验对数寿命的 W 值如表 3-4 所示。

表 3-4　无防护体系试验件试验对数寿命的 Shapiro-Wilk 检验

试验分组	纯疲劳试验	腐蚀疲劳交替试验				
		325h	975h	1300h	1625h	1950h
W 值	0.8797	0.9940	0.8676	0.8123	0.9719	0.9601

可以看出，试验结果的对数值均满足正态分布检验，即试验结果均服从对数正态分布，可以代表飞机结构的寿命特征。

3.4.3　结构防护体系日历安全寿命的确定

1. 假设的结构防护体系试验结果

本书中并未开展防护体系的腐蚀失效试验，但为了表示结构防护体系日历安全寿命的确定方法，假设了 16 件试验件的防护体系失效时间，如表 3-5 所示。

表 3-5　带防护体系试验件防护体系失效时间

腐蚀（老化）基本谱块数	8	9	10	11	12	13	14
防护体系失效的试验件个数	1	2	4	4	3	1	1

假设所研究结构的防护体系失效形式为铆钉附近的防护体系失效，结构疲劳寿命发生退化的原因是腐蚀介质沿铆钉缝隙渗入到了孔边区域；在大修时通过更换铆钉、孔边修理、重新涂刷防护层等措施基本可以恢复结构初始防护状态。因此，本节中假设的试验结果可以同时用于分析得到防护体系首翻前日历安全寿命和首翻后日历安全寿命，即认为防护体系的首翻前日历安全寿命和首翻后日历安全寿命相等。

2. 防护体系日历安全寿命可靠度的确定

根据 3.3.2 节"飞机结构防护体系日历安全寿命可靠度的确定方法"中的具体流程确定本节研究对象的防护体系日历安全寿命可靠度。由于日历安全寿命可靠度反映的是防护体系本身的安全程度，与飞机在何地服役无关，因此，为了计算简便，并统一加速腐蚀谱和涂层老化谱的时间度量尺度，本节以结构在甲地服役的等效腐蚀年限作为时间单位。

(1) 建立结构基体腐蚀损伤量与腐蚀时间的关系模型。

基体腐蚀损伤量可以以腐蚀深度、腐蚀失重、电阻变化等参数直接表示，也可以由结构的寿命退化量间接反映，即认为结构经某一段时间腐蚀后寿命退化到一定程度即达到了腐蚀损伤临界值。

因此，可以以腐蚀影响系数曲线作为结构基体腐蚀损伤量与腐蚀时间的关系模型。根据无防护体系试验件的疲劳试验和腐蚀疲劳交替试验结果，以式（3-18）的形式进行腐蚀影响系数曲线拟合，对式（3-18）对数变换处理后可等效变换成式（3-19）：

$$C(T) = 1 - aT^b \tag{3-18}$$

$$\lg[1-h] = b\lg T + \lg a \tag{3-19}$$

式中：h 为由腐蚀影响系数所间接反映的基体平均腐蚀损伤量；T 为等效腐蚀年限；a，b 为拟合参数。

根据试验腐蚀时间以及表3-2、表3-3的试验结果，将用于腐蚀影响系数曲线拟合所需的数据列于表3-6中，表中 h_i 为实验室加速腐蚀 t 小时后结构寿命均值与纯疲劳试验寿命均值的比，即数据可靠度50%的腐蚀影响系数，$h_i = N_{50}(T)/N_{50}(0)$。

表3-6 用于腐蚀影响系数曲线拟合的数据

等效甲地腐蚀年限 T/年	0	10	30	40	50	60
寿命均值 $N_{50}(t)$/efh	20147.2	15136.0	11394.6	9794.3	8636.3	8064.4
腐蚀影响系数 h_i	1.0000	0.7513	0.5656	0.4861	0.4287	0.4003

由式（3-19）经最小二乘法拟合得到结构基体腐蚀损伤量与腐蚀时间的关系模型为

$$h = f(T) = 1 - 0.0784T^{0.5041} \tag{3-20}$$

相关系数 $R^2 = 0.997$。

假设根据结构大修要求，当腐蚀影响系数降低至0.8时结构达到换件损伤临界值 h_C，即认为结构修理已不经济或修理后的结构不能保证飞行安全，需要进行结构的更换；根据结构剩余强度要求，当腐蚀影响系数降低至0.6时结构达到报废损伤临界值 h_B，即认为结构已不能再继续使用，如再使用将有突然断裂的危险。

(2) 建立防护体系的日历安全寿命表达式。

根据表3-5的数据，由式（3-4）和式（3-6）计算得到防护体系日历寿命的均值为10.81，标准差为1.56。假设防护体系的日历寿命服从正态分布，

根据式（3-3）和式（3-5），防护体系日历寿命的表达式为

$$N_\alpha = 10.81 - 1.56 \times \frac{\mu_\alpha + \mu_\gamma \sqrt{\frac{1}{16}\left[1 - \frac{\mu_\gamma^2}{30}\right] + \frac{\mu_\alpha^2}{30}}}{1 - \frac{\mu_\gamma^2}{30}} \quad (3-21)$$

式中：μ_α 为与可靠度 α 相关的标准正态偏量；μ_γ 为与置信度 γ 相关的标准正态偏量。

假设实际机群中机身壁板连接结构的数量为 1000 件，则达到任意可靠度 α 对应的日历安全寿命 N_α 时，有 γ 的置信度认为至多有 $1000(1-\alpha)$ 件结构的防护体系失效。

（3）建立维修成本与可靠度的关系模型，求得使机群维修成本最低的可靠度值。

假设机身壁板连接结构的经济修理费用为 $C_0 = 2$ 万元/件，换件费用为 $C_1 = 30$ 万元/件，机群中 1000 件机身壁板连接结构修理的其他费用总额（包括运输、拆解费用）为 $C_2 = 3000$ 万元/件。

根据式（3-10）和式（3-11），达到防护体系日历安全寿命时机群每年所分摊的大修费用为

$$C_a = \frac{19000 - 14000 g(\alpha) - 2000\alpha}{N_\alpha} \quad (3-22)$$

式中：$g(\alpha)$ 为某一特定可靠度值 α' 的表达式。根据式（3-8）和式（3-20），所求的防护体系日历安全寿命可靠度 α 与 α' 的关系为

$$k_{\alpha'} = k_\alpha + 4.11 \quad (3-23)$$

式中：k_α 的表达式如式（3-5）所示。

因此，可以根据式（3-23）得到 $g(\alpha)$ 的表达式，从而得到 C_a 的表达式，进而对 C_a 的表达式进行求导得到使机群大修费用最低的防护体系可靠度 α 值。由于 $g(\alpha)$、k_α 的表达式较复杂，导致式（3-22）不便于求导，可借助 Matlab 软件进行 C_a 最小值的求解。

取置信度为 0.90，可以求得达到大修前机群每年分摊的维修费用 C_a 的最小值为 387.66 万元/年，对应的可靠度 α 为 0.763。

（4）验证可靠度。

根据式（3-13）~式（3-15），防护体系日历安全寿命可靠度 $\alpha = 0.763$ 对应的结构可靠度为 1，也就是说，从日历安全寿命的角度考虑，在达到大修前结构基本不可能发生失效。

通过上述分析,此机型在机身壁板连接结构的防护体系日历安全寿命可靠度可以确定为 0.763。

若将防护体系的日历安全寿命可靠度按照现有的疲劳寿命可靠度取为 0.999,则本实例对应的防护体系日历安全寿命为 4.41 年,得到的机群每年分摊的维修费用 C_a 为 680.73 万元/年,这不仅增加了维修的费用,还影响了飞机的战备率。

3. 防护体系日历安全寿命的确定

根据防护体系老化试验基本谱块向甲、乙、丙、丁 4 个地区等效腐蚀年数的折算,以及表 3-5 的数据,将用于确定 4 个地区防护体系日历安全寿命的数据列于表 3-7 中。

表 3-7 甲、乙、丙、丁 4 个地区防护体系等效失效时间

防护体系失效的试验件个数	1	2	4	4	3	1	1
腐蚀(老化)基本谱块数	8	9	10	11	12	13	14
甲地等效腐蚀年限/年	8.00	9.00	10.00	11.00	12.00	13.00	14.00
乙地等效腐蚀年限/年	5.33	6.00	6.67	7.33	8.00	8.67	9.33
丙地等效腐蚀年限/年	4.00	4.50	5.00	5.50	6.00	6.50	7.00
丁地等效腐蚀年限/年	3.20	3.60	4.00	4.40	4.80	5.20	5.60

根据表 3-7 中的数据,由式(3-4)和式(3-6)可以计算得到防护体系在甲、乙、丙、丁 4 个地区的日历寿命平均值分别为 10.81 年、7.21 年、5.41 年和 4.33 年,日历寿命标准差分别为 1.56 年、1.04 年、0.78 年和 0.62 年。

由于试验件在考核部位(铆钉搭接处)的表面积是实际结构的 1/18,选取的日历安全寿命可靠度为 76.3%,根据式(3-1),对试验件得到的试验数据进行分析时应选用的可靠度 α' 为 (18+0.763-1)/18=98.68%。

通过式(3-5)的计算,可靠度 98.68%、置信度 90%对应的正态分布单边容限系数 k_α=2.9897。根据式(3-3),可以计算得到机身壁板连接结构在甲、乙、丙、丁 4 个地区 76.3%可靠度、90%置信度下的日历安全寿命分别为 6.14 年、4.10 年、3.08 年和 2.48 年。

参考文献

[1] Aircraft Structural integrity Program:MIL-STD-1530C [S]. U.S. Air Force, 2005.
[2] 蒋祖国,田丁栓,周占廷,等. 飞机结构载荷/环境谱 [M]. 北京:电子工业出版社,2012.

[3] 刘文珽，李玉海，等．飞机结构日历寿命体系评定技术［M］．北京：航空工业出版社，2004．

[4] 陈跃良，金平，林典雄，等．海军飞机结构腐蚀控制及强度评估［M］．北京：国防工业出版社，2009．

[5] 正态分布完全样本可靠度置信下限：GB/T 4885—2009［S］．北京：中国标准出版社，2009．

[6] ZHANG T, HE YT, SHAO Q, et al. Comparative study on fatigue properties of friction stir welding joint and lap joint［A］. Proceedings of the 13th International Conference on Fracture, Beijing, 2013.

[7] 国家标准化管理委员会．数据的统计处理和解释正态性检验：GB/T 4882—1985［S］．北京：中国标准出版社，1985．

[8] 贺国芳，许海宝，瞿荣贞．可靠性数据的收集与分析［M］．北京：国防工业出版社，1995．

第4章
大气环境腐蚀对航空铝合金疲劳寿命的影响

在飞机的主承力结构中,高强铝合金是易受腐蚀的主要材料,尤其是2A12-T4铝合金(老牌号为LY12CZ)和7A04-T6铝合金在军用飞机上的应用十分广泛,是进行日历寿命研究的重点。随着飞机服役时间的增长,2A12-T4铝合金和带涂层7A04-T6铝合金板件结构受到环境影响而产生腐蚀的问题日益突出。腐蚀损伤会削弱结构的承力面积,降低结构的疲劳性能,进而威胁飞行安全并影响飞机的结构寿命。因此,开展2A12-T4铝合金和7A04-T6铝合金在大气暴露环境下的腐蚀研究,确定其腐蚀损伤发展规律与机理,以及寿命退化规律与机理,对实际结构寿命评定、保障飞机使用安全具有重要意义。

4.1 大气环境腐蚀对2A12-T4铝合金板件疲劳寿命的影响规律

4.1.1 疲劳试验结果与结构断裂部位分析

1. 疲劳试验结果

试验件的疲劳试验结果以谱块数的形式给出,如表4-1所示。表中,未腐蚀平板试验件(腐蚀0年)的疲劳寿命来自于第9章,其他两种未腐蚀试验件的疲劳寿命来自于文献[5],只给出了截止值;其他组试验的疲劳寿命经肖维奈准则舍掉异常数据后取平均值,每组试验结果的有效数据至少为4件,经最少试件数检验满足分析要求(显著度取0.1)。试验件疲劳寿命随大气腐蚀年限的变化规律如图4-1所示。

表 4-1 大气腐蚀后三类试验件疲劳试验结果

试验件类型	腐蚀年限/年	疲劳寿命均值	有效数据个数
平板试验件	0	933.9	3
	7	293.0	4
	12	166.6	4
	20	176.3	5
螺栓干涉强化试验件	0	>319.2	5
	7	205.7	4
	12	156.0	4
	20	67.7	4
冷挤压后螺栓干涉强化试验件	0	>233	5
	7	198.8	4
	12	141.7	5
	20	138.8	4

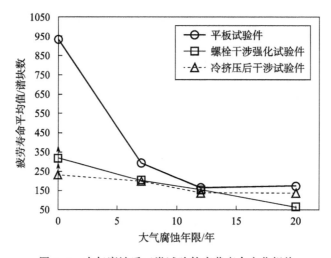

图 4-1 大气腐蚀后三类试验件疲劳寿命变化规律

从图 4-1 可以看出，随着腐蚀年限的增长，三类 2A12-T4 铝合金板件的疲劳寿命均有明显下降的趋势。在大气腐蚀 7 年和 12 年后，三类试验件的疲劳寿命均下降较多；大气腐蚀 12 年与腐蚀 7 年相比，疲劳寿命下降最明显的是平板试验件，下降 43.1%，螺栓干涉试验件和冷挤压后螺栓干涉试验件的疲劳寿命下降分别是 24.2% 和 28.7%；大气腐蚀 20 年后，平板试验件和冷挤压后螺栓干涉试验件的疲劳寿命与腐蚀 12 年的相比基本持平，甚至稍有增加，分别是增加 5.8%和下降 2.0%，而对于螺栓干涉试验件，其疲劳寿命持续下降，下降 56.6%。

三类试验件中，在每一腐蚀年限下，平板试验件的寿命均是最长，这是由于平板试验件没有开孔，在相同载荷条件下平均应力最小；在大气腐蚀 7 年和 12 年后，螺栓干涉试验件的疲劳寿命均大于冷挤压后螺栓干涉试验件，分别高 3.5%和 10.1%，而在腐蚀 20 年后却比冷挤压后螺栓干涉试验件低 51.2%。

2. 结构断裂部位分析

试验件的疲劳断裂部位主要分布在 3 处，如图 4-2 所示（平板试验件不带中心孔），分别是：1——试验件的变截面处；2——试验件中部；3——试验件的等截面处。

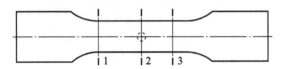

图 4-2　试验件的不同断裂部位

不同腐蚀年限后不同结构试验件的具体断裂部位如表 4-2 所示，表中数值对应于图 4-2 中不同断裂部位的标号。

表 4-2　大气腐蚀疲劳后试验件断裂部位

试验件类型	腐蚀年限/年	断裂部位				
		1#	2#	3#	4#	5#
平板试验件	7	1	1	1	1	1
	12	3	2	2	1	3
	20	3	3	2	2	3
螺栓干涉强化试验件	7	1	1	1	1	1
	12	2	2	2	1	1
	20	2	2	2	2	2
冷挤压后螺栓干涉强化试验件	7	2	2	2	2	2
	12	1	1	3	2	2
	20	1	2	2	1	2

结构断裂部位的改变反映出了结构最薄弱位置的变化。从表 4-2 可以看出，随腐蚀年限的变化，结构的断裂部位呈现出一定的规律性。

对于平板试验件，腐蚀 7 年后的裂纹萌生位置与有限元确定的未腐蚀试验件最大应力位置完全对应，均位于变截面处的侧边，说明大气腐蚀 7 年造成的腐蚀损伤对平板试验件最大应力的分布位置影响不大；而腐蚀 12 年和 20 年后主要集中在等截面处断裂，这是由于平板试验件的等截面段较长，长时间的大气暴露产生的最大腐蚀损伤位于等截面段的概率也较大，导致了试验件受力时最大应力的位置发生了改变。

对于两种强化试验件，随着腐蚀年限的增长，其断裂部位的发展规律完全相反：螺栓干涉试验件由全部在未强化部位断裂逐渐发展为全部在螺栓孔所在截面断裂，而冷挤压后螺栓干涉试验件由全部在螺栓孔所在截面断裂逐渐发展为在未强化部位断裂的趋势。即在腐蚀 7 年时，结构的局部强度排序是：螺栓干涉强化孔边>未强化部位>冷挤压后螺栓干涉强化孔边；而随着腐蚀增长至 20 年，上述结构局部强度的顺序发生反转。这说明螺栓干涉强化工艺的初始强化效果比冷挤压后螺栓干涉强化工艺要好，但随着腐蚀时间的增长，螺栓干涉强化的效果衰减更快，在腐蚀环境下结构局部强度的衰减速度排序是：螺栓干涉强化孔边>未强化部位>冷挤压后螺栓干涉强化孔边。

分析两种强化孔在大气腐蚀下表现出强度衰减规律的原因。螺栓干涉强化工艺依靠干涉螺栓的"支撑效应"可以降低结构受疲劳载荷时孔边的应力幅值，从而提高结构疲劳性能，但其会造成孔边的最大应力值有所提高，其孔边应力分布示意图如图 4-3（a）所示；由于长期大气腐蚀使试验件明显变薄，在受载时孔边最大拉应力再次提高，会明显抵消掉应力幅值降低对疲劳增寿效果的影响，从而导致螺栓干涉强化工艺的增寿效果随腐蚀年限的增长明显减弱。对于冷挤压后螺栓干涉强化工艺，由于螺栓的实际干涉量很小（约 0.01mm），主要靠挤压后材料回弹形成的孔边环向残余压应力来降低结构受载时的孔边最大应力，从而提高结构的疲劳性能，其孔边残余应力分布示意图如图 4-3（b）所示；基于其强化机理，冷挤压后螺栓干涉强化工艺的强化效果不会随试验件的变薄而发生明显衰减，并且强化孔在螺栓与垫片的保护作用下比其他部位腐蚀更轻，使得冷挤压后螺栓干涉强化工艺的增寿效果会随腐蚀年限的增长衰减最慢。

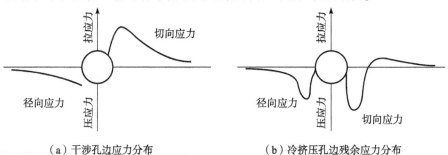

（a）干涉孔边应力分布　　　（b）冷挤压孔边残余应力分布

图 4-3　干涉孔与冷挤压强化孔边应力分布示意图

飞机结构在设计时通常会对最薄弱的孔边进行强化，但不同的强化工艺使其随服役年限增长的衰减速度不同，也可能使结构中未强化的次薄弱部位成为裂纹萌生位置，应引起注意。

4.1.2 断口形貌分析

1. 断口宏观形貌

不同结构试验件在不同腐蚀年限下的典型断口宏观形貌如图4-4所示，图中虚线标示出了各试验件的裂纹扩展区范围。

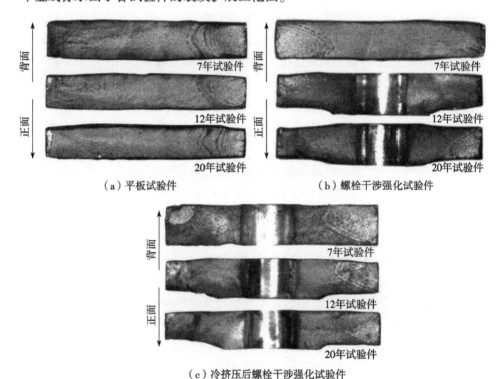

图4-4 不同试验件在不同腐蚀年限后的典型断口形貌

从图4-4可以发现，随着大气腐蚀年限的增加，平板试验件的厚度明显减小；而对于两种强化试验件，其螺栓孔周围区域腐蚀较轻，呈现出孔边厚，其余区域薄的特征。以强化试验件孔边区域作为参照，可以看出2A12-T4铝合金在大气中的腐蚀具有方向性，试验件在前侧表面（以45°朝上的一侧）明显地比后侧腐蚀严重，这是由大气中的腐蚀介质沉积造成的。

从断口反映出的疲劳特征可以看出，三类试验件疲劳断口上均有明显的疲劳弧线，且裂纹扩展区面积均有随着腐蚀年限的增长而逐渐减小的趋势；试验件的主裂纹源位于试验件侧边或者角端，且部分断口具有多裂纹源特征。

2. 断口微观形貌分析

从断口的微观形貌来看，三类试验件间无明显差别，因此，随机列举了部分试验件的疲劳裂纹萌生部位，如图 4-5 所示，图 4-5（a）中对其中一个裂纹萌生部位进行了放大。

（a）暴露7年平板试验件

（b）暴露12年螺栓干涉强化试验件

（c）暴露20年冷挤压后螺栓干涉强化试验件

图 4-5　不同试验件的裂纹萌生部位

从图 4-5 可以看出，不同年限下的试验件均从侧面（L-S 面）或角端萌生裂纹，裂纹萌生于腐蚀区域，且具有多裂纹源特征。在断口宏观形貌上看到的一个裂纹扩展区，实际上是由多个裂纹萌生区萌生出的小裂纹汇聚成大裂纹后扩展形成的。

从图 4-5（a）中裂纹萌生区的放大图中可以看到扁平的晶粒结构和材料内部腐蚀产物形成的"泥纹花样"。这是由于大气环境使裂纹萌生区的材料发生了沿晶腐蚀，且在部分晶界中堆积了腐蚀产物。当试验件受力时，发生沿晶腐蚀的区域首先发生沿晶开裂，而后在腐蚀区域内侧产生应力集中，随着循环交变载荷的加载萌生裂纹。

图 4-5 中用虚线标示出的区域为沿晶开裂区,即大气腐蚀影响到的材料区,可以看出,靠近试验件表面(L-T 面)附近的腐蚀影响区域与侧边中部相比更深;随着腐蚀时间的增长,腐蚀影响区的范围沿 T 向增长不多,但沿着 S 向将相邻的小区域连接成一片,使腐蚀影响区的前缘更加平滑。

断口的裂纹扩展区形貌如图 4-6 所示,以暴露 20 年平板试验件为例。

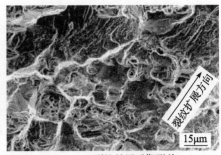

(a) 裂纹扩展中期形貌　　　　　　(b) 裂纹扩展后期形貌

图 4-6　暴露 20 年平板试验件的裂纹扩展区

在裂纹扩展中期的断口上,可见明显的疲劳条带,二相粒子与基体脱离,在断口表面留下边缘平齐的孔洞;在裂纹扩展后期的断口上,可见小平面台阶与拉伸韧窝共存的现象,图中许多小的韧窝聚合成一个大的韧窝,韧窝间的基体有明显的塑性变形。

3. 断口附近侧边形貌分析

不同年限大气腐蚀后的平板试验件在疲劳断裂后试验件侧边(L-S 面)形貌如图 4-7 所示。

可以看出,不同年限腐蚀试验件在断口附近的侧边区域均有不同程度的开裂,开裂方向与断口方向平行;随着大气腐蚀年限的增长,侧边开裂的密度增大。

分析其形成过程,在大气环境中试验件侧边发生了沿晶腐蚀,材料性能变弱,在循环交替载荷的作用下,试验件在局部应力较大部位的沿晶腐蚀区首先发生了开裂;随着循环交替载荷的不断施加,开裂部位增多,各开裂部位逐渐形成小裂纹并开始扩展,且位置靠近的小裂纹具有相互连接的趋势;当多个小裂纹发生相互连接或者某一部位开裂严重时,即形成了主裂纹;主裂纹继续扩展,直到试验件断裂。侧边的开裂程度与沿晶腐蚀程度和试验件局部应力分布有关,大气腐蚀年限越长,侧边发生沿晶腐蚀的部位越密集,开裂部位越多。

(a)暴露7年试验

(b)暴露12年试验

(c)暴露20年试验

图 4-7 平板试验件断裂部位的侧边形貌

4.2 大气环境腐蚀对 2A12-T4 铝合金板件疲劳寿命的影响机理

从疲劳试验结果来看，随着在大气中暴露时间的增长，螺栓干涉试验件的疲劳寿命持续下降，而平板试验件和孔冷挤压后螺栓干涉试验件在大气腐蚀 20 年后的疲劳性能基本与大气腐蚀 12 年后持平。通过之前的分析，大气腐蚀下三类 2A12-T4 试验件疲劳性能变化规律的原因可能如下。

对于平板试验件，在大气腐蚀 7 年和 12 年后，由于表面（L-T 面）的点蚀和剥蚀使试验件变薄，导致试验件应力增大；又由于侧面（L-S 面）发生的沿晶腐蚀为裂纹萌生提供了裂纹源，疲劳寿命在此期间持续下降。在大气腐蚀 20 年后，虽然试验件的厚度与腐蚀 12 年相比更薄，但试验件在侧面发生沿晶腐蚀的部位增多，在裂纹萌生阶段侧边发生密集的开裂，分散了加载的能量；且 L-S 面的沿晶腐蚀沿厚度方向（S 向）发展使腐蚀影响区的前沿变得平滑，减小了应力集中，从而导致平板试验件在大气腐蚀 20 年后的疲劳寿命与

12 年相比未有下降。

对于两种强化试验件，由于"中间厚，两侧薄"的腐蚀特征和侧面沿晶腐蚀的影响，使试验件均从侧面萌生裂纹；又由于两种强化工艺的强化机理不同，使试验件在不同大气腐蚀年限后的局部强度各不相同，表现在不同的试验件断裂部位呈现出不同的规律性。两类强化试验件的疲劳寿命变化规律与其断裂部位密切相关。

从试验件断裂部位的变化规律来看，在腐蚀 7 年后，螺栓干涉试验件全部在变截面处断裂，冷挤压后螺栓干涉试验件全部在孔边断裂，说明结构的局部强度排序是：螺栓干涉强化孔边>未强化部位>冷挤压后螺栓干涉强化孔边。在腐蚀 20 年后，螺栓干涉试验件全部在中心孔截面断裂，说明此时螺栓干涉强化孔截面的强度明显小于未强化部位；冷挤压后螺栓干涉试验件在中心孔截面与未强化部位均有断裂，说明此时冷挤压后螺栓干涉强化孔截面与未强化部位的强度相近。

对于螺栓干涉试验件，在大气腐蚀 20 年后，一方面，由于试验件变薄导致的孔边最大拉应力提高明显抵消掉了应力幅值降低对疲劳增寿效果的影响，使干涉配合工艺的强化效果明显减弱；另一方面，在大气腐蚀 20 年后，因为螺栓干涉强化工艺的衰减，使螺栓干涉试验件的断裂部位全部由未强化部位变为了强度更弱的干涉螺栓孔截面，使螺栓干涉试验件的疲劳寿命在大气腐蚀 20 年后持续下降。

对于冷挤压后螺栓干涉试验件，由于冷挤压后螺栓干涉工艺的强化效果衰减较慢，在大气腐蚀 20 年后，冷挤压后螺栓干涉强化孔截面与未强化部位的强度相近，且试验件有一部分在未强化部位断裂，其疲劳失效机理与平板试验件相同，使试验件在大气腐蚀 20 年后的疲劳寿命与 12 年相比下降不明显。

两种强化试验件的疲劳寿命变化规律和断裂部位变化规律反映出冷挤压后螺栓干涉强化工艺与单纯的螺栓干涉工艺相比，在长期腐蚀条件下服役更具优势。

4.3 大气环境腐蚀对带涂层 7A04-T6 铝合金板件疲劳寿命的影响规律

4.3.1 不同暴露年限下带涂层 7A04-T6 平板试验件的 $S-N$ 曲线

测定 $P-S-N$ 曲线的常用方法有传统的成组法、单点-成组法和单点法，而且所需要的试验件数量依次减少。有学者对比了三种方法分别测定的 $P-S-N$

曲线，发现单点法与其他两方法测定的 $P\text{-}S\text{-}N$ 曲线相近。还有研究采用单点法分别测定了初期大气预腐蚀后铝合金、钢结构的 $P\text{-}S\text{-}N$ 曲线。考虑到大气暴露试验的成本，对于不同的暴露年限，每个应力水平下开展 1 件平板试验件的疲劳试验，然后基于五种应力水平下的疲劳试验数据，采用单点法对不同暴露年限下带涂层 7A04-T6 平板试验件的 $S\text{-}N$ 曲线（可靠度 $P=50\%$）进行测定。

1. 单点法模型

疲劳 $S\text{-}N$ 曲线的三参数形式如下：

$$(S_{\max}-S_0)^m N = C \tag{4-1}$$

式中：S_0、C、m 均为待定常数，S_0 近似表示疲劳极限，为材料常数。对数化式 (4-1) 得

$$m\ln(S_{\max}-S_0) + \ln N = \ln C \tag{4-2}$$

令 $Y=\ln N$，$X=\ln(S_{\max}-S_0)$，$b_1=\ln C$，$b_2=-m$，化简式 (4-2) 得

$$Y = b_1 + b_2 X \tag{4-3}$$

由于金属试验件的疲劳寿命都存在一定的分散性，因此采用数学模型 $Y_i = b_1 + b_2 X_i + \varepsilon_i$，其中 ε_i 一般服从正态分布 $N(0, \sigma_i^2)$，则 Y_i 服从 $N(b_1+b_2 X_i, \sigma_i^2)$。一般地，疲劳分散性与应力水平有关，高应力水平下的分散性较小，而且认为对数寿命标准差 $\sigma(S_{\max})$ 与对数疲劳应力 $\ln S_{\max}$ 呈线性关系：

$$\sigma(S_{\max}) = c + d\ln S_{\max} \tag{4-4}$$

令 $\sigma(S_{\max})$ 在对数疲劳应力均值 $y_0 = \dfrac{1}{n}\sum_{i=1}^{n}\ln S_{\max i}$ 处的取值为 σ_0；同时令 $h_i = 1 + g(\ln S_{\max i} - y_0)$，且 $g = d/\sigma_0$，则有 $\sigma(S_{\max}) = h\sigma_0$。上述 c、d、g 为常数，n 为样本数。

Y_i 服从 $N(b_1+b_2 X_i, h_i^2\sigma_0^2)$，则其概率密度函数为

$$f(y_i) = \dfrac{1}{\sqrt{2\pi}\,h_i\sigma_0}\exp\left[-\dfrac{(y_i-b_1-b_2 x_i)^2}{2h_i^2\sigma_0^2}\right] \tag{4-5}$$

似然函数 L 取对数得

$$\ln L = -n\ln\left(\dfrac{1}{\sqrt{2\pi}}\right) - n\ln\sigma_0 - \sum_{i=1}^{n}\ln h_i - \sum_{i=1}^{n}\dfrac{(y_i-b_1-b_2 x_i)^2}{2h_i^2\sigma_0^2} \tag{4-6}$$

依据最大似然估计法原理得出下述方程：

$$\dfrac{\partial \ln L}{\partial \sigma_0}=0,\ \dfrac{\partial \ln L}{\partial S_0}=0,\ \dfrac{\partial \ln L}{\partial g}=0,\ \dfrac{\partial \ln L}{\partial b_1}=0,\ \dfrac{\partial \ln L}{\partial b_2}=0 \tag{4-7}$$

联立式 (4-7) 中的所有方程，可求解出未知数 σ_0、b_1、b_2、g、S_0 的值。

Y 服从 $N[b_1+b_2X,\sigma^2(S_{\max})]$，则对数可靠性寿命为 $\ln N_p=\ln N+u_p\sigma(S_{\max})$，其中 u_p 是标准正态偏量，进而可推得 P-S-N 曲线的表达式为

$$N_p(S_{\max}-S_0)^m S_{\max}^{-gu_p\sigma_0}=C\exp^{(1-gy_0)u_p\sigma_0} \tag{4-8}$$

2. 不同暴露年限下带涂层 7A04-T6 平板试验件 S-N 曲线的测定及分析

对于未经历大气暴露的平板试验件，S_0 近似表示疲劳极限。但在经过大气暴露之后，由于平板试验件发生了腐蚀，使得试验件上存在明显缺陷，因此即使是在较小幅值的疲劳应力下也会产生疲劳裂纹，所以大气暴露平板试验件的近似疲劳极限 S_0 已经不再存在了，按照 $S_0=0$ 处理。不同暴露年限下平板试验件在 5 种应力水平下的疲劳寿命如表 4-3 所示。按照上述单点法模型的求解方法，确定在可靠度 $P=50\%$ 情况下的 S-N 曲线参数，如表 4-4 所示，而且未暴露试验件的近似疲劳极限 $S_0=28.5$MPa。不同暴露年限下平板试验件的 S-N 曲线如图 4-8 所示，可靠度均为 50%。

表 4-3 不同暴露年限下平板试验件的疲劳寿命（应力比 $R=0.06$）

	暴露年限	应力水平 ($\sigma_{\max}$)/MPa				
		200	250	300	400	450
疲劳寿命/循环数	0 年	96899	36817	20673	7721	4174
	7 年	90334	24503	31105	7979	6843
	12 年	40544	12966	14977	1277	924
	20 年	45875	25369	6951	1494	881

表 4-4 不同暴露年限下平板试验件 S-N 曲线的拟合参数（可靠度 $P=50\%$）

暴露时间	S_0	C	m
0 年	28.5072	3.2478×10^{12}	3.3733
7 年	0	8.6294×10^{11}	3.0652
12 年	0	3.5732×10^{15}	4.7296
20 年	0	3.1391×10^{16}	5.1045

从图 4-8 可以看出，暴露 7 年和 12 年平板试验件的 S-N 曲线差异较为明显，但 12 年和 20 年平板试验件的 S-N 曲线整体非常接近，而且在 250～400MPa 段接近重合。这说明沿海大气暴露对带涂层 7A04-T6 平板试验件 S-N 曲线的主要影响集中在前 12 年，12～20 年的影响并不显著。

注意到，在 300MPa、400MPa、450MPa 应力水平下，均出现 7 年的疲劳寿命值大于未暴露试验件疲劳寿命值的异常现象。出现上述异常现象的原因应

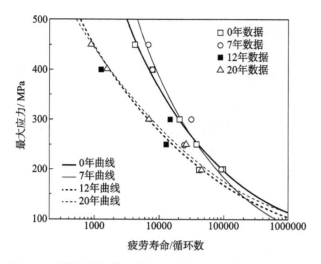

图 4-8　不同暴露年限下平板试验件的 S-N 曲线（P=50%）

该是每个应力水平下只开展了 1 件试验件的疲劳试验，而经过 7 年暴露之后，试验件表面腐蚀区域面积百分比较小，而且腐蚀区域的分布具有很大的随机性。因此，如果在试验件原应力集中区域附近正好发生了腐蚀，腐蚀会加剧该区域局部的应力集中，加速该区域疲劳裂纹的萌生，进而降低试验件的疲劳寿命。如果试验件的腐蚀区域均未分布在原应力集中区域附近，而且腐蚀也不严重，那么腐蚀对试验件疲劳寿命的影响基本可以忽略。暴露 7 年的 5 件平板试验件，仅有对应于 250MPa 应力水平的试验件在原应力集中区域附近正好存在腐蚀区域，如图 4-9（a）所示，且疲劳裂纹起始于该腐蚀区域的边界，而其他 4 个应力水平下试验件的疲劳裂纹均未萌生于腐蚀区域。因此仅有 250MPa 应力水平下的疲劳寿命显著低于未暴露试验件的疲劳寿命，其余 4 个应力水平下的试验件可以近似等同于未暴露的试验件。然而出现 3 个试验件的疲劳寿命高于未暴露试验件疲劳寿命的原因应该是材料本身的分散性和疲劳试验中的系统误差造成的。

暴露 12 年和 20 年的所有平板试验件在疲劳断口上均存在腐蚀区域，如图 4-9（b）、（c）所示，而且疲劳裂纹均萌生于腐蚀区域。因此这两个暴露年限对应于不同应力水平下的疲劳特征均可体现大气腐蚀的影响。所以在上述采用单点法测定的 S-N 曲线中，12 年和 20 年的较为准确，而 7 年的相对误差较大。所以针对暴露 7 年的情况最好能采用成组法来确定其 S-N 曲线。

从图 4-9（a）中腐蚀坑前缘 A 点的 EDS 分析结果可以看出，Al 和 O 两元素的质量百分比正好满足 Al(OH)$_3$ 中的百分比，再次确认 7A04-T6 铝合金基体的大气腐蚀产物主要为 Al(OH)$_3$。EDS 结果中的 Cl 元素来自于大气污染

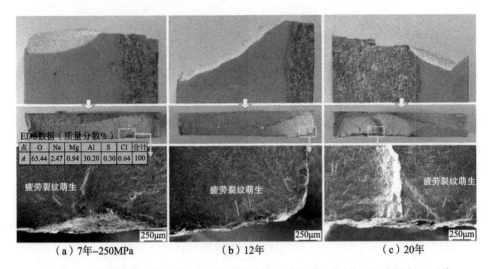

图4-9 不同暴露年限下平板试验件疲劳断裂部位的腐蚀形貌和相应的断口形貌

物（包括沉积物）中的氯化物。S元素可能来自于大气污染物 SO_2，也可能来自于试验件表面大气沉积物中的硫酸盐。

4.3.2 沿海大气腐蚀对带涂层7A04-T6带孔试验件疲劳特性的影响规律

1. 疲劳寿命统计分布特性及均值寿命误差检验

两类带孔试验件（7A04-T6铝合金）的大气预腐蚀疲劳寿命及疲劳寿命统计特性如表4-5所示。

表4-5 不同暴露年限下带孔试验件的疲劳寿命及疲劳寿命统计特性

试验件类型	暴露年限	疲劳寿命/循环数					试验样本均值	试验样本标准差	变异系数
中心孔试验件	0 年	6136	8806	9660	10000	—	8650.50	1749.96	0.2023
	7 年	2651	1959	1845	1528	1400	1876.60	488.92	0.2605
	12 年	1979	3300	2513	1870	2553	2443.00	569.01	0.2329
	20 年	2239	1865	1908	2125	2239	2075.20	179.08	0.0863
冷挤压孔试验件	1 年	21212	21343	22303	23637	24656	22630.20	1491.04	0.0659
	7 年	4891	3880	4053	2564	3571	3791.80	842.69	0.2222
	12 年	1813	940	1483	1921	1787	1588.80	397.50	0.2502
	20 年	3466	3529	4431	2810	3075	3462.20	616.10	0.1780

通常，疲劳寿命服从对数正态分布或威布尔分布。考虑环境的影响，已有研究表明早期大气预腐蚀（4年内）铝合金试验件的疲劳寿命也服从对数正态分布或威布尔分布，但关于长期大气预腐蚀铝合金试验件的疲劳寿命是否满足上述两种分布还未有相关研究。

考虑到本研究样本量小，此处采用二元线性回归技术进行分布相关性检验。具体方法：①对分布函数进行对数化处理，化简为线性方程的形式；②采用中位秩计算累积失效概率，获得 n 对数据 (x_i, y_i)；③用最小二乘法确定线性回归系数和 Pearson 线性相关系数 r；④在一定显著度 α 下，检验线性相关系数 r 的绝对值是否大于相关系数起码值 r_α，以此来确定样本数据与该分布的相关性。沿海暴露 7 年、12 年、20 年带孔试验件疲劳寿命的对数正态分布和威布尔分布参数拟合结果如表 4-6 所示。

表 4-6　不同暴露年限下带孔试验件疲劳寿命的对数
正态分布和威布尔分布参数拟合结果

试验件类型	暴露年限	对数正态分布			威布尔分布（双参数）		
		μ	σ	r	σ	β	r
中心孔试验件	7 年	3.2623	0.1211	0.9756	2070.7081	3.9627	0.9470
	12 年	3.3788	0.1101	0.9678	2680.1811	4.3177	0.9453
	20 年	3.3157	0.0408	0.9346	2161.8784	11.2050	0.9425
冷挤压孔试验件	7 年	3.5695	0.1138	0.9613	4161.4611	4.2931	0.9787
	12 年	3.1877	0.1302	0.8892	1785.3197	3.3271	0.9379
	20 年	3.5341	0.0836	0.9729	3726.9498	5.7311	0.9485

查相关系数起码值 r_α 表，在显著度为 0.1 且 $n=5$ 时，$r_{0.1}=0.805$。可以发现，在置信度为 90% 的情况下，对数正态分布和威布尔分布均可以较好地描述长期大气暴露后 7A04-T6 带孔试验件的疲劳寿命分布。

当疲劳试验数据服从对数正态分布时，可采用肖维奈准则对试验数据中的可疑值进行舍弃。将长期大气暴露后试验件的疲劳寿命按照服从对数正态分布处理，将表 4-5 中的疲劳寿命数据取对数后进行肖维奈准则检验，并未发现有可疑值，同时通过式（4-9）计算在一定置信度（1-α）下，将试验件疲劳寿命样本均值作为母体均值时的相对误差 δ，计算结果如表 4-7 所示。

$$\delta = t_{\alpha/2}(n-1)\frac{s}{\bar{x}\sqrt{n}} \tag{4-9}$$

式中：α 为显著度；n 为试验件数；s 为试验样本对数寿命标准差；$\bar{x}$ 为试验样本对数寿命均值；$t_{\alpha/2}(n-1)$ 查 t 分布数值表获得。

表 4-7　7A04-T6 带孔试验件疲劳寿命样本均值作为母体均值的相对误差 δ

暴露时间	中心孔试验件		冷挤压孔试验件	
	α	$\delta/\%$	α	$\delta/\%$
7 年	0.10	3.15	0.10	2.75
12 年	0.10	2.79	0.10	3.80
20 年	0.10	1.09	0.10	2.01

从表 4-7 可以看到，在置信度为 90% 时，将 7A04-T6 带孔试验件疲劳寿命样本均值作为母体均值的相对误差 δ 最大不超过 4%。

2. 沿海大气腐蚀对带涂层 7A04-T6 带孔试验件疲劳特性的影响规律

两类带孔试验件的疲劳寿命随暴露年限的变化规律如图 4-10 所示。

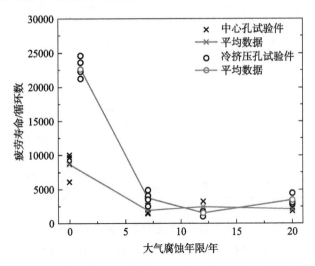

图 4-10　带孔试验件疲劳寿命随大气腐蚀年限的变化规律

暴露 7 年后，两类带孔试验件的疲劳寿命均大幅度下降，但在 7~20 年之间两类试验件疲劳寿命的变化并不明显。这表明中心孔试验件和冷挤压孔试验件，均对前 7 年的沿海大气暴露敏感，而且冷挤压孔试验件寿命下降幅度更大，说明其对沿海暴露更为敏感。因此在分析预测大气腐蚀对类似铝合金结构疲劳寿命退化的影响时，应该主要分析初期腐蚀的影响，而且对初期腐蚀的预防是确保结构服役安全的关键。同时，在 7 年后，冷挤压孔试验件的疲劳寿命均值仍明显大于中心孔试验件，说明冷挤压强化工艺在经过 7 年大气暴露之后仍具有一定的增寿效果。而且从图4-10和图4-11可近似推断出，在10年之后冷挤压强化工艺的增寿效果基本丧失，两类带孔试验件的疲劳寿命非常接近。紧固件孔边缘处残余应力释放的原因应该包括：①铝合金材料的常温蠕变会导致紧固件孔边残余应力的松弛；②螺栓孔壁的腐蚀会导致孔边残余应力分布形式发生变化以及局部残余应力的释放；③暴露过程中长期的昼夜温差和季节性温差造成的温度波动会导致残余应力释放。因此，为确保飞机结构的服役安全，在飞机设计阶段必须考虑到长期服役过程中冷挤压强化工艺增寿效果的衰减。

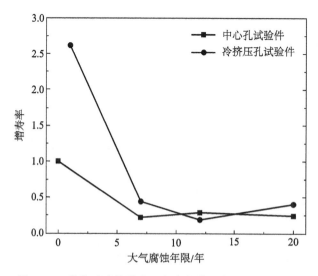

图4-11 带孔试验件增寿比与大气腐蚀年限之间的关系
（以暴露0年的中心孔试验件疲劳寿命均值作为基础值1）

4.4 大气环境腐蚀对带涂层7A04-T6铝合金板件疲劳寿命的影响机理

为了研究大气腐蚀对两类带孔试验件疲劳特性的影响机理，下面将对试验件的疲劳断口形貌、螺栓孔壁的腐蚀特征以及疲劳断裂部位的腐蚀特征进行分析。不同暴露年限下带孔试验件的疲劳断裂特征如表4-8所示。带孔试验件的疲劳裂纹均萌生于螺栓孔壁，且部分试验件中存在一个以上的裂纹萌生部位，见表4-8。

表4-8 不同暴露年限下带孔试验件的疲劳断裂特征

试验件类型	暴露年限	试件	疲劳寿命/循环数	疲劳裂纹萌生部位（h：螺栓孔壁）	裂纹萌生部位数量	每个试验件所有裂纹萌生部位的最大腐蚀深度/μm		
						60.89~69.74	69.74~78.60	78.60~96.32
中心孔试验件	7年	1#	2651	h	1	√	—	—
		2#	1959	h	2	—	√	—
		3#	1845	h	1	—	√	—
		4#	1528	h	1	—	√	—
		5#	1400	h	1	—	—	√
	12年	1#	1979	h	2	—	—	√
		2#	3300	h	1	√	—	—
		3#	2513	h	1	—	—	√
		4#	1870	h	1	—	—	√
		5#	2553	h	2	—	√	—
	20年	1#	2239	h	1	—	√	—
		2#	1865	h	2	—	—	√
		3#	1908	h	1	—	—	√
		4#	2125	h	1	—	√	—
		5#	2239	h	1	—	√	—
冷挤压孔试验件	7年	1#	4891	h	1	√	—	—
		2#	3880	h	1	—	√	—
		3#	4053	h	2	—	√	—
		4#	2564	h	1	—	—	√
		5#	3571	h	2	—	√	—
	12年	1#	1813	h	1	—	—	√
		2#	940	h	2	—	—	√
		3#	1483	h	1	—	√	—
		4#	1921	h	1	—	√	—
		5#	1787	h	2	—	—	√
	20年	1#	3466	h	1	√	—	—
		2#	3529	h	1	—	√	—
		3#	4431	h	1	√	—	—
		4#	2810	h	2	—	—	√
		5#	3075	h	1	—	√	—

如图 4-12 所示，两类带孔试验件的断口均具有明显的疲劳断口特征，而且在初期裂纹扩展阶段表现为具有平面应变特征的平直断面，在后期瞬断阶段表现为具有平面应力特征的剪切唇形貌。

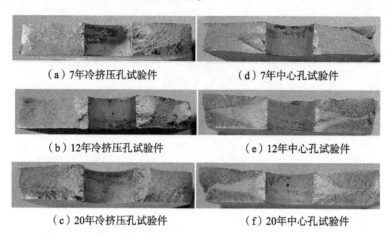

(a) 7年冷挤压孔试验件　　　　(d) 7年中心孔试验件

(b) 12年冷挤压孔试验件　　　(e) 12年中心孔试验件

(c) 20年冷挤压孔试验件　　　(f) 20年中心孔试验件

图 4-12　不同暴露年限下两类带孔试验件的疲劳断口宏观形貌

从不同暴露年限下两类带孔试验件疲劳断口裂纹萌生部位的微观形貌来看，试验件之间无明显差别，而且在疲劳裂纹萌生部位均存在腐蚀坑，如图 4-13 所示。螺栓孔壁腐蚀坑的出现会增加孔边的应力集中，从而加速疲劳裂纹的萌生。

螺栓孔壁局部腐蚀区域的腐蚀坑形貌特征如图 4-14 所示。螺栓孔壁的腐蚀形貌始终是点蚀形貌。同时，不同暴露年限下，两类带孔试验件螺栓孔壁的腐蚀形貌无明显差异。根据 C 点的 EDS 分析结果，可以判断红黑色的物质为铁锈（Fe 的氧化物），而且唯一的来源是钢螺栓的腐蚀产物。如图 4-13 (c) 所示，在腐蚀坑内部也发现有大量 Fe 元素的存在，因此可以推断螺栓孔壁发生的局部腐蚀与螺栓腐蚀产物（铁锈）有关。

如表 4-8 所示，30 个带孔试验件共有 39 个裂纹萌生部位。表 4-8 和图 4-15 中每个试验件所有裂纹萌生部位的最大腐蚀深度是指每个试验件疲劳断口上所有裂纹萌生部位腐蚀深度的最大值。从图 4-15 可以看出，不同暴露年限下所有带孔试验件裂纹萌生部位的最大腐蚀深度分布范围基本相同，而且平均深度变化很小。说明在三个暴露年限下，孔壁腐蚀特征基本相同，且螺栓孔壁的腐蚀在 7 年之后基本停止了。出现上述特征的可能原因是腐蚀产物（铁锈）的体积大于母材铁基体的体积，因此在钢螺栓的腐蚀过程中，螺纹处的腐蚀产物率先与螺栓孔壁接触。随着螺栓的进一步腐蚀，新累积的腐蚀产物将

(a)疲劳裂纹萌生部位的SEM形貌

(b)局部放大形貌　　　　(c)与图(b)相同位置处的背散射电子形貌以及B点的EDS数据

图 4-13　暴露 7 年冷挤压孔试验件疲劳裂纹萌生部位的 SEM 形貌和 EDS 分析

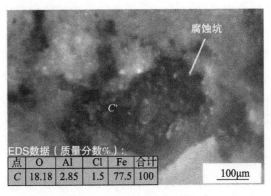

图 4-14　暴露 7 年冷挤压孔试验件螺栓孔壁的腐蚀坑形貌和腐蚀区域的 EDS 分析（彩图见书末）

覆盖螺栓孔壁的局部腐蚀区域。从而出现了图 4-16 中铁锈覆盖了螺栓孔壁局部腐蚀区域的现象。覆盖局部腐蚀区域的铁锈会阻断该腐蚀区域中的铝合金基底与大气腐蚀介质之间的接触，从而阻止螺栓孔壁的局部腐蚀向严重发展。因此，尽管螺栓孔壁的局部腐蚀坑深度具有一定的随机性，但局部腐蚀在 7~20 年之间基本没有向严重发展。

一般认为，冷挤压孔由于孔壁晶粒被细化以及表面粗糙度降低，使得孔壁

第4章 大气环境腐蚀对航空铝合金疲劳寿命的影响

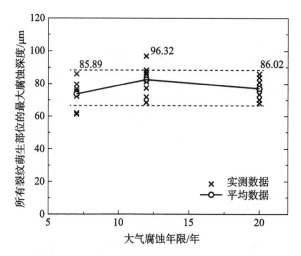

图4-15 不同暴露年限下每个带孔试验件所有裂纹萌生部位的最大腐蚀深度

的抗腐蚀性能提高，但实际测到不同暴露年限下冷挤压孔试验件的螺栓孔壁腐蚀坑深度并没有明显比中心孔试验件的小。这应该是由于带孔试验件在孔壁涂层局部破坏之后，涂层破坏区域的铝合金基体会与铁锈形成腐蚀电偶，从而在较大程度上加速了孔壁铝合金基体的腐蚀。因此，相比之下，通过孔冷挤压强化技术增强孔壁耐腐蚀性的作用，体现得并不明显。

由于垫片被拧紧的螺栓压在试验件表面上，所以大气腐蚀介质较难进入两类带孔试验件表面垫片以下的区域，同时垫片的覆盖也使得这部分区域的环氧涂层免于光照而减缓老化，所以垫片下面的环氧涂层完好，且铝合金基体未发生腐蚀，如图4-16所示。从图4-16还可以发现，位于疲劳断裂截面上，试验件表面垫片外围发生的腐蚀是随机的，且并不随暴露时间的增加而向严重发展，例如图4-16（a）、（b）中上述区域发生的腐蚀比图4-16（c）的严重，而且图4-16（e）的比图4-16（f）严重。同时，虽然在疲劳断裂截面上，试验件表面垫片外围发生了严重的腐蚀，但注意到带孔试验件的疲劳裂纹均萌生于螺栓孔壁。因此，如果高应力位置主导了疲劳裂纹的萌生行为，即使在其他地方发生的腐蚀很严重，疲劳裂纹也将会在高应力位置处萌生。

通过上述分析，两类带孔试验件在沿海暴露7年后，疲劳寿命均出现急剧下降的原因应该包括以下两方面：①暴露7年后，试验件孔壁均发生了局部腐蚀，腐蚀坑的存在增加了螺栓孔边的应力集中；②暴露7年后，试验件疲劳断裂截面上表面垫片外围均发生了不同程度的随机腐蚀。虽然两类带孔试验件的疲劳裂纹均萌生于孔边，但这些随机腐蚀会造成试验件疲劳危险截面的有效承

(a) 7年冷挤压孔试验件　　(b) 12年冷挤压孔试验件　　(c) 20年冷挤压孔试验件

(d) 7年中心孔试验件　　(e) 12年中心孔试验件　　(f) 20年中心孔试验件

图 4-16　不同暴露年限下两类带孔试验件疲劳断裂部位的腐蚀形貌

载面积减小，使得孔边应力集中增加。上述两方面原因促进了孔边疲劳裂纹的萌生，而且原因①起主导作用。

同时，两类带孔试验件在暴露 7~20 年间，疲劳寿命变化很小的原因应该包括以下两方面：①虽然暴露 7 年之后试验件孔壁均发生了局部腐蚀，但在 7~20 年间孔壁的腐蚀基本没有向严重发展，所以对孔边应力集中的贡献基本相同；②虽然不同暴露年限下，试验件疲劳断裂截面上垫片外围均发生了不同程度的腐蚀，但垫片外围发生的腐蚀是随机的，且不随暴露时间的增加而增重，所以对孔边应力集中的贡献具有一定的随机性。因此，暴露 7~20 年间两类带孔试验件疲劳寿命变化幅度很小。

参考文献

[1] WANG Z Y, MA T, HAN W, et al. Corrosion behavior on aluminum alloy LY12 in simulated atmospheric corrosion process [J]. Transactions of Nonferrous Metals Society of China, 2007, 17: 326-334.

[2] 胡艳玲，李狄，郭宝兰. LY12CZ 铝合金型材的腐蚀动力学统计规律研究及日历寿命预测方法探讨 [J]. 航空学报，2000, 21 (S): 53-27.

[3] 谢伟杰，李狄，胡艳玲，等. LY12CZ 和 7075T7351 铝合金在 EXCO 溶液中腐蚀动力学

的统计研究 [J]. 航空学报, 1999, 20 (1): 34-38.
[4] DAVID L S, CRAIG L B. Tailoring the structural integrity process to meet the challenges of aging aircraft [J]. International Journal of Fatigue, 1999, 21 (S): 1-14.
[5] 王斌团. 结构疲劳日历寿命及其概率研究 [D]. 西安: 西北工业大学, 2000.
[6] 中国航空科学技术研究院. 飞机结构抗疲劳断裂强化工艺手册 [M]. 北京: 航空工业出版社, 1993.
[7] 张腾. 飞机典型结构细节耐久性分析 [D]. 西安: 空军工程大学, 2011.
[8] 熊峻江. 混沌疲劳与随机疲劳 [D]. 北京: 北京航空航天大学, 1995.
[9] 王斌团, 杨庆雄. LC4CS 铝合金和 30CrMnSiNi2A 钢在大气环境预腐蚀后的疲劳曲线 [J]. 机械强度, 2000, 22 (3): 222-227.
[10] Weibull W. Fatigue testing and analysis of results [M]. Oxford: Pergamon Press, 1961.
[11] 熊峻江, 王强, 马阅军. 一种测定材料与构件疲劳 S-N 曲线性能的单点法: 201410213681.X[P]. 2014-09-10.
[12] 高镇同. 航空金属材料疲劳性能手册 [M]. 北京: 北京航空材料研究所, 1981.
[13] LAN C, BAI N, YANG H, et al. Weibull modeling of the fatigue life for steel rebar considering corrosion effects [J]. International Journal of Fatigue, 2018, 111: 134-143.
[14] 陈传尧. 疲劳与断裂 [M]. 武汉: 华中科技大学出版社, 2001.
[15] 王斌团. 结构疲劳日历寿命及其概率研究 [D]. 西安: 西北工业大学, 2000.
[16] 何希杰, 劳学苏. 回归分析中临界相关系数的求值方法 [J]. 河北工程技术高等专科学校学报, 1993 (02): 12-19.
[17] 王亮, 陈新文. 材料疲劳试验数据中可疑观测值的计算及程序处理 [J]. 理化检验 (物理分册), 2011, 47 (05): 295-296.
[18] 高镇同. 疲劳应用统计学 [M]. 北京: 国防工业出版社, 1986.
[19] BURNS J T, KIM S, GANGLOFF R P. Effect of corrosion severity on fatigue evolution in Al-Zn-Mg-Cu [J]. Corrosion Science, 2010, 52 (2): 498-508.
[20] KIM S, BURNS J T, GANGLOFF R P. Fatigue crack formation and growth from localized corrosion in Al-Zn-Mg-Cu [J]. Engineering Fracture Mechanics, 2009, 76 (5): 651-667.
[21] BANO H, MAHMOOD A, KHAN M I, et al. Spatial evaluation of preservability of mild steel by coal tar epoxy coatings via spectroscopic and microscopic techniques [J]. Arabian Journal for Science and Engineering, 2015, 40 (1): 117-124.

第5章
大气腐蚀环境下航空铝合金
结构疲劳寿命预测方法

我国现阶段依据飞机结构设计状态对疲劳问题和腐蚀问题分别进行单独管理，当飞机的实际使用情况与设计状态的"基准"情况相偏离时，就可能出现疲劳寿命与日历寿命不匹配、结构腐蚀或疲劳损伤问题严重等问题。

飞机结构寿命包线作为一种确定结构服役/使用寿命限制的理论模型，考虑了实际服役条件下疲劳载荷和腐蚀环境对结构寿命的共同影响，从基本思想上可以有效解决上述飞机结构寿命不匹配的问题。且利用飞机结构寿命包线可以实现对结构服役/使用寿命的动态评定，为基于状态的飞机结构寿命控制奠定基础。因此，本章在作者团队前期工作的基础上，对飞机结构寿命包线模型进行了深入挖掘。

本章在前续研究的基础上，对飞机结构寿命包线的概念与内涵进行了深化，提出了飞机结构安全寿命包线的概念，对寿命包线的表现形式进行了改进，对安全寿命包线的建立方法和基于安全寿命包线的结构剩余寿命预测方法进行了完善。

5.1 飞机结构寿命包线模型介绍

5.1.1 飞机结构安全寿命包线概念与内涵的完善

1. 材料寿命包线的概念

材料寿命包线是表征材料的疲劳寿命随腐蚀时间变化的关系线。典型的材料寿命包线如图 5-1 所示。

如图 5-1 所示，材料寿命包线可以表示在以腐蚀时间 T 为横坐标、以疲劳寿命 N 为纵坐标的二维笛卡儿坐标系中，反映了腐蚀时间对材料疲劳寿命的影响。材料寿命包线是用若干组相同的无防护体系材料试验件（不包括材

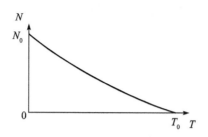

图 5-1 典型的材料寿命包线

料出厂时所带的包铝层、镀锌层等），在一定的载荷谱和环境谱下，历经不同的腐蚀周期 T，测得试验件断裂时的循环次数 N；而后把试验结果画在坐标系中，计算同组试验件的疲劳寿命平均值；然后将不同组试验件的疲劳寿命平均值进行连接，就得到了相应于该载荷谱和环境谱的一条材料寿命包线。

材料寿命包线与坐标轴纵轴的交点 N_0 对应于材料试验件在无腐蚀条件下得到的疲劳寿命（均值），反映的是材料的纯疲劳性能；材料寿命包线与坐标轴横轴的交点 T_0 的含义是材料腐蚀过于严重以至于完全丧失了疲劳性能（例如在第一次加载时尚未达到最大应力就已经断裂），反映的是材料的腐蚀性能。

在获取材料寿命包线的过程中，根据研究目的的不同，载荷谱和环境谱的作用方式可以是预腐蚀疲劳作用、腐蚀疲劳交替作用或腐蚀疲劳共同作用，但同一条材料寿命包线必须要采用相同的载荷谱/环境谱作用方式（包括腐蚀疲劳交替作用下的交替周期相同，腐蚀疲劳共同作用下的试验频率相同等）。

2. 结构寿命包线的概念

结构寿命包线是表征结构的疲劳寿命随腐蚀时间变化的关系线。典型的结构寿命包线如图 5-2 所示。

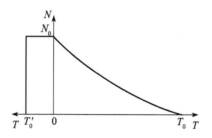

图 5-2 典型的结构寿命包线

如图 5-2 所示，结构寿命包线可以表示在以腐蚀时间 T 为横坐标、以疲劳寿命 N 为纵坐标的二维笛卡儿坐标系中。但与材料寿命包线相比，结构寿命包线分为左右两侧，且其所处的坐标系的横坐标左右方向均为正值。结构寿命包线的左侧部分代表了结构表面防护体系的影响，横坐标 T_0' 为结构表面防护体系的日历寿命平均值。若结构表面无防护体系（包括包铝层、镀锌层等），则结构寿命包线的左侧部分不存在。结构寿命包线的右侧部分与材料寿命包线类似，反映了腐蚀时间对结构疲劳寿命的影响，表征了结构腐蚀时间与疲劳寿命的相互关系。

3. 飞机结构安全寿命包线的概念

飞机结构安全寿命包线是表征飞机结构在服役过程中当量飞行小时数/起落次数与服役日历时间范围的边界线，也就是飞机结构当量疲劳寿命与日历寿命的使用限制线，可以在以疲劳寿命和日历寿命为坐标轴的二维笛卡儿坐标系中用曲线表示，其反映了飞机结构疲劳寿命与日历寿命之间的相互关系。

依据飞机结构安全寿命包线，可以预测飞机在特定服役环境下经历不同强度飞行后的结构剩余寿命，进而实现实际服役条件下的飞机结构寿命控制。基于寿命包线理论对飞机结构寿命进行管理/控制可以有效解决飞机结构疲劳寿命与日历寿命不匹配的问题。

4. 飞机结构安全寿命包线的分类及含义

按照飞机结构的服役条件（或失效形式）可以将其划分为疲劳关键件、腐蚀关键件和腐蚀疲劳关键件，对应于三类关键件的安全寿命包线如图 5-3～图 5-5 所示。安全寿命包线图中纵坐标为基准飞行小时数 N_f，单位为当量飞行小时（efh），横坐标为日历使用时间 N_y，单位为年（a）。疲劳关键件的安全寿命包线如图 5-3 所示，由于一般认为疲劳关键件不受使用环境的影响，其使用寿命限制仅与疲劳载荷有关，所以在

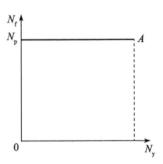

图 5-3　疲劳关键件安全寿命包线

安全寿命包线的横坐标方向（日历寿命）没有明显的使用限制，仅由疲劳寿命指标（疲劳安全寿命）控制使用。腐蚀关键件的安全寿命包线如图 5-4 所示，由于一般认为腐蚀关键件不受载或受载很小，其疲劳寿命是无限的，其使用寿命限制仅与腐蚀环境有关，所以在安全寿命包线的纵坐标方向（疲劳寿命）没有明显的使用限制，仅由日历寿命指标（日历安全寿命）控制使用。对于腐蚀疲劳关键件，在单一服役环境下的安全寿命包线如图 5-5 所示；若飞机在多个地区转场使用，则多种典型环境下的安全寿命包线如图 5-6 所示（4 种腐蚀环境）。

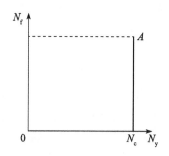

图 5-4　单一环境下腐蚀关键件安全寿命包线

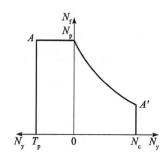

图 5-5　单一环境下腐蚀疲劳关键件安全寿命包线

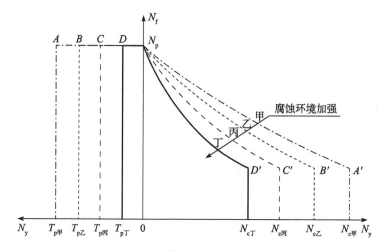

图 5-6　多种环境下腐蚀疲劳关键件安全寿命包线

这里需要说明的是，现阶段用于飞机结构寿命管理的疲劳损伤性能指标，美国是飞行次数、飞行小时数和起落次数三个指标；由于同一架飞机的飞行次数和起落次数基本一样，我国采用的是飞行小时数和起落次数两个指标。之所以采用飞行小时数和起落次数两个指标，是由于飞机上的结构受到的载荷来源不同。例如，飞机上大多数的结构在服役时主要受到飞行载荷的作用，主要以飞行小时数作为疲劳指标；起落架、起落架大梁等结构在服役时主要受到地面载荷的作用，主要以起落次数作为疲劳指标；襟翼、增压舱等结构在服役时的受载情况主要与飞行次数有关，主要以飞行次数或起落次数作为疲劳指标；机翼大梁等一些结构，在飞行与起落时均起到传力的作用，要以飞行小时数和起落次数共同作为疲劳指标。现阶段我国是根据飞机的一般任务特征确定飞行小时数与起落次数的比例，再根据具体部件的受载特征，通过寿命评估来给出其飞行小时数和起落次数这两个指标的,在飞机服役时以先到者为准。实际上,飞行小时数和起落次数这两个指标往往不能完全匹配,对于一些特殊情况(如进行航空母舰上的起降训练)相差更远。

在飞机结构安全寿命包线中,以损伤度作为结构到寿的依据,因此,结构在飞行时与起落时受到的损伤是均应考虑的,其分别对应结构的飞行谱和起落谱,单位分别为当量飞行小时数与起落次数。因此,对同时受到飞行载荷和起落载荷的结构,其完善的安全寿命包线应该有两条,分别用于计算结构在飞行和起落时的损伤。当然,若要简化处理,也可以将飞行谱和起落谱按照一定的比例合并成飞-续-飞谱,并将每次飞行任务(飞行+起落)的损伤按等损伤原则折算到飞-续-飞谱下的当量值,但建议根据5.4节中的飞机服役/使用计划调整方法对飞机的服役过程进行主动控制。本章中仅以当量飞行小时数作为纵坐标示出安全寿命包线的基本原理与应用。

飞机结构中腐蚀疲劳关键件的寿命特性最为复杂。图5-5中横坐标的左右两个方向均为日历寿命 N_y,均为正值;纵坐标为当量飞行小时数 N_f;腐蚀疲劳关键件的安全寿命包线由两部分组成,左侧为飞机结构防护体系有效时的安全寿命包线,右侧为防护体系失效后的安全寿命包线。腐蚀疲劳关键件安全寿命包线中的 N_p 点为飞机结构的基准疲劳(耐久性)安全寿命值,是通过结构疲劳试验后进行可靠性分析得到的满足一定可靠度和置信度要求的基准寿命;A 点对应着防护体系的有效使用时间 T_p,在防护体系有效时的 $(0, T_p)$ 段,飞机结构的损伤来源于结构经历的疲劳载荷作用,不必考虑腐蚀对结构的影响;N_p-A' 段曲线反映了防护体系失效后环境腐蚀时间对基准疲劳(耐久性)安全寿命的影响;A' 点是防止结构在腐蚀与疲劳的共同作用下发生意外断裂的结构安全限制点,一般是通过考虑腐蚀环境下结构的静强度要求、腐蚀环境下结构的断裂特性要求、结构经济修理以及飞机技术状态的要求综合分析得到。反映在安全寿命包线图上,不同的腐蚀强度对应着不同的安全寿命包线范围,腐蚀环境越强,则结构在此环境下的使用寿命限制范围越小,结构到寿时的基准疲劳(耐久性)安全寿命和日历安全寿命越小。

对于疲劳关键件和腐蚀关键件来说,由于其寿命限制指标单一,可以分别由现有的疲劳安全寿命管理方法和第3章提出的日历安全寿命管理方法进行寿命管理/控制,它们基于安全寿命包线的寿命管理/控制方法与上述方法也基本类似。而对于腐蚀疲劳关键件来说,其在疲劳和腐蚀的共同影响下使用,寿命限制条件复杂,需要反映出疲劳寿命限制和日历寿命限制的影响,因此,研究腐蚀疲劳关键件的安全寿命包线具有重要的意义。一般所说的飞机结构安全寿命包线,在没有特指的情况下,默认为飞机结构腐蚀疲劳关键件的安全寿命包线。

5. 飞机结构安全寿命包线的本质

飞机结构安全寿命包线与飞机的机动飞行包线一起，构成了飞机结构使用限制的两道防线。机动飞行包线限制了飞机在不同速度的过载使用范围，保证的是飞机结构在每个飞行起落的安全；安全寿命包线则限制了飞机的寿命使用范围，保证的是飞机结构在全寿命服役周期的安全。

飞机结构安全寿命包线实质上是在一定的可靠度与置信度要求下，飞机结构损伤度达到1时的当量飞行小时数与日历使用时间的关系线，依据结构安全寿命包线对飞机结构进行寿命管理/控制都是以结构损伤度为基准的。

首先，飞机结构安全寿命包线的本质是飞机结构服役/使用的安全寿命限制线，这里要特别强调"安全"的含义。飞机结构安全寿命包线上的任意一点被认为是结构损伤度达到1时状态点，然而，其并不代表结构达到此状态时会发生真实断裂，只是出于安全的角度出发所定义的"使用限制"。例如，如果飞机结构寿命服从对数正态分布，则安全寿命包线就是根据试验结果进行可靠性分析得到的满足99.9%可靠度与90%置信度要求的安全限制性，如图5-7所示。

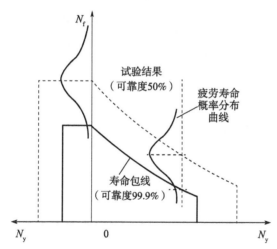

图5-7 飞机结构安全寿命包线与结构试验结果的关系

其次，结构损伤度是依据安全寿命包线进行飞机结构寿命管理/控制的基础。对于飞机的机动飞行包线，飞机只要在飞行过程中不超过机动包线的限制范围即可认为是安全的，进行的是"直观"的控制；与机动包线不同，由于安全寿命包线上的点对应的是飞机某一特定飞行强度下的状态（安全寿命包线上任意一点与原点连线的斜率即为基准疲劳寿命/日历寿命，单位为efh/年），而飞机在全寿命期内的飞行强度并不是固定不变的，其实际服役寿命的状态可能无法在安全寿命包线中找到对应点，因此，飞机结构安全寿命包线进行的是"非直观"控制。在飞机飞行强度为某一定值的一段时间内,可以依据安全寿命包线求得飞机在此段时间的结构损伤度;对于全寿命周期内不同飞行强度的时间段,可以分别求得其损伤度,而后进行累积,当结构累积损伤度达到1时认为结构到寿。

6. 飞机结构安全寿命包线与 P-S-N 曲线的对比

通过对飞机结构安全寿命包线与结构 P-S-N 曲线的对比,可以更好地理解安全寿命包线的概念与内涵,飞机结构安全寿命包线与 P-S-N 曲线的对比如表5-1所示。

表5-1 飞机结构安全寿命包线与 P-S-N 曲线对比

对比项	飞机结构安全寿命包线	结构 P-S-N 曲线
概念	结构安全寿命包线是表征在一定服役条件下(载荷条件和腐蚀环境),结构疲劳寿命与日历寿命的关系曲线,是飞机结构安全使用的当量疲劳寿命与日历寿命的使用限制线	结构 P-S-N 曲线是表征在一定的应力比下,结构的应力水平与断裂循环次数的关系曲线,是在一定可靠和置信度下的结构不发生疲劳断裂的应力水平与疲劳寿命的限制线
建立方法	在同一环境下开展不同飞行强度对应的多组预腐蚀疲劳试验或腐蚀疲劳交替试验,确定结构的防护层有效周期以及腐蚀环境对疲劳寿命的影响关系	在同一应力比下开展不同应力水平的成组疲劳试验,确定疲劳寿命与应力水平的关系
应用范围	对腐蚀和疲劳共同影响下的结构进行寿命监控、寿命预测等	对纯疲劳作用下的结构进行寿命预测等
曲线形式	曲线上任意点代表了在特定服役环境下对应的飞行强度	曲线上任意点代表了特定应力水平下的加载条件(加载次数与应力水平)
应用举例	飞机结构安全寿命包线只是结构安全使用时疲劳寿命与日历寿命的限制线,根据飞机结构安全寿命包线进行剩余寿命预测时,必须要指明飞机的飞行强度与使用环境;就如使用 S-N 曲线进行寿命预测,必须要指明结构的应力水平和应力比	

5.1.2 飞机结构安全寿命包线建立方法的完善

1. 建立飞机结构安全寿命包线的基本条件

飞机结构的安全寿命包线一般通过实验室条件下的加速腐蚀/疲劳试验确定。其中，防护体系的日历安全寿命通过防护体系模拟件的加速腐蚀试验确定；结构基体随日历腐蚀时间的寿命退化规律通过预腐蚀疲劳试验或腐蚀疲劳交替试验确定。

在建立结构安全寿命包线的腐蚀试验过程中，所采用的加速腐蚀环境应与结构的实际服役环境具有明确的损伤当量关系，即应采用当量加速环境谱，以便于实际条件下的寿命管理/控制，所编制加速环境谱的最小施加单位一般为年。

飞机的飞行强度包括飞行密度（年飞行小时数，反映飞机使用的频繁程度）和飞行载荷（反映飞机单次飞行时结构所受的载荷水平）两部分内容，反映在安全寿命包线上即为当量飞行小时数的一个参数。在建立结构安全寿命包线的疲劳试验过程中，所采用的加载条件应为飞机的基准使用载荷谱，得到的试验结果为基准疲劳寿命。上述的基准使用载荷谱是根据飞机使用时测量的数据对设计载荷谱的修正，代表了在规定使用方法下飞机实际使用所承受的载荷谱。因此，依据安全寿命包线对服役飞机进行寿命管理/控制时，都应先将飞机的实际飞行小时数等损伤折算为飞机结构在基准载荷谱下的当量飞行小时数，其表达式为

$$L_{eq} = \frac{d_b}{d_r} L_b \tag{5-1}$$

式中：L_{eq} 为当量飞行小时数；L_b 为飞机的实际飞行小时数；d_b 为飞机实际飞行时的平均损伤度；d_r 为基准载荷谱的平均损伤度。

2. 建立飞机结构安全寿命包线的基本假设

飞机结构安全寿命包线以及在其基础上进行的飞机结构剩余寿命预测过程建立在两点假设之上：一是认为当结构防护体系完好时，结构处于纯疲劳状态，结构的损伤按照疲劳线性累积损伤理论计算；二是认为防护体系失效后，结构基体在不同腐蚀/疲劳施加比的作用下也服从线性累积损伤理论，即腐蚀条件下的线性损伤累积假设。

3. 建立飞机结构安全寿命包线的步骤

以图5-8为例介绍某一服役环境下飞机结构腐蚀疲劳关键件安全寿命包线的建立步骤，多服役环境下的安全寿命包线只要每条包线单独建立即可。

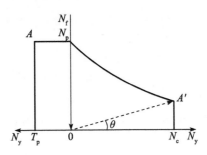

图 5-8 单一服役环境下的飞机结构安全寿命包线

1)确定防护体系日历安全寿命 T_p

通过第 3 章提出的飞机结构防护体系日历安全寿命的确定方法,在实验室条件下开展防护体系模拟件的加速腐蚀试验(若能得到结构防护体系在实际大气条件下的失效数据更佳),确定防护体系的日历安全寿命 T_p。

2)确定结构疲劳安全寿命 N_p

开展实际结构件或结构模拟件的疲劳试验,依据现有的疲劳可靠性分析方法,根据试验数据计算得到满足 99.9% 可靠度和 90% 置信度要求的结构疲劳安全寿命 N_p。

3)确定结构腐蚀影响系数曲线 $C(T)$

从偏于安全的角度出发,认为飞机结构防护体系在达到日历安全寿命限制的时候防护体系全部失效,可以通过无防护体系结构基体模拟件的预腐蚀疲劳试验或腐蚀疲劳交替试验探明结构基体随日历腐蚀时间的寿命退化规律。开展若干组不同预腐蚀周期或不同腐蚀疲劳交替强度的试验,通过拟合的方法确定结构基体的腐蚀影响系数曲线 $C(T)$:

$$C(T) = \frac{N_{99}(T)}{N_p} \tag{5-2}$$

式中:$N_{99}(T)$ 为经历服役环境当量作用 T 年后结构模拟件满足 99.9% 可靠度与 90% 置信度要求的疲劳寿命;N_p 实际上就是 $N_{99}(0)$;$C(T)$ 曲线表征了环境腐蚀时间对结构疲劳安全寿命的影响。

不同结构在不同腐蚀环境下的寿命退化规律可能不同,其对应的 $C(T)$ 曲线拟合形式可能不尽相同,例如,文献 [4-5] 中提出的结构 $C(T)$ 曲线拟合形式为

$$C(T) = 1 - aT^b \tag{5-3}$$

或

$$C(T) = \exp(aT^b) \tag{5-4}$$

文献［6］中提出的结构 $C(T)$ 曲线拟合形式为
$$C(T) = e^{aT} \cdot S^{bT} \tag{5-5}$$
式中：a，b 均为拟合参数；S 为应力。

4）确定结构安全使用限制点 A'

随着飞机服役年限的增长，结构的寿命品质不断下降，为防止结构的意外断裂，要通过考虑腐蚀环境下结构的静强度要求、腐蚀环境下结构的断裂特性要求、结构经济修理要求以及飞机技术特性等，综合分析确定特定腐蚀环境下飞机结构的安全使用限制，即图 5-8 中的 A' 点。例如，可以根据腐蚀条件下满足结构静强度和断裂韧度二者中较小值对应的日历年限指标确定 A' 点，对结构静强度要求，通常将最大使用载荷放大 1.5 倍进行静强度校核；对结构断裂韧度要求，如对损伤容限结构进行试验所施加的载荷应为 1.15 倍临界破损安全载荷。

A' 点对应了数值为 $\tan\theta$ 的飞行强度 I_θ，A' 点的实际含义是当飞机的年当量飞行小时数小于 $\tan\theta$，则认为飞机的飞行强度偏低，地面停放时间偏长；假设飞机一直以这种状态使用至到寿，则按照 N_p-A' 曲线发展规律确定的结构基体日历安全寿命就会很长，可能会因为结构基体腐蚀严重导致结构不能满足静强度要求、断裂特性要求和经济修理要求等而发生意外断裂；因此，对于飞行强度小于 $\tan\theta$ 的情况，结构基体的日历安全寿命限制均以 A' 点的为准。

5）绘制结构安全寿命包线

由图 5-8 中 T_p 点的横坐标与 N_p 点的纵坐标共同确定 A 点；将结构的腐蚀影响系数曲线 $C(T)$ 与疲劳安全寿命 N_p 相乘得到满足 99.9% 可靠度与 90% 置信度要求的腐蚀时间（即使用年限）和当量飞行小时数的关系曲线，曲线在结构安全限制点 A' 截止，得到图 5-8 中的 N_p-A' 段；由 A' 点的横坐标确定图 5-8 中的 N_c 点。至此，即可得到结构安全寿命包线 T_p—A—N_p—A'—N_c。

5.2 基于寿命包线的航空铝合金结构疲劳寿命预测方法

飞机结构剩余寿命预测是安全寿命包线最基础的应用，其突破了传统的飞机结构"定寿"理念，实现了基于飞机使用强度、服役环境和维修水平的结构寿命动态评定。

5.2.1 单一服役环境下飞机结构剩余寿命预测方法

以图 5-9 为例介绍单一服役环境下基于安全寿命包线飞机结构剩余寿命预测方法。

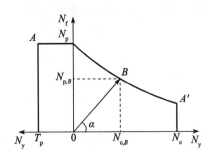

图 5-9 单一服役环境下基于安全寿命包线的飞机结构剩余寿命预测示意图

1. 防护体系有效时，结构当量损伤的计算

在防护体系失效前，飞机结构疲劳寿命的消耗不考虑环境影响，结构的疲劳累积损伤仅与飞行强度相关；飞机结构的飞行强度可以通过飞参记录、飞行履历、关键部位的应力（应变）数据计算得到，认为是已知量，但一般要根据式（5-1）折算到结构基准载荷谱下以当量飞行小时数作为度量标准。根据线性累积损伤理论，防护体系有效时的结构当量损伤 d_A 为

$$d_A = \sum_{T=1}^{T_p} \frac{I(T)}{N_p} \tag{5-6}$$

式中：$I(T)$ 为第 T 年的当量飞行小时数；N_p 为结构的疲劳安全寿命；T_p 为防护体系的日历安全寿命。

2. 防护体系失效后（达到日历安全寿命后），飞机结构的年损伤度计算

当防护体系达到其日历安全寿命后，从偏于安全的角度考虑，认为防护体系失效，飞机结构基体受到疲劳载荷和腐蚀环境的共同作用，此时，结构的当量损伤与飞机所处的飞行强度以及在该飞行强度下所能实现的疲劳寿命与日历寿命值密切相关。

以图 5-9 中的 B 点为例，飞机在此点对应的飞行强度为当量飞行小时与服役/使用时间的比值，在图中表现为直线 $0-B$ 的斜率值。防护体系失效后，假设飞机在 B 点状态下使用 $N_{c,B}$ 年，首先计算出在 B 点状态下的飞机年损伤度 d_B。B 点状态下对应的结构基体当量飞行小时数与日历安全寿命的关系为

$$N_{P,B} = I_B N_{c,B} = C(N_{c,B}) \cdot N_p \tag{5-7}$$

式中：I_B 为 B 点对应的飞行强度，efh/年；$N_{p,B}$ 为结构在无防护体系保护作用下以 I_B 飞行至到寿时对应当量飞行小时数；$N_{c,B}$ 为结构在无防护体系保护作用下以 I_B 飞行至到寿时对应的日历使用时间；$C(N_{c,B})$ 为 B 点对应的腐蚀影响系数；N_p 为结构疲劳安全寿命。式（5-7）实际为二元一次方程，式中 N_p 为已知量，$C(T)$ 的表达形式已知，若已知 B 点对应的飞行强度，则可以求出此飞行强度对

应的结构基体疲劳安全寿命限制 $N_{p,B}$ 和日历安全寿命限制 $N_{c,B}$。

B 点对应的结构基体年损伤度为

$$d_B = \frac{I_B}{N_{p,B}} = \frac{1}{N_{c,B}} \tag{5-8}$$

飞机以 I_B 飞行强度使用 T_B 年，则飞机结构在此时间段内的累积损伤为

$$d_{B,T_B} = d_B T_B \tag{5-9}$$

3. 飞机结构的剩余寿命预测

假设飞机的服役/使用状态如表 5-2 所示，所有飞行强度均大于临界值 I_θ。

表 5-2 某架飞机在单一服役环境下的服役/使用状态

防护体系状态	飞行强度/（efh/年）	服役时间/年
有效	I_1	T_1
	I_2	T_2
失效	I_3	T_3
	I_4	T_4
	I_5	T_5

根据式（5-6），在防护体系有效期间，飞机结构的累积损伤为

$$d_A = \frac{I_1 T_1 + I_2 T_2}{N_p} \tag{5-10}$$

根据式（5-8）和式（5-9），在防护体系失效后，飞机结构的累积损伤 d_C 为

$$d_C = \frac{I_3 T_3}{N_{p,3}} + \frac{I_4 T_4}{N_{p,4}} + \frac{I_5 T_5}{N_{p,5}} \tag{5-11}$$

式（5-11）中的 $N_{p,3} \sim N_{p,5}$ 可通过式（5-7）求得。

则飞机结构的剩余损伤度为

$$d_R = 1 - d_A - d_C \tag{5-12}$$

若飞机继续以 I_5 的飞行强度使用至到寿，则飞机的剩余当量飞行小时数为

$$N_{p,R} = d_R N_{p,5} \tag{5-13}$$

剩余日历使用时间为

$$T_R = N_{p,R} / I_5 \tag{5-14}$$

5.2.2 多服役环境下飞机结构剩余寿命预测方法

实际服役情况下，飞机通常会在不同环境地区转场使用，基于多服役环境

下飞机结构安全寿命包线进行结构的剩余寿命预测更贴近于实际情况。按照环境研究"宜粗不宜细"的原则和飞机结构日历寿命研究"区域定寿法"的思想，可以将我国按照气候环境的腐蚀分级分为四类或五类典型区域，当飞机在同一腐蚀区域内服役时可以认为结构是在同一腐蚀环境下受载。因此，基于安全寿命包线理论对我国飞机进行寿命管理/控制，一般只要建立四类/五类腐蚀地区的安全寿命包线即可满足需求。

多服役环境下飞机结构剩余寿命预测方法的基本思想与单一服役环境下的基本相同，以图5-6为例进行说明。

甲、乙、丙、丁四个地区的腐蚀影响系数曲线分别为$C_1(T)$、$C_2(T)$、$C_3(T)$和$C_4(T)$。对飞机的服役/使用状态进行假设，如表5-3所示，所有飞行强度均大于临界值I_0。

表5-3 某架飞机的服役/使用状态

防护体系状态	服役环境	飞行强度/(efh/年)	服役时间/年
有效	甲	I_1	T_1
	甲	I_2	T_2
	乙	I_3	T_3
失效	乙	I_4	T_4
	丙	I_5	T_5
	丁	I_6	T_6

在多服役环境下计算防护体系有效时的结构当量损伤，首先就要确定在多服役环境下的防护体系日历安全寿命。假设防护体系的损伤服从线性累积损伤理论，其总损伤度为1，当飞机在某一腐蚀地区服役时，飞机的服役/使用年数除以防护体系在此地区的日历安全寿命即为防护体系在此段时间的损伤度，当飞机在不同地区服役后防护体系的损伤度累积至1时，即认为防护体系失效。多服役环境下防护体系日历安全寿命的具体确定方法已在3.2.3节中进行了详细叙述。

在已知防护体系日历安全寿命的基础上，在防护体系有效期内，多服役环境下结构的累积损伤计算方法与单一服役环境相同，如式（5-6）所示。

防护体系失效后，计算多服役环境下飞机结构年损伤度的基本思想与单一服役环境下的一样，只是需要将不同腐蚀环境下的飞机服役状态分开考虑即可。现以表5-3中所示服役/使用状态的飞机为例进行剩余寿命预测。

防护体系失效前，结构累积损伤度为

$$d_A = \frac{I_1 T_1 + I_2 T_2 + I_3 T_3}{N_p} \quad (5-15)$$

在乙地以 I_4 飞行强度服役时的寿命限制为

$$N_{p,4} = I_4 N_{c,4} = C_2(N_{c,4}) \cdot N_p \quad (5-16)$$

在丙地以 I_5 飞行强度服役时的寿命限制为

$$N_{p,5} = I_5 N_{c,5} = C_3(N_{c,5}) \cdot N_p \quad (5-17)$$

在丁地以 I_6 飞行强度服役时的寿命限制为

$$N_{p,6} = I_6 N_{c,6} = C_4(N_{c,6}) \cdot N_p \quad (5-18)$$

防护体系失效后，结构累积损伤度为

$$d_C = \frac{I_4 T_4}{N_{p,4}} + \frac{I_5 T_5}{N_{p,5}} + \frac{I_6 T_6}{N_{p,6}} \quad (5-19)$$

则飞机结构的剩余损伤度为

$$d_R = 1 - d_A - d_C \quad (5-20)$$

若飞机转场至乙地以 I_4 的飞行强度使用至到寿，则飞机的剩余当量飞行小时数为

$$N_{p,R} = d_R \times N_{p,4} \quad (5-21)$$

剩余日历使用时间为

$$T_R = N_{p,R} / I_4 \quad (5-22)$$

5.3 基于寿命包线的航空铝合金结构疲劳寿命预测示例

5.3.1 结构安全寿命包线的建立

1. 各腐蚀影响阶段结构疲劳安全寿命值的确定

根据表 5-2 和表 5-3 的试验结果确定结构在经历不同腐蚀时间后的疲劳安全寿命，由于试验结果服从对数正态分布，因此，结构在经历时间 T 的腐蚀作用后的疲劳安全寿命为

$$N_{99.9}(T) = 10^{\bar{X}_T - k_\alpha S_T} \quad (5-23)$$

式中：$\bar{X}_T$，S_T 分别为结构在经历时间 T 的腐蚀作用后的疲劳试验结果的对数均值和对数标准差；k_α 为正态分布单边容限系数。

$$\bar{X}_T = \frac{1}{n} \sum_{i=1}^{n} \lg N_i(T) \quad (5-24)$$

$$S = \sqrt{\frac{1}{n-1} \sum_{i=1}^{n} [\lg N_i(T) - \bar{X}_T]^2} \quad (5-25)$$

式中：n 为数据个数；$N_i(T)$ 为经历时间 T 的腐蚀作用后的第 i 件试验件的疲劳寿命值；k_α 值可通过查阅手册获取，对于对数正态分布，选取的结构可靠度为 99.9%，置信度为 90%，当数据个数 $n=4$ 时对应的 k_α 值为 7.1293。

根据式（5-23）~式（5-25），可以求得甲、乙、丙、丁 4 个地区对应的各腐蚀年限下的结构疲劳安全寿命及腐蚀影响系数，如表 5-4 所示。

表 5-4 甲、乙、丙、丁 4 个地区不同腐蚀年限下的疲劳安全寿命与腐蚀影响系数

试验腐蚀时间/h	等效腐蚀年限 T/年				$N_{99.9}(T)$	$C(T)$
	甲地	乙地	丙地	丁地		
0	0	0	0	0	6448.0	1
325	10.00	7.39	4.64	4.28	3928.6	0.61
975	30.00	22.16	13.93	12.78	3290.1	0.51
1300	40.00	29.55	18.57	17.11	2317.9	0.36
1625	50.00	36.93	23.21	21.38	2142.7	0.33
1950	60.00	44.32	27.86	25.66	1555.2	0.24

2. 结构腐蚀影响系数曲线的确定

根据表 5-4 中各地区对应腐蚀年限下结构腐蚀影响系数进行腐蚀影响系数曲线的拟合，为保证结果的准确性，以式（5-3）和式（5-4）两种曲线形式分别进行拟合，并选取相关系数较高的曲线形式建立结构的安全寿命包线。

对式（5-3）对数变换处理后可等效变换成式（5-2）的形式，对式（5-4）对数变换处理后可等效变换为

$$\lg\{-\ln[C(T)]\} = b\lg T + \lg(-a) \qquad (5-26)$$

式中：$C(T)$ 为腐蚀影响系数；T 为等效腐蚀年数；a、b 为拟合的参数。

甲、乙、丙、丁 4 个地区两种形式的腐蚀影响系数曲线公式及其相关系数如表 5-5 所示。

表 5-5 不同地区的两种腐蚀影响系数曲线公式

腐蚀影响系数曲线形式	服役地区	腐蚀影响系数曲线公式	相关系数 R^2
式（5-3）	甲	$C(T) = 1 - 0.1613 T^{0.3647}$	0.9208
	乙	$C(T) = 1 - 0.1801 T^{0.3648}$	0.9208
	丙	$C(T) = 1 - 0.2135 T^{0.3646}$	0.9207
	丁	$C(T) = 1 - 0.2198 T^{0.3648}$	0.9209

续表

腐蚀影响系数曲线形式	服役地区	腐蚀影响系数曲线公式	相关系数 R^2
式（5-4）	甲	$C(T) = e(-0.1241T^{0.5640})$	0.8917
	乙	$C(T) = e(-0.1471T^{0.5642})$	0.8918
	丙	$C(T) = e(-0.1914T^{0.5638})$	0.8916
	丁	$C(T) = e(-0.2002T^{0.5643})$	0.8918

相比而言，以式（5-3）的形式拟合得到的腐蚀影响系数曲线相关系数较高，因此，选取 $C(T) = 1 - aT^b$ 形式的 4 条曲线代表结构在 4 个地区服役时结构疲劳寿命随服役时间的退化规律。

3. 结构安全使用限制点的确定

由于机身壁板连接结构为耐久性结构，在结构寿命管理中不存在疲劳裂纹扩展的情况。因此，确定结构安全使用限制点主要从静强度要求、结构经济修理要求和飞机的技术特性三方面综合考虑。

机身壁板连接结构在飞行中可能遇到的最大载荷为 200MPa，将其放大 1.5 倍即为 300MPa。假设无防护体系试验件经实验室加速腐蚀 900h 后其抗拉强度下降至 300MPa，则可以认为 900h 加速腐蚀时间对应的甲、乙、丙、丁 4 个地区的等效服役年限即为由静强度要求确定的结构安全使用限制点的最大横坐标。

经过对无防护体系试验件腐蚀情况的考察，发现经过 850h 左右的实验室加速腐蚀后就有部分试验件因腐蚀损伤问题过于严重而不再具备修理价值，则可以将 850h 加速腐蚀时间对应的甲、乙、丙、丁 4 个地区的等效服役年限作为由结构经济修理要求确定的结构安全使用限制点的最大横坐标。

假设飞机的性能指标在服役 25 年后即不能满足任务需求，则可以将 25 年作为甲、乙、丙、丁 4 个地区安全寿命包线由飞机技术特性确定的结构安全使用限制点的最大横坐标。

综合上述考虑，甲地安全寿命包线的结构安全使用限制点的横坐标为 25 年，由飞机的技术特性限制条件所确定；乙、丙、丁 3 个地区安全寿命包线的结构安全使用限制点的横坐标分别为 19.32 年、12.14 年和 11.18 年，均由结构的经济修理要求所确定。由式（5-7）可以计算得出 4 个地区结构安全使用限制点对应的飞机飞行强度分别为 123.35efh/年、156.71efh/年、249.36efh/年和 270.91efh/年。

4. 结构安全寿命包线的绘制

由纯疲劳安全寿命的总坐标与各地区日历安全寿命的横坐标可以确定安全

寿命包线的左侧部分；将结构的腐蚀影响系数曲线 $C(T)$ 与纯疲劳安全寿命相乘可以得到满足99.9%可靠度与90%置信度要求的4个地区下使用年限和疲劳安全寿命的关系曲线，曲线在结构安全限制点截止，从而可以确定安全寿命包线的右侧部分。甲、乙、丙、丁4个地区的结构安全寿命包线如图5-10所示，图中横坐标为日历使用年限，单位为年，纵坐标为疲劳安全寿命，单位为当量飞行小时数。

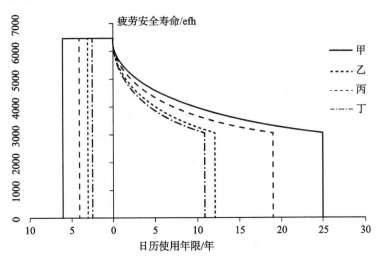

图5-10　甲、乙、丙、丁4个地区的结构安全寿命包线图

5.3.2　考虑大修的结构服役/使用寿命限制

飞机的服役/使用历程是根据实际情况"用"出来的，在飞机服役前不可能知道，为了进行本章飞机结构定寿过程的演示，假设飞机结构的服役/使用历程为在甲地以272efh/年的平均飞行强度服役/使用5.1年（防护体系未失效），而后在乙地以240efh/年的平均飞行强度服役/使用3.2年（前0.7年防护体系未失效）；而后转场至丁地以187efh/年的平均飞行强度服役/使用4年；而后转场至丙地以254efh/年的平均飞行强度服役/使用3.2年；而后计划转场至甲地以220efh/年的平均飞行强度服役/使用至到寿。

1. 结构首翻期的确定

1）由基体损伤度确定的结构首翻期

确定结构损伤度达到0.5时对结构进行大修。

(1) 当飞机结构在甲地以272efh/年的平均飞行强度服役/使用5.1年，由于甲地的防护体系日历安全寿命为6.14年，此5.1年内可以认为结构受到的损伤是纯疲劳损伤。根据式（5-6），结构在此历程下的累积损伤为272×5.1/6448=0.2151。防护体系的累积损伤为5.1/6.14=0.8293。

（2）飞机随后在乙地以240efh/年的飞行强度服役/使用3.2年，防护体系在乙地环境下的日历安全寿命为4.1年。由于防护体系的剩余损伤度为1-0.8293=0.1707，结构在乙地服役的前4.1×0.1707=0.7年可以看成是纯疲劳状态，在后2.5年认为受到腐蚀和疲劳的共同影响。

在乙地服役的前0.7年，根据式（5-6），结构基体的损伤为240×0.7/6448=0.0261。防护体系的累积损伤为1。

在乙地服役的后2.5年，结构受到腐蚀和疲劳的共同影响，由于240efh/年大于乙地安全寿命包线中安全使用限制点对应的飞行强度（156.71efh/年），是以乙地安全寿命包线右侧的$C(T)$曲线进行结构损伤的计算。根据表5-5中乙地的$C(T)$曲线公式、式（5-7）和式（5-8），可以求得乙地240efh/年飞行强度对应的基体年损伤度为0.0707，在该使用历程下的结构累积损伤为0.0707×2.5=0.1767。

（3）当飞机在甲、乙两地服役过后，结构基体的累积损伤为0.2151+0.0261+0.1767=0.4179，距离首翻剩余的基体损伤度为0.5-0.4179=0.0821。

当飞机转场至丁地以187efh/年的平均飞行强度服役/使用，由于187efh/年小于于丁地安全寿命包线中安全使用限制点对应的飞行强度（270.91efh/年），是以丁地安全寿命包线右侧安全使用限制点以下的垂直线进行结构损伤的计算（垂直线横坐标11.18），根据式（5-8），可以求得丁地187efh/年飞行强度对应的基体年损伤度为1/11.18=0.0894。

因此，当飞机在丁地服役0.0821/0.0894=0.92年，结构基体的累积损伤即达到了首翻限制（0.5）。

所以，由基体损伤度确定的结构首翻期为5.1+3.2+0.92=9.22年。

2）由防护体系日历安全寿命确定的结构首翻期

防护体系在甲地的日历安全寿命为6.14年，则飞机在甲地服役的5.1年防护体系的累积损伤为5.1/6.14=0.8293；防护体系在乙地的日历安全寿命为4.1年，由于防护体系的剩余损伤度为1-0.8293=0.1707，则防护体系在乙地服役的前4.1×0.1707=0.7年属于日历安全寿命期内。

因此，由防护体系日历安全寿命确定的结构首翻期为5.1+0.7=5.8年。

3）确定飞机结构首翻期

由于首翻前防护体系日历安全寿命（5.8年）小于由基体损伤确定的首翻期（9.22年），则飞机结构的首翻期取为5.8年；到达结构首翻期时飞机在乙地服役，基体累积损伤度为0.2412，飞机将飞行使用1555.2efh。

2. 结构大修间隔期的确定

1) 首翻后第一次大修间隔期的确定

(1) 由基体损伤度确定的结构第一次大修间隔期。

由于结构首翻期是以防护体系日历安全寿命确定的，当在飞机服役5.8年后进行首翻，可以认为通过更换铆钉、重新涂刷防护层等措施基本恢复结构初始防护状态，因此，仍可以以最初的安全寿命包线进行结构损伤的计算。

假设首翻时未对结构基体进行修复，则首翻后结构基体的累积损伤度仍为0.2412。为保证结构安全，以剩余损伤度的一半作为大修判据，即当基体累积损伤达到0.2412+(1−0.2412)×0.5=0.6206时进行结构大修。

当飞机结构在乙地以240efh/年的飞行强度服役/使用剩余的2.5年，由于防护体系已经修复，且在乙地的日历安全寿命为4.1年，则可以认为在此2.5年内结构受到的损伤是纯疲劳损伤。根据式(5-6)，结构在此历程下的累积损伤为240×2.5/6448=0.0931。防护体系的累积损伤为2.5/4.1=0.6097。

飞机随后在丁地以187efh/年的飞行强度服役/使用4年，防护体系在丁地环境下的日历安全寿命为2.48年。由于防护体系的剩余损伤度为1−0.6097=0.3903，结构在丁地服役的前2.48×0.3903=0.97年可以看成是纯疲劳状态，在后3.03年认为受到腐蚀和疲劳的共同影响。

在丁地服役的前0.97年，根据式(5-6)，结构基体的损伤为187×0.97/6448=0.0281。防护体系的累积损伤为1。

在丁地服役的后3.03年，结构受到腐蚀和疲劳的共同影响，以丁地安全寿命包线右侧安全使用限制点以下的垂直线进行结构损伤的计算（垂直线横坐标11.18），根据式(5-8)，可以求得丁地187efh/年飞行强度对应的基体年损伤度为1/11.18=0.0894，在该使用历程下的结构累积损伤为0.0894×3.03=0.2709。

在丁地服役之后，结构的总累积损伤为0.2412+0.0931+0.0281+0.2709=0.6333，与确定的结构大修判据(0.6206)相近，为方便起见，可以在飞机执行完丁地飞行任务时送修。

(2) 由防护体系日历安全寿命确定的结构第一次大修间隔期。

修复之后的防护体系在乙地的日历安全寿命为4.1年，飞机在乙地服役的后2.5年防护体系的累积损伤为2.5/4.1=0.6097；防护体系在丁地的日历安全寿命为2.48年，由于防护体系的剩余损伤度为1−0.6097=0.3903，则防护体系在丁地服役的前2.48×0.3903=0.97年属于日历安全寿命期内。

因此，由修复后的防护体系日历安全寿命确定的结构第一次大修间隔期为2.5+0.97=3.47年。

(3) 确定飞机结构的第一次大修间隔期。

假设第二次大修(即首翻后的下一次大修)的维修方式是进行结构耐久性修理并修复受损的防护体系;加之首翻后飞机在乙地和丁地服役,受到的环境腐蚀作用较重,若以防护体系日历安全寿命(3.47年)确定结构的第一次大修间隔期将严重影响飞机战备率。因此,考虑到要对结构基体要进行耐久性修理,在保证结构安全与方便修理的前提下,可以让基体材料受到轻微的腐蚀。

所以,可以根据基体损伤度来确定的结构第一次大修间隔期。结构在进行第二次大修时飞机刚从丁地完成服役任务,飞机结构的第一次大修间隔期为 2.5+4=6.5 年。在第二次大修时,飞机从服役开始已累积服役 5.8+6.5=12.3 年,累积飞行使用 1555.2+240×2.5+187×4=2903.2efh。

2) 第二次大修间隔期的确定

假设在第二次大修时机身壁板连接结构的耐久性修理方式为铰孔、更换铆钉并重新涂刷防护层;并在此修理后结构基体的疲劳性能恢复到最初状态的 70%,防护体系恢复到飞机服役时的状态,则在第二次大修后的结构需要按照全新的安全寿命包线进行寿命管理,认为四个地区的腐蚀影响系数曲线不变,防护体系日历安全寿命不变,结构安全使用限制点的横坐标不变;但结构的纯疲劳安全寿命,即 N_p(或称 $N_{99.9}(0)$)值要变为原来的 70%,即 6448×0.7=4512.9efh。

(1) 由基体损伤度确定的结构第二次大修间隔期。

按照全新的安全寿命包线进行结构寿命管理,以耐久性修理后的结构损伤度达到新安全寿命包线基准下的 0.5 作为第二次大修间隔期的确定依据。

当飞机在丙地以 254efh/年的平均飞行强度服役/使用 3.2 年,由于丙地的防护体系日历安全寿命为 3.08 年,可以认为结构在丙地服役的前 3.08 年受到纯疲劳损伤,根据式(5-6),结构基体的损伤为 254×3.08/4512.9=0.1734。

在丙地服役的后 0.12 年,认为结构受到腐蚀和疲劳的共同影响。由于 254efh/年大于丙地安全寿命包线中安全使用限制点对应的飞行强度(249.36efh/年),是以丙地安全寿命包线右侧的 $C(T)$ 曲线进行结构损伤的计算。根据表 5-5 中丙地的 $C(T)$ 曲线公式、式(5-7)和式(5-8),可以求得丙地 254efh/年飞行强度对应的基体年损伤度为 0.1082,在该使用历程下的结构累积损伤为 0.1082×0.12=0.0130。

当飞机转场至甲地以 220efh/年的平均飞行强度服役/使用至到寿,以甲地安全寿命包线右侧的 $C(T)$ 曲线进行结构损伤的计算。根据表 5-5 中甲地的 $C(T)$ 曲线公式、式(5-7)和式(5-8),可以求得甲地 220efh/年飞行强度对应的基体年损伤度为 0.0816。达到第三次大修的结构基体剩余损伤度为 0.5-0.1734-0.0130=0.3136,则达到第三次大修时飞机可以在甲地服役/使用 0.3136/0.0816=3.84 年。

所以，由基体损伤度确定的结构第二次大修间隔期为 3.2+3.84=7.04 年。

（2）由防护体系日历安全寿命确定的结构第二次大修间隔期。

修复之后的防护体系在丙地的日历安全寿命为 3.08 年，即为由修复后的防护体系日历安全寿命确定的结构第二次大修间隔期。

（3）确定飞机结构的第二次大修间隔期。

分两种情况进行讨论：

①情况一：不再对飞机结构进行大修。

考虑到如果按照基体损伤度确定的结构第二次大修间隔期，则飞机已经累积服役了 12.3+7.04=19.34 年，已经接近 25 年的飞机技术特性限制条件。如果不对飞机进行第三次大修，将剩余 0.5 的结构损伤度在甲地以 220efh/年 的飞行强度飞完，飞机还可以使用 0.5/0.0816=6.13 年，完全可以满足飞机服役 25 年的需求。如果不进行第三次大修，也就不存在第二次大修间隔期了。

②情况二：对飞机结构进行第三次大修。

如果根据军事形势需求，要对飞机进行数年的延寿使用，则还需要对飞机进行第三次大修。由于延寿需求不高，且如果按照防护体系日历安全寿命（3.08 年）确定结构的第二次大修间隔期将严重影响飞机战备率。因此，可以由基体损伤度来确定的结构第二次大修间隔期，即飞机的第二次大修间隔期为 7.04 年。在三次大修时，飞机从服役开始已累积服役 12.3+7.04=19.34 年，累积飞行使用 2903.2+254×3.2+220×3.84=4560.8efh。

3. 结构日历寿命与疲劳寿命限制的确定

（1）情况一：不对飞机结构进行第三次大修。

假设每次的飞机大修时间为 0.25 年。在假设的飞机服役历程下，如果不对飞机结构进行第三次大修，将首翻期（5.8 年）、第一次大修间隔期（6.5 年）、第二次大修至结构到寿的服役周期（7.04 年+6.13 年）和两次大修所占用的修理时间（0.5 年）相加，即可得到飞机结构的日历寿命限制为 25.97 年。

将首翻前飞行小时数（1555.2efh）、首翻至第二次大修期间飞行小时数（1348efh）、第二次大修至结构到寿的飞行小时数（1657.6efh+220efh/年×6.13 年=3006.2efh）相加，即可得到飞机结构的疲劳寿命限制为 5909.4efh。

需要说明的是，25.97 年和 5909.4efh 仅是指机身壁板连接结构在假设的飞机服役历程下的日历寿命与疲劳寿命限制；当飞机的服役历程改变，或者由多个关键结构综合确定的大修时机与此结构对应的大修时机不符，或者对结构的维修方式有所改变时，25.97 年的日历寿命限制和 5909.4efh 的疲劳寿命限制都有可能发生改变。本部分只是给出了一个根据飞机实际使用情况确定结构日历寿命与疲劳限制的示例，具体的飞机结构寿命限制确定过程可以依据本部分给出的示例参照执行。

(2) 情况二：对飞机结构进行第三次大修。

由于不对飞机结构进行第三次大修已可以达到飞机技术特性（25年）要求，对飞机延寿使用的年数也不会需要太多，因此，从经济性的角度出发，可以对结构进行较为简单的修理，即只修复防护体系和更换铆钉，不对结构基体进行耐久性修理。

确定结构总的日历寿命与疲劳寿命限制，首先需要确定结构第三次大修后至到寿期间的日历寿命与疲劳寿命。

①第三次大修后结构安全寿命包线的建立。

由于飞机在此期间一直在甲地服役，以甲地的安全寿命包线为例，在第三次修理前结构的安全寿命包线如图5-11中虚线所示（即第二次修理后确定的结构安全寿命包线），由于已决定对飞机进行延寿使用，甲地的结构安全使用限制点已不能由飞机的技术特性限制条件决定，而是根据结构的经济修理要求确定，为850/32.5=26.2年。

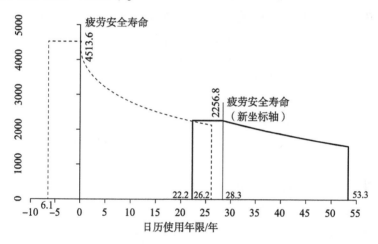

图5-11　第三次修理前后结构在甲地服役的安全寿命包线

第三次大修后，结构在甲地的安全寿命包线如图5-11中实线所示。第三次大修时，结构基体的累积损伤在第二次大修后的安全寿命包线基准下，为0.5，且第三次大修不对结构基体进行耐久性修理，因此，第三次大修后结构基体的纯疲劳寿命为第二次大修后的50%，即6448×0.7×0.5=2256.8efh。

若要建立结构在第三次大修后新的安全寿命包线，结构寿命在甲地受到的腐蚀影响规律未变，但是其腐蚀影响系数曲线的起点发生了变化，应以原安全寿命包线中$C(T)=0.5$（即$T=22.2$年）对应的腐蚀影响系数的点作为新的腐蚀影响系数曲线的起点，即腐蚀影响系数曲线公式的横坐标向左偏移 22.2，且纵坐标放大一倍。因此，结构在甲地新的腐蚀影响系数曲线公式变为 $C(T)=[1-0.1613(T+22.2)^{0.3647}]×2$。

第三次大修后结构在甲地的安全寿命包线中，防护体系日历安全寿命仍为 6.14 年；结构安全使用限制点对应横坐标为 25 年，对应的飞行强度为 61.8efh/年。

②第三次大修后结构日历寿命与疲劳寿命的限制。

按照第三次大修后的安全寿命包线进行结构寿命管理。

当飞机在甲地以 220efh/年的平均飞行强度服役/使用，由于甲地的防护体系日历安全寿命为 6.14 年，可以认为结构在第三次大修后的 6.14 年间受到纯疲劳损伤，根据式（5-6），结构基体的损伤为 220×6.14/2256.8=0.5985。

在第三次大修后的 6.14 年后，认为结构受到腐蚀和疲劳的共同影响，以甲地安全寿命包线右侧的 $C(T)$ 曲线进行结构损伤的计算。根据甲地新的 $C(T)$ 曲线公式、式（5-7）和式（5-8），可以求得甲地 220efh/年飞行强度对应的基体年损伤度为 0.1121。达到结构到寿的基体剩余损伤度为 1-0.5985=0.4015，则达到结构到寿时飞机还可以在甲地服役/使用 0.4015/0.1121=3.58 年。

所以，第三次大修后结构还可以使用 6.14+3.58=9.72 年，可以飞行 220×9.72=2138.4efh。

③ 情况二下结构的日历寿命与疲劳寿命限制。

在假设的飞机服役历程下，如果对飞机结构进行第三次大修，将首翻期（5.8 年）、第一次大修间隔期（6.5 年）、第二次大修间隔（7.04 年）、第三次大修至结构到寿的服役周期（9.72 年）和三次大修所占用的修理时间（0.75 年）相加，即可得到飞机结构的日历寿命限制为 29.81 年，与不进行第三次大修相比结构可以多使用 3.84 年。

将首翻前飞行小时数（1555.2efh）、首翻至第二次大修期间飞行小时数（1348efh）、第二和三次大修期间飞行小时数（1657.6efh）以及第三次大修至结构到寿的飞行小时数（220efh/年×9.72 年=2138.4efh）相加，即可得到飞机结构的疲劳寿命限制为 6699.2efh，与不进行第三次大修相比，结构可以多使用 789.8efh。

参考文献

[1] 张腾，何宇廷，张海威，等. 基于寿命包线的飞机金属结构寿命预测方法 [J]. 南京航空航天大学学报，2014，46（3）：413-418.

[2] 何宇廷. 飞机结构寿命包线的建立 [J]. 空军工程大学学报（自然科学版），2005，6（6）：4-6.
[3] 何宇廷，范超华，李鸿鹏，等. 腐蚀环境下机械设备结构寿命的预测 [J]. 材料研究学报，2007，21（s）：314-317.
[4] 刘文珽，李玉海，等. 飞机结构日历寿命体系评定技术 [M]. 北京：航空工业出版社，2004.
[5] 李玉海，刘文珽，杨旭，等. 军用飞机结构日历寿命体系评定应用范例 [M]. 北京：航空工业出版社，2005.
[6] 赵学锋，王富永，赵海军. 预腐蚀疲劳寿命影响系数及 S-N 曲线研究 [J]. 机械强度，2008，30（6）：977-981.
[7] 周希沅. 中国飞机结构腐蚀分区和当量环境谱 [J]. 航空学报，1998，20（3）：230-233.
[8] Robert N Miller, Schuessler R L. Predicting service life of aircraft coating in various environments [J]. Corrosion, 1989 (4): 17-21.
[9] 中国国家标准化管理委员会. 正态分布完全样本可靠度置信下限：GB/T 4885—2009 [S]. 北京：中国标准出版社，2009.

第6章
航空铝合金大气腐蚀环境谱概述

飞机结构在实际使用中除经受重复载荷外,还要遭受化学、热和气候环境的侵蚀。在环境的作用下,铝合金材料会发生腐蚀,产生结构腐蚀损伤,对飞机的使用安全、战备出勤率以及经济性均有重大危害。腐蚀损伤会影响结构的完整性,特别是结构的耐久性、损伤容限特性。腐蚀与载荷的共同作用会加剧结构的疲劳损伤,降低结构的使用寿命、检修周期和剩余强度;腐蚀损伤严重的构件可能产生功能失效或由于不可修复而报废;为修复腐蚀损伤而必须进行的大修或外场修理不仅增加了维修费用,而且会明显影响飞机的战备出勤率。

从研究方法上来看,腐蚀问题可以通过大气腐蚀条件和加速腐蚀条件两种方法开展研究。大气暴露试验的特点是可以获取材料/结构真实的腐蚀失效形式,但其研究的周期长、成本高。为了研究大气腐蚀环境对航空铝合金结构疲劳寿命与腐蚀失效的影响,在实际工程中往往要进行大气腐蚀环境的实验室加速模拟。按照国军标《军用飞机结构强度规范》等的要求,应根据飞机的预计使用情况编制飞机化学/热/气候环境谱,以用于飞机结构耐久性和损伤容限试验和分析。由此可见,飞机环境谱的编制对确定飞机结构使用寿命和确保飞机飞行安全起着非常重要的作用。

6.1 航空铝合金大气腐蚀模拟试验手段

航空铝合金材料的腐蚀为多种因素的综合作用结果,加速试验中的腐蚀机制有时与实际大气环境材料的腐蚀机制不同,但其仍然是研究金属腐蚀强有力的试验手段,研究者们开展了大量的工作,希望能由实验室内的短期加速腐蚀试验来推测真实腐蚀结果。目前,主要的室内加速腐蚀试验手段有以下几种。

1. 酸试验法

酸试验法是最初的海洋大气腐蚀加速试验方法。最初人们认为，酸可快速与金属反应，加速金属腐蚀，却忽略了金属在酸中的腐蚀行为与其在海洋大气中的腐蚀行为是不同的，所以虽可以很好地加速腐蚀的进行，但其模拟性差，因此存在很大误差。之后，英国 Vernon 考虑到大气湿度对金属材料腐蚀的影响，在20世纪20年代初对试验进行改进，采用空气调节器来进行试验，因此形成了盐雾试验和湿热试验的雏形。

2. 湿热试验法

湿热试验分为交变湿热试验和恒温湿热试验两种，在湿热试验过程中常常会在试样表面聚集大小不一的水珠，由于其不能聚集和流淌，不能形成稳定均匀的水膜，导致其模拟性差。为此，一些学者对湿热试验进行进一步改进，在电极上覆盖一层镜头纸，使电极表面在一段时间内保持一层厚度均匀的薄液膜，同时可快速评价薄层缓蚀剂抗腐蚀效果。然而此方法与实际环境湿热交替变化差异很大，改进后的湿热试验结果与实际海洋大气环境的腐蚀结果相关性仍存在差距。

3. 盐雾试验

盐雾试验通过喷含盐的雾气来模拟海洋大气环境中的薄液膜环境，盐雾试验又可分为中性、醋酸、醋酸氯化铜盐雾试验三种，分别用于模拟不同的大气环境。虽然盐雾试验的加速效果较好，但试验时试验箱是密闭的，且试样始终处在湿润环境中，无干燥过程，模拟性较差。后来腐蚀研究人员提出了带有干喷雾、干燥周期性复合盐雾试验的腐蚀试验方法，腐蚀试验的结果表明其比盐雾试验更接近实际腐蚀。

4. 干湿周浸循环试验

干湿周浸循环试验使用升降机构可将试样周期性地浸入不同腐蚀溶液以模拟不同的大气环境，如蒸馏水、NaCl 等溶液，一段时间后试样离开溶液，用热风或灯烘烤干燥试样。此方法同周期盐雾腐蚀试验一样，重现了金属表面经历浸润—潮湿—干燥大气腐蚀状态，适用于研究大部分材料在各种自然环境中的腐蚀情况，包括海洋大气环境。大量研究结构表明，使用干湿周浸循环试验的结果可以预测材料长期大气腐蚀行为。

5. 多因子循环复合加速腐蚀试验

多因子加速试验方法是在试验过程中尽可能模拟海洋大气环境中的多种环境因素，以及各种因素之间的协同作用，如潮湿、喷雾、干燥、温度、光照等，与户外环境试验数据相比具有良好的一致性。但是由于材料腐蚀真正在海洋大气环境下影响因素较多，综合影响因子情况非常复杂，为了实现不同环境条件的模拟，试验还得不断提高模拟性和加速性。因此，多因子复合试验方法还在不断的发展和完善中。

6.2 航空铝合金大气腐蚀模拟等效原则

编制实验室条件下的加速环境谱是为了模拟真实的大气环境腐蚀性，从而能够在较短的时间内获取材料/结构的腐蚀损伤和寿命退化规律。然而，编制加速环境谱的一个关键问题就是要保证对大气环境腐蚀性实现真实、准确的模拟，这样才能保证加速腐蚀试验结果的有效性。这就涉及到了航空铝合金大气腐蚀模拟等效原则。

现阶段，由实际服役环境向实验室加速环境进行当量折算主要采用电荷当量、试验件电阻值当量、最大腐蚀深度当量、腐蚀失重当量、腐蚀损伤形貌当量、寿命当量等原则。电荷当量、电阻值当量和腐蚀失重当量这三种等效关系反映了材料在大气环境中的腐蚀量和实验室加速条件下的腐蚀量相当，即发生电化学反应的材料数量基本相等。从反映的腐蚀损伤范围来看，这三种当量关系反映的是整个结构或试验件的平均腐蚀损伤量，可以说是对应着结构静强度的当量关系。然而，编制结构加速环境谱的主要目的是要考核结构疲劳寿命的退化规律。如果结构在实际大气环境下的腐蚀损伤类型为局部腐蚀（尤其是点蚀），而在实验室加速环境下为均匀腐蚀，则在相同的腐蚀损伤平均量下，在实验室得到的试验结果要过于危险，可能由此给出的飞机定寿结果偏长，存在安全隐患。

对于腐蚀深度当量关系来说，其反映了材料在大气环境中和实验室加速条件下材料局部最大腐蚀量相当，在一定程度上反映了结构在实际环境与加速环境下的疲劳性能当量关系。但是，此当量方法还是会受到结构失效形式的显著影响，例如，实际大气腐蚀条件下结构的腐蚀损伤类型为均匀腐蚀，但在实验室加速条件下为局部腐蚀，在相同的腐蚀深度下，试验结果由于点蚀坑所引入应力集中的影响会比实际情况偏短，给出的定寿结论可能会过于保守，不能充分发挥飞机结构的寿命潜力。

因此，编制飞机结构的加速腐蚀环境谱，应力求使结构的加速腐蚀失效形式与实际情况相近，基本满足所有的腐蚀当量关系。若所使用的加速腐蚀介质不能做出与实际大气相似的腐蚀形貌，则需要根据研究对象在实际结构中的具体功能和失效形式选择当量原则。例如，如果实际结构在服役/使用时的主要任务是承载和传力，失效形式为疲劳断裂失效，则编制环境谱的最终目的就是要得到结构随腐蚀时间的寿命退化规律，建议在确定加速腐蚀介质作用时间时依据结构寿命当量的原则；如果实际结构的具体功能是密封和维持结构外形，在使用过程中基本不承载，失效形式为穿透性腐蚀失效，则建议在确定加速腐蚀介质作用时间时依据结构的腐蚀深度等效原则。

总体上来说，环境谱的当量化加速应满足腐蚀损伤模式相同、腐蚀损伤机理相符、腐蚀损伤特征值相当、腐蚀疲劳裂纹萌生与扩展行为相近的原则。

6.3 航空铝合金大气腐蚀环境谱研究现状

国外将飞机结构的环境腐蚀问题作为耐久性问题进行研究，并没有像我国一样使用日历寿命指标对飞机使用年限进行控制，因此对飞机结构等效加速环境谱的研究较少。但从现有文献中可以发现，国外在研究飞机结构腐蚀失效特征方面的腐蚀试验标准主要有以下几种：一是美军制定的涂层加速试验谱（CASS 谱），包括湿热暴露试验、紫外照射试验、热冲击试验、低温疲劳试验、盐雾试验五个要素，主要研究军用飞机防护层在亚热带沿海地区的加速腐蚀情况；二是美国材料与试验协会（ASTM）提出的剥蚀（EXCO）溶液，是 $NaCl$、KNO_3、HNO_3 的水溶液，主要用于考核 2000 系列和 7000 系列高强度铝合金的剥蚀敏感性和剥蚀特征；三是北大西洋公约组织（NATO）在 9 个国家实验室使用的一种周期浸润试验谱，试验件在酸性盐溶液中浸泡和溶液外烘烤两个过程交替进行，时间比例约为 1：3。

我国当前对飞机结构服役环境研究的整体思路可以归纳如下：根据各地区环境腐蚀性的差异，将我国划分为多个大区，以每个大区中的典型城市代表整个大区内所有地区的腐蚀环境；分别对各代表城市的大气数据进行统计，探明飞机舱室环境与外部大气的环境关系，建立飞机外露结构与内部结构的环境谱；由实际环境编制等效加速谱时研究的主要内容是加速环境介质和加速环境的等效作用时间。

在编制实验室加速环境谱时，加速环境的基本构成一般由飞机结构的实际服役条件所确定。例如，考虑涂层老化失效时，环境谱一般含有紫外照射、高低温冲击、低温疲劳等谱块。紫外照射用于模拟日照对涂层老化的影响，高低温冲击用于模拟飞机起降过程中结构表面温度变化的影响，低温疲劳用于模拟飞机高空飞行的影响。针对金属基体的加速腐蚀，一般采用酸性盐溶液作为腐蚀液，溶液中的盐成分主要起到加速作用，酸成分用于模拟大气污染物（如酸雨等）的影响，试验件受到腐蚀液的作用一般有盐雾暴露和周期浸润两种方式。表 6-1 列出了文献中常见的几种典型加速环境谱的构成。

表 6-1　几种典型加速环境谱的构成

编号	环境谱实施方法
环境谱①	a. 酸性 NaCl 溶液浸泡，溶液由 5%NaCl 溶液加入稀 H_2SO_4 使 pH 值达到 4~4.5 b. 温湿度环境烘干，$t=40℃$，RH=95%~100%环境下用远红外灯照射烘干 c. 一个加速周期由 a 和 b 过程组成，时间在 30~60min，浸泡时间占 1/4~1/3
环境谱②	a. 湿热暴露，$t=43℃$，RH=95% b. 低温疲劳，$t=-53℃$，等幅谱加载 500 循环，$\sigma_{max}=93.07$MPa，$R=0.1$ c. 盐雾暴露，$t=35℃$，中性盐雾 4 天，酸性盐雾 3 天，盐雾沉积量 1~2mL/(80cm²·h) d. 周期浸润，$t=40℃$，RH=95%~100%，浸润 7.5min，烘烤 22.5min
环境谱③	a. 酸性盐溶液，NaCl 浓度 3.5%，加盐酸调至溶液 pH 值为 4 b. 酸性盐溶液，NaCl 浓度 3.5%，硫酸浓度 4.443g/m³，硝酸浓度 0.592g/m³ c. 中性盐溶液，NaCl 浓度 3.5% d. 上述过程作用时间分别为 39.25h、4.02h、38.48h，均为周期浸润方式
环境谱④	根据不同地区环境腐蚀介质的具体含量，按照各介质等比例浓缩的方法配置腐蚀溶液

表 6-1 中列出的几种加速环境的构成，环境谱①的应用最为广泛，表中环境谱①~③属于固定组分环境谱，试验件在这些环境谱下发生的腐蚀失效形式可能与实际情况有所差别；环境谱④的腐蚀液组分与实际情况相对应，试验件的腐蚀失效形式与实际情况会更为接近，结果也更具可信性。然而，固定组分环境谱的优点是不同服役地区的加速腐蚀环境介质相同，各地区加速腐蚀环境谱的主要差别体现在环境介质作用时间上。通过时间上的折算，做一批试验件可以同时得到不同地区的试验结果，与环境谱④需要在不同地区分别开展试验相比，试验操作方法简单，试验效率高，经济性好。因此，工程上常使用固定组分环境谱开展飞机结构的腐蚀研究。

参考文献

[1] 刘文珽，贺小帆，等. 飞机结构腐蚀老化控制与日历延寿技术 [M]. 北京：国防工业出版社，2010.

[2] 宣卫芳，胥泽奇，肖敏，等. 装备和自然环境试验基础篇 [M]，北京：航空工业出版社，2009.

[3] 刘道庆，吴超，陈亮. 飞机腐蚀疲劳典型部位地面停放局部环境谱及当量折算 [J]. 飞机设计，2011，31 (5)：15-17.

[4] 张福泽，谭卫东，宋军，等. 腐蚀温度对飞机疲劳寿命的影响 [J]. 航空学报，2004，

25（5）：473-475.

［5］杨晓华，姚卫星，陈跃良．加速疲劳寿命试验在飞机结构日历寿命研究中的应用［J］．腐蚀科学与防护技术，2002，14（3）：172-174.

［6］ROBERT N M, SCHUESSLER R L. Predicting service life of aircraft coating in various environments［J］. Corrosion, 1989（4）：17-21.

［7］ASTM G34-01 Standard test method for exfoliation corrosion susceptibility in 2XXX and 7XXX series aluminum alloys（EXCO Test）［S］. ASTM, 2003.

［8］WANHILL R J H, LUCCIA J J D, RUSSO M T. The fatigue in aircraft corrosion testing programme［R］. AGARD, 1989.

［9］周希沅．中国飞机结构腐蚀分区和当量环境谱［J］．航空学报，1998，20（3）：230-233.

［10］周希沅．飞机结构的当量环境谱与加速试验谱［J］．航空学报，1996，17（5）：613-616.

［11］陈跃良，段成美．海军飞机环境谱加速腐蚀当量折算研究［R］．海军航空技术学院技术报告，1995.

［12］刘庭耀．飞机结构腐蚀环境的聚类分析［J］．飞机设计，1997，17（4）：25-29.

［13］张福泽．飞机日历寿命确定的区域定寿法［J］．航空学报，2001，22（6）：549-552.

［14］张栋．确定飞机日历寿命用的当量环境谱研究［J］．航空学报，2000，21（2）：128-133.

［15］董登科，王俊扬．关于军用飞机服役日历年限评定用的当量环境谱［J］．航空学报，1998，19（4）：451-455.

［16］张福泽．飞机停放日历寿命腐蚀温度谱的编制方法和相应腐蚀介质的确定［J］．航空学报，2001，22（4）：359-361.

［17］刘文珽，李玉海，陈群志，等．飞机结构腐蚀部位涂层加速试验环境谱研究［J］．北京航空航天大学学报，2002，28（1）：109-112.

［18］陈群志，崔常京，王逾涯，等．典型机场地面腐蚀环境数据库研究［J］．装备环境工程，2006，3（3）：47-49，76.

［19］陈跃良，金平，林典雄，等．海军飞机结构腐蚀控制及强度评估［M］．北京：国防工业出版社，2009.

［20］陈群志，刘桂良，崔常京，等．军用飞机结构局部环境谱编制的工程方法［J］．装备环境工程，2006，3（2）：53-56.

第 7 章
航空金属材料大气腐蚀环境谱与环境分区

飞机结构的使用寿命与其服役地区的环境腐蚀性密切相关。确定飞机各服役地区的环境腐蚀表征量，是编制飞机结构加速环境谱，继而进行结构日历寿命评定的基础，也是在实际服役过程中对飞机进行针对性维护和对机群开展使用计划调整的重要依据。

我国机场数量多，不同地区的机场环境差异性大，如果根据各个机场的实际大气数据编制不同的加速环境谱开展飞机日历寿命研究，工作量巨大，在实际工程中不能接受，也是没有必要的。本着环境研究"宜粗不宜细"的原则，通过对典型地区的大气环境数据分析，把环境腐蚀性相近的地区划为一类，是一种较为合理、可行的方法。

飞机结构中易受腐蚀环境影响的主要是铝合金结构和合金钢结构，其在现代飞机上的用量分别超过 50% 和 10%。此外，军用飞机有 95% 的时间处于地面停放状态，停放环境对飞机结构的腐蚀影响占主要地位。因此，可以将铝合金和合金钢大气腐蚀特征量的区别作为依据，对飞机的大气服役环境分区。

国内外学者在大气环境分区方面开展了较多研究。从气象学的角度上，环境分区主要有基于温度、降水等气候因素的柯本（Koppen）气候分类法和基于气候动力学的斯查勒（Strhaler）分类法。根据不同的研究需要，我国学者对全国的大气环境分区也开展了深入的研究，有学者在金属腐蚀电流的测量及 153 个站点环境数据收集的基础上，将我国划分成不同的腐蚀级和腐蚀区域；有研究根据电荷等效原理给出了实际大气环境与多种加速腐蚀介质的腐蚀当量折算关系；有研究将聚类分析的方法引入了环境分区研究，提出按照飞机具体的服役地区进行相似环境合并的思想；还有研究根据三元乙丙橡胶老化的关键气候因子，绘制了三元乙丙橡胶在我国的老化分布图；有学者提出了根据大区环境确定飞机结构日历寿命的区域定寿法思想。

上述分区研究工作对我国飞机的日历寿命评定与管理作出了重要贡献。本章在上述工作的基础上，统计分析了我国 17 个地区的大气环境数据，综合考虑航空铝合金和合金钢的腐蚀特征量，根据系统聚类分析结果和相关文献中提供的数据将全国大气环境分为 5 个区。

7.1 大气环境数据

影响飞机金属结构大气腐蚀的主要因素有温度、湿度、雨、雾、凝露、固体沉降物、大气污染物、盐雾等。

针对上述影响因素，本章对我国大气环境典型地区的气象环境数据进行了收集，得到了北京、山东青岛、湖北武昌、福建厦门、安徽芜湖、河北张家口、湖南长沙、广东遂溪、海南三亚、陕西西安、新疆库尔勒、西藏日喀则、西藏贡嘎、西藏阿里等共计 17 个地区的气象环境数据。

7.2 大气腐蚀环境谱的编制

7.2.1 气象环境要素的简化处理及气候、化学环境总谱的编制方法

大气环境是实时变化的，在工程应用中，应把握影响结构腐蚀的主要因素，去繁化简，在合理的范围内对气象环境要素进行简化。

1. 温湿度的简化处理方法

在潮湿大气中，金属结构表面会形成一层水膜，构成电解液，这主要与相对湿度值的大小和临界值有关，对飞机金属结构，其对应的相对湿度临界值为 65%RH。温度值的大小影响了腐蚀的反应速率以及结构表面水膜的停留时间，温度越高，反应速率越快，现一般取 0℃ 作为临界温度值。温度在 20℃ 以上且相对湿度大于 65%RH 时，同种腐蚀介质在不同湿度和温度下对结构腐蚀的影响是不同的；而温度在 0~20℃ 之间，腐蚀介质对结构腐蚀的影响差别相对较小。因此，温湿度的简化处理方法如下：

（1）只考虑湿度大于 65%RH 且温度大于 0℃ 的情况；

（2）从偏于安全的角度出发，将 0~20℃ 之间的温度统一按 20℃ 纳入统计；

（3）将温度划分为 0~20℃、20~25℃、25~30℃ 和 30℃ 以上四个区间，四个区间的温度分别以 20℃、25℃、30℃ 和 35℃ 代表；

（4）将湿度划分为（65~70）%RH、（70~80）%RH 和（80~100）%RH 三

个区间，三个区间的湿度分别以 70%RH、80%RH 和 90%RH 代表。

2. 降雨、雾露的简化处理方法

当雨、雾、凝露作用时，金属结构表面所形成的水膜较厚，与高湿度大气下的情况类似。因此，降雨、雾露的简化处理方法如下：

（1）当折算降雨小时数和雾露作用小时数时，湿度统一按照 90%RH 处理；只考虑温度大于 0℃ 的情况。

（2）将温度划分为 0~20℃、20~25℃、25~30℃ 和 30℃ 以上四个区间，各区间的温度分别以 20℃、25℃、30℃ 和 35℃ 代表。

3. 气候环境总谱的编制方法

（1）四个温度区间和三个湿度区间将所有的温湿度情况划分成了 12 个温湿度范围，使用 Excel 软件中的多条件统计功能（countifs 命令）统计出各地区各范围内的温湿度环境在一年中的总时间，进而得到对应地区的初始温湿度谱。

（2）使用 Excel 软件中的单条件统计功能（countif 命令）统计出各地区各温度区间内雨、雾、露在一年内的作用总时间和次数，进而得到对应地区的雨谱和雾露谱。

（3）气候环境总谱反映了湿度、降雨、雾露这些气象要素在不同温度下的作用时间，但在编制初始温湿度谱时，并没有将降雨和雾露作用的时间排除，得到的结果会过于严重。因此，初始温湿度谱还需排除降雨、雾露作用时间的影响，方法是将初始温湿度谱中的每一区间的作用时间均乘以比例因子，即

$$c = 1 - a/b \tag{7-1}$$

式中：a 为降雨和雾露作用的总时间；b 为初始温湿度谱作用的总时间。

4. 化学环境总谱的编制方法

化学环境总谱反映了大气中腐蚀性介质的含量，大气污染物主要有 SO_2、Cl^-、SO_4^{2-}、NO_x 等，它们一般与水结合参与结构的腐蚀，其影响主要体现在降雨、雾露的 pH 值上。因此，化学环境总谱主要包括以下要素：

（1）降雨、雾露、潮湿空气的作用时间、作用次数以及在一年中所占的时间比例，可以由气候环境总谱计算得到。

（2）降雨和雾露的 pH 值。

（3）$SO_2(mg/m^3)$、$NO_x(mg/m^3)$、降尘($t/(km^2 \cdot 月)$)、$CO(mg/m^3)$ 等大气污染物的含量。

其中，固体沉降物被潮湿的机体表面吸附，会形成局部腐蚀环境，其在研究大气腐蚀性时一般不予考虑，但要由它来决定对飞机进行清洗的时间间隔与清洗方法。盐雾主要出现在沿海、盐湖地区，其作用效果与风向密切相关。

7.2.2 典型地区气候、化学环境总谱示例

以北京地区为例，按照7.2.1节建立处理方法和气候、化学环境总谱编制方法，编制得到的气候、化学环境总谱分别如表7-1和表7-2所示。

表7-1 北京地区的气候环境总谱

类型		温度			
		20℃	25℃	30℃	35℃
降雨作用时间/h		71.30	67.40	25.60	1.00
雾露作用时间/h		56.50	122.50	46.50	1.80
潮湿空气作用时间/h	70%	482.87	120.70	60.35	48.31
	80%	543.22	301.83	90.57	30.22
	90%	241.39	422.53	362.18	12.04

表7-2 北京地区的化学环境总谱

类型	比例	时间	频率	pH值	SO_2含量	NO_x含量
雾露	2.6%	227.3	136	5.0	—	—
降雨	1.9%	165.3	65	5.0	0.010mg·m^3	0.022mg·m^3
水分	31.0%	2716.2	—	—	—	—

7.3 大气环境腐蚀性的当量化折算

7.3.1 当量化折算方法

影响大气腐蚀性的因素很多，单凭某一方面的特征很难判断出大气整体的腐蚀性。因此，应对各地区的气象环境进行当量折算，从而统一到相同对比指标下。现有研究通常将大气环境等效折算到标准潮湿空气（温度40℃、相对湿度90%RH的空气），以等效于某地一年大气腐蚀的标准潮湿空气作用时间（standard humid air time，SHAT）作为统一的指标。根据电化学腐蚀过程中电荷量等效的原理，可以由下式进行环境腐蚀性的当量化折算：

$$t' = \frac{I_c}{I'_c} t = \alpha t \tag{7-2}$$

式中：t'，I'_c分别为标准潮湿空气作用下材料发生腐蚀的时间和电流；t，I_c分别为实际大气环境下材料发生腐蚀的时间和电流；α为折算系数。

有文献给出了航空铝合金和合金钢在不同环境下向标准潮湿空气的折算系数，如表7-3和表7-4所示。

表7-3 潮湿空气向标准潮湿空气的折算系数

材料	湿度/%RH	温度/℃			
		20	25	30	35
铝合金	70%	0.16380	0.24440	0.32500	0.62526
	80%	0.16707	0.29053	0.42600	0.73177
	90%	0.11045	0.20700	0.29995	0.64997
合金钢	70%	0.09836	0.01454	0.17077	0.24143
	80%	0.08934	0.10057	0.31608	0.42364
	90%	0.05837	0.22919	0.40647	0.70959

表7-4 不同浓度酸向标准潮湿空气的折算系数

材料	酸浓度/mg/L	HNO_3	HCl	H_2SO_4
铝合金	0.1	3.745	2.203	1.575
	1.0	3.145	4.255	2.874
	2.0	2.833	9.091	3.311
合金钢	0.1	1.751	—	—
	1.0	2.141	2.717	2.141
	2.0	4.292	3.425	3.497

7.3.2 典型地区环境腐蚀性的当量化折算示例

以北京地区铝合金材料为例，示出大气环境向标准潮湿空气的折算方法。

1. 大气中潮湿空气作用向标准潮湿空气的折算

根据表7-1，北京大气中湿度为70%RH的潮湿空气在不同温度下的作用时间分别为482.87h（20℃）、120.70h（25℃）、60.35h（30℃）和48.31h（35℃）；根据表7-3，铝合金材料在不同温度下70%RH的潮湿空气向标准潮湿空气折算系数分别为0.16380、0.24440、0.32500和0.62526，则70%RH的潮湿空气等效于 482.87×0.16380+120.70×0.24440+60.35×0.32500+48.31×0.62526=158.41h 的标准潮湿空气作用时间。同理，80%RH的潮湿空气等效于239.14h的标准潮湿空气作用时间；90%RH的潮湿空气等效于230.59h的标准潮湿空气作用时间。对北京地区铝合金材料，大气中1年的潮湿空气等效于 158.41+239.14+230.59=628.14h 的标准潮湿空气作用时间。

2. 降雨、雾露作用向标准潮湿空气的折算

降雨和雾露作用均按照 90%RH 的潮湿空气处理,因此,根据表 7-1 和表 7-3,对于铝合金材料,北京地区一年中不同温度下的降雨作用等效于 71.30×0.11045+67.40×0.20700+25.60×0.29995+1.00×0.64997=30.16h 的标准潮湿空气作用时间;同理,一年中不同温度下的雾露作用等效于 56.5×0.11045+122.50×0.20700+46.50×0.29995+1.80×0.64997=46.72h 的标准潮湿空气作用时间。

3. 化学腐蚀介质向标准潮湿空气的折算

(1) 根据北京地区的化学环境总谱,SO_2 的质量密度为 $0.010mg/m^3$。根据文献 [14] 中的计算方法,以 SO_2 向 SO_3 的转化率为 5%、SO_3 全部转化成 H_2SO_4 计算,在北京大气中生成的 H_2SO_4 最多只有 $7.65×10^{-7}mg/L$ 的浓度,其值很小,可以忽略不计。

(2) 北京大气中 NO_x 的质量密度为 $0.022mg/m^3$。假设 NO_x 均能生成腐蚀性较强的 HNO_3 和 NO,根据文献 [14] 中的计算方法,$0.022mg/m^3$ 的 NO_x 可以生成的 HNO_3 质量浓度最大为 $2.678×10^{-5}mg/L$,其值很小,可以忽略不计。

(3) 北京地区降雨和雾露作用时的 pH 值为 5.0,则 H^+ 浓度 = $10^{-5.0}mol/L$,对应成 H_2SO_4 即可计算得到 H_2SO_4 的含量为 $0.49mg/L$。查表 7-4 可知,$0.1mg/L$ 和 $1mg/L$ 的 H_2SO_4 折算系数分别为 1.575 和 2.874,线性插值计算可得到浓度为 $0.49mg/L$ 的硫酸的折算系数为 2.138。因此,将步骤 (2) 得到的降雨、雾露作用时间与折算系数相乘,得到降雨、雾露作用等效于标准潮湿空气作用时间为 (30.16+46.72)×2.138=164.37h。

4. 总时间的折算

将大气环境中潮湿空气的等效时间 (628.14h) 加上考虑 pH 值影响的降雨、雾露等效时间 (164.37h),即可得到北京地区一年的大气环境谱等效于标准潮湿空气的作用时间为 628.14+164.37=792.51h。

7.3.3 各地区环境腐蚀性的当量化折算结果

根据各地区的气候环境总谱和化学环境总谱,以及航空铝合金材料和合金钢材料的腐蚀特征,各地区大气环境折算为标准潮湿空气的作用时间如表 7-5 所示。需要说明的是,表中的大气潮湿空气作用剔除了降雨和雾露时间,降雨、雾露作用是考虑了 pH 值影响系数后得到的折算时间。

表 7-5　各地区环境总谱向标准潮湿空气作用时间的折算结果（h/年）

地区	铝合金			合金钢		
	潮湿空气作用时间	降雨、雾露作用时间	总时间	潮湿空气作用时间	降雨、雾露作用时间	总时间
北京	628.14	164.37	792.51	458.22	128.26	586.48
青岛	727.79	657.82	1385.61	407.90	838.14	1246.04
武昌	753.50	697.71	1451.21	576.05	438.24	1014.29
厦门	1036.64	784.97	1821.61	828.01	646.85	1474.86
芜湖	1022.45	330.88	1353.33	763.28	248.17	1011.45
张家口	188.53	94.66	283.19	93.77	50.44	144.21
长沙	908.96	1112.06	2021.02	676.90	1166.21	1843.11
遂溪	1410.31	669.14	2079.45	1357.57	555.80	1913.37
三亚	1478.35	441.55	1919.90	1222.22	342.49	1564.71
西安	424.82	127.47	552.29	230.28	107.72	338.00
江津	1105.76	746.04	1851.80	676.71	755.64	1432.35
昆明	581.50	170.72	752.22	290.71	101.97	392.68
西宁	262.37	69.01	331.38	141.49	37.39	178.88
库尔勒	90.96	11.38	102.34	48.26	6.02	54.28
日喀则	117.39	66.85	184.24	64.04	33.17	97.21
贡嘎	170.43	58.19	228.62	93.31	29.17	122.48
阿里	20.70	14.29	34.99	11.45	7.07	18.52

7.4　我国大气腐蚀环境分区方法

7.4.1　聚类分析结果

以每个地区作为一个样本，每个样本中选取标准潮湿空气对铝合金的等效作用时间和对合金钢的等效作用时间两个指标（即表 7-5 的第 4 列和第 7 列），利用 SPSS 软件的"系统聚类分析"功能对所搜集的 17 个地区的腐蚀当量时间进行初步分类。聚类分析方法采用"组间联接法",由于两部分数据的单位一致,数据不需要进行标准化处理,选用"Euclidean 距离"作为度量标准。为了探讨将我国气象环境分为几类更为合理,将 17 个地区依次分为 3 类、4 类、5 类、6 类进行分析,聚类分析图如图 7-1 所示,聚类分析结果如表 7-6 所示。

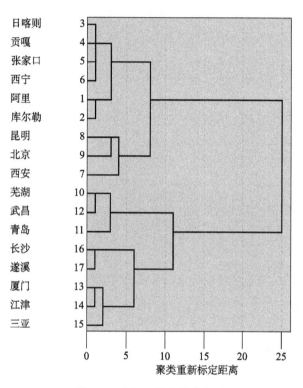

图 7-1 大气环境聚类分析图

表 7-6 大气环境聚类分析结果

序号	地区	SHAT (h/年)		3 类	4 类	5 类	6 类
		铝合金	合金钢				
1	阿里	34.99	18.52	3-Ⅰ	4-Ⅰ	5-Ⅰ	6-Ⅰ
2	库尔勒	102.34	54.28	3-Ⅰ	4-Ⅰ	5-Ⅰ	6-Ⅰ
3	日喀则	184.24	97.21	3-Ⅰ	4-Ⅰ	5-Ⅰ	6-Ⅰ
4	贡嘎	228.62	122.48	3-Ⅰ	4-Ⅰ	5-Ⅰ	6-Ⅰ

续表

序号	地区	SHAT (h/年) 铝合金	SHAT (h/年) 合金钢	3类	4类	5类	6类
5	张家口	283.19	144.21	3-Ⅰ	4-Ⅰ	5-Ⅰ	6-Ⅰ
6	西宁	331.38	178.88	3-Ⅰ	4-Ⅰ	5-Ⅰ	6-Ⅰ
7	西安	552.29	338.00	3-Ⅰ	4-Ⅱ	5-Ⅱ	6-Ⅱ
8	昆明	752.22	392.68	3-Ⅰ	4-Ⅱ	5-Ⅱ	6-Ⅲ
9	北京	792.51	586.48	3-Ⅰ	4-Ⅱ	5-Ⅱ	6-Ⅲ
10	芜湖	1353.33	1011.45	3-Ⅱ	4-Ⅲ	5-Ⅲ	6-Ⅳ
11	青岛	1385.61	1246.04	3-Ⅱ	4-Ⅲ	5-Ⅲ	6-Ⅳ
12	武昌	1451.21	1014.29	3-Ⅱ	4-Ⅲ	5-Ⅲ	6-Ⅳ
13	厦门	1821.61	1474.86	3-Ⅲ	4-Ⅳ	5-Ⅳ	6-Ⅴ
14	江津	1851.80	1432.35	3-Ⅲ	4-Ⅳ	5-Ⅳ	6-Ⅴ
15	三亚	1919.90	1564.71	3-Ⅲ	4-Ⅳ	5-Ⅳ	6-Ⅴ
16	长沙	2021.02	1843.11	3-Ⅲ	4-Ⅳ	5-Ⅴ	6-Ⅵ
17	遂溪	2079.45	1913.37	3-Ⅲ	4-Ⅳ	5-Ⅴ	6-Ⅵ

7.4.2 大气腐蚀分区个数的讨论

从表7-6可以看出，随着分类个数的增加，下一级分类实际上是将上一级分类的某一类进行了细分：分为4类时，是将西安、昆明、北京从3-Ⅰ类中分离出来作为新的一类；分为5类时是将长沙、遂溪从4-Ⅳ类中分离出来作为新的一类；分为6类时是将西安从5-Ⅱ类中分离出来作为新的一类。

如果根据腐蚀特性将我国大气环境分为3类，则3-Ⅰ类的分区显得过于粗略：同类分区中的北京地区大气环境腐蚀性是阿里地区的23~32倍，差异过大。将我国大气环境分为4类比3类更为合理，但此种分区方式中4-Ⅳ区的划分还不够细致，长沙和遂溪地区的铝合金材料标准潮湿空气作用时间已超过2000，合金钢材料标准潮湿空气作用时间与其他城市相比明显存在阶差；把长沙和遂溪地区单独分为一类更加合适，实际上，这是由于本章统计的地区数据有限，没有分析更多的南海地区环境。将我国大气环境分为6类，将西安地区环境单独分为一类则显得过于细致。

综合上述，根据航空金属材料的腐蚀差异，建议将我国大气环境分为5类。

7.4.3 各分区的区间范围划分

从表7-6可以看出，若根据航空材料腐蚀特征将我国大气环境分为5个分区，各区的标准潮湿空气作用时间基本可按照500h作为一个区间（除5-Ⅰ区的合金钢标准潮湿空气作用时间范围是0~300h），区间范围如表7-7所示。

表7-7 各分区的标准潮湿空气作用时间范围

大气环境分区	SHAT（h/年）	
	铝合金	合金钢
5-Ⅰ	0~500	0~300
5-Ⅱ	500~1000	300~800
5-Ⅲ	1000~1500	800~1300
5-Ⅳ	1500~2000	1300~1800
5-Ⅴ	>2000	>1800

7.4.4 环境分区的方法与简化原则

由于本章收集的气象环境数据有限，为实现基于航空金属材料腐蚀的我国大气环境详细划分，在本章17个地区的分析基础上，参考了文献中提供的153个地区当量标准潮湿空气作用时间分级数据，如表7-8所示。

表7-8 我国部分地区当量标准潮湿空气作用时间分级数据

材料	SHAT（h/年）	地区
铝合金	<100	巴彦淖尔 二连浩特 敦煌 玉门 民勤 冷湖 格尔木 乌鲁木齐 喀什 和田 库尔勒 阿尔泰 吐鲁番 哈密
合金钢	<100	
铝合金	100~500	东乌珠穆沁旗 海拉尔 呼和浩特 银川 拉萨 日喀则 帕里 那曲 大同 漠河 齐齐哈尔 塔河 榆林 兰州 固原 西宁 玉树 拓吉岛 昌都
合金钢	100~500	
铝合金	500~1300	天津 太原 锦州 爱辉 牡丹江 富锦 延安 济南 甘孜 北京 运城 新津 本溪 长春 哈尔滨 石家庄 邢台 老亭 大连 营口 通化 抚顺 延吉 日照 洛阳 沈阳 吉林 天水 淄博 青岛 威海 郑州 西昌 徐州 大理 丹东 荣成 云县 察右后旗 西安 朝连岛 九江 南阳 许昌 咸宁 昆明
合金钢	500~1000	

167

续表

材料	SHAT（h/年）	地区
铝合金	1300~2000	蚌埠 重庆 盱眙 射阳 嵊泗 南昌 信阳 桂林 南京 合肥 安庆 贵阳 高邮 芜湖 玉环 象山 舟山 厦门 宜昌 衡阳 遵义 凯里 武穴 南通 赣州 抚州 泰东 武汉 恩施 黄石 腾冲 上海 汉中 屯溪 杭州 成都 乐山 泸州 万县 吉安 恒春 闽江 韶关 梧州 普洱 金华 南平 龙岩 平潭 长沙 常德 岳阳 柳州
合金钢	1000~1800	
铝合金	>2000	台中 广州 南宁 温州 塔北 河源 威州岛 黄岩 台山 深圳 汕头 三亚 北海 湛江 河口 山虎岛 西沙 海口 陵水 琼海
合金钢	>1800	

进行大气环境分区的方法与简化原则如下：

（1）以表7-7确定的各区间范围作为分区依据，根据本文17个地区的分析结果和表7-8中的数据信息，初步确定各个地区所属的大气分区。在初步分析时，应当注意本章给出的大气分区区间（表7-7）和表7-8中区间的差异。

（2）对于不能明确具体分区的地区，应根据此类地区相邻位置的分区情况进行推断，并综合考虑各地区的地理位置、气候环境差异（根据中国气候类型图确定）、降水量差异（根据中国年降水量分布图确定）和大气污染水平（根据中国空气污染图确定），对具体地区的大气分区归属进行详细分析。

（3）基于简化处理与协调一致的原则，同一省/直辖市/自治区/特别行政区的大气环境划分不超过三个分区；穿过各省的大气环境分区分界线尽量保持连续；大气环境特征处于两个环境分区界限附近的地区根据分区连续性的需要可划分到相邻的环境分区。

（4）通过综合权衡分析，最终确定我国的大气环境分区。分区结果与各分区的环境特点可参考《装备环境工程》2020，17(5)：1-9的内容。

参考文献

[1] HE Y T, LI C F, ZHANG T, et al. Service fatigue life and calendar life limits of aircraft structure：Aircraft Structural Life Envelop [J]. The Aeronautical Journal, 2016, 120 (9)：1746-1762.

[2] 何宇廷，张腾，崔荣洪，等. 飞机结构寿命控制原理与技术 [M]. 北京：国防工业出版社，2017.

[3] 刘道庆，吴超，陈亮. 飞机腐蚀疲劳典型部位地面停放局部环境谱及当量折算 [J]. 飞机设计，2011, 31 (5)：15-17.

[4] 苏景新，张春晓，徐天杰. 民用飞机典型腐蚀环境区域的聚类及差异性研究 [J]. 腐

蚀与防护, 2012, 33 (8): 708-714.
- [5] 周希沅. 中国飞机结构腐蚀分区和当量环境谱 [J]. 航空学报, 1998, 20 (3): 230-233.
- [6] 周希沅. 飞机结构的当量环境谱与加速试验谱 [J]. 航空学报, 1996, 17 (5): 613-616.
- [7] 陈跃良, 段成美. 海军飞机环境谱加速腐蚀当量折算研究 [R]. 海军航空技术学院技术报告, 1995.
- [8] 刘庭耀. 飞机结构腐蚀环境的聚类分析 [J]. 飞机设计, 1997, 17 (4): 25-29.
- [9] 吴德权, 高瑾, 卢琳, 等. 三元乙丙橡胶老化与气候关联性及老化程度全国分布预测 [J]. 工程科学学报, 2016, 38 (10): 1438-1446.
- [10] 张福泽. 飞机日历寿命确定的区域定寿法 [J]. 航空学报, 2001, 22 (6): 549-552.
- [11] 陈群志, 李喜明, 刘文珽, 等. 飞机结构典型环境腐蚀当量关系研究 [J]. 航空学报, 1998, 19 (4): 414-418.
- [12] 陈群志, 崔常京, 王逾涯, 等. 典型机场地面腐蚀环境数据库研究 [J]. 装备环境工程, 2006, 3 (3): 47-49, 76.
- [13] 陈跃良, 金平, 林典雄, 等. 海军飞机结构腐蚀控制及强度评估 [M]. 北京: 国防工业出版社, 2009.
- [14] 刘元海, 任三元. 典型海洋大气环境当量加速试验环境谱研究 [J]. 装备环境工程, 2011, 8 (1): 48-52.
- [15] 余建, 何旭宏. 数据统计分析与 SPSS 应用 [M]. 北京: 人民邮电出版社, 2003.

第8章
地面停放飞机局部温湿度环境预测

军用飞机在服役期间超过95%的时间处于地面停放状态，且飞机大部分承力结构（如大梁、隔框、壁板、桁条等）和橡胶件等位于飞机内部，受到飞机舱室局部环境的直接影响而发生腐蚀或老化。所以，深入研究地面停放飞机结构局部环境的变化规律，确定局部环境与外部环境的关系，对研究飞机结构遭受的腐蚀环境历程和编制飞机结构局部环境谱具有重要意义。

此外，如果对飞机进行结构健康监控，主要是在内部结构布置传感器，它们的输出信号会受到温度的明显影响，存在"温漂"问题。现有的解决传感器"温漂"问题的工程手段主要是通过补偿件进行信号的修正，但是，补偿件与众多传感器所处的局部温度环境各不相同，没有它们所处的局部环境温度关系就无法建立它们的信号补偿关系。因此，探明飞机局部环境间的温度关系对保证传感器的测量精度、减小虚警率具有重要意义。

本章对一架歼-6飞机的14个局部舱室开展了一年的温湿度实测工作，对不同舱室的温湿度变化规律进行了分析，分别建立了通用的温度和湿度模型，并通过实测温湿度数据与模型预测的数据对比进行了模型检验。基于模糊聚类的方法，根据局部温度的差异将飞机舱室划分为三类；选取结构系数和日照系数为关键参数，研究了环境温度对局部温度的影响规律；以百叶箱温度为自变量，建立了飞机局部温度模型；并通过统计方法确定了三类舱室温度模型关键参数的取值范围。本章还研究了舱室温度对湿度的影响，提出了舱室湿度特征系数的计算方法，并计算得到了各舱室的湿度特征系数值；以百叶箱温湿度为自变量，以结构系数、日照系数和舱室湿度特征系数为关键参数，建立了飞机局部湿度模型；根据各舱室湿度特征值的大小将飞机舱室划分为三类，并通过统计方法确定了三类舱室湿度特征系数的取值范围。本章的研究工作可为局部环境谱/老化谱的编制工作，以及建立飞机结构传感器的温度补偿关系提供参考。

8.1 地面停放飞机局部温湿度实测方法

选用一架退役歼-6飞机开展局部环境（飞机结构舱室的温度环境和湿度环境）研究。飞机所处的地区环境为西安市城郊，飞机停放于停机坪，无机棚遮挡，受到阳光直射，飞机后段部分区域受树荫遮挡。

为使研究结论更具普遍性，在飞机内部安置了14个测点，研究不同大小、不同位置、不同日照情况下舱室环境的区别，以弥补飞机型号单一的不足；此外，开展了长达1年的环境监测，研究在不同外部环境下飞机舱室局部环境的差异，以弥补地域单一的不足。由于不同型号飞机的舱室结构具有相似性，在实际应用时，可在本章建立的舱室结构划分方法和温湿度模型的基础上进行一些参数修正。

使用DW485N-A型温湿度传感器进行舱室局部环境监测，温度测量误差小于0.5℃，湿度测量误差小于4%RH（25℃）；传感器每分钟记录一次数据，通过导线传输至计算机，每天自动生成一份Excel文件；对于密闭舱室使用密封硅胶对引线孔进行密封处理。本章的研究数据取自2012年12月至2013年12月共计12个月的环境数据。

环境监测部位共15个，包括14个飞机舱室内部环境和1个外部百叶箱环境，机身测点部位如图8-1所示。

图 8-1　飞机环境温度监测现场

1—进气道；2—座舱；3—机身煤油箱；4—发动机检查舱；5—垂尾下部；
6—起落架舱；7—尾喷管；8—汽油箱；9—航炮舱；10—机翼中部；
11—机翼根部；12—机身下侧；13—机翼尖部；14—后段机身。

根据密封状态可将飞机结构舱室分为三类：开式、半开式和封闭式。测点1、6、7、9属于开式舱室，测点4、11、14属于半开式舱室，测点2、3、5、8、10、12、13属于封闭式舱室。各测点的具体部位如图8-2所示。

(a) 1号测点,进气道,开式

(b) 2号测点,座舱,闭式

(c) 3号测点,机身煤油臬,闭式

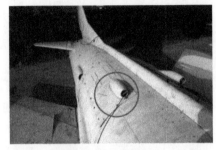

(d) 4号测点,发动机检查舱,半开式

(e) 5号测点,垂尾下部,闭式

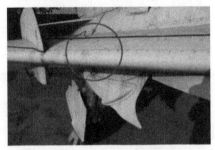

(f) 6号测点,起落架舱,开式

(g) 7号测点,尾喷管,开式

(h) 8号测点,汽油箱,闭式

(i) 9号测点，航炮舱，开式

(j) 10号测点，机翼中部，闭式

(k) 11号测点，机翼根部，半开式

(l) 12号测点，机身下侧，闭式

(m) 13号测点，机翼尖部，闭式

(n) 14号测点，后段机身，半开式

图 8-2　飞机温湿度测点具体部位

根据 2013 年 10 月 2 日（天气晴）的观察统计，各舱室所在部位在不同时间段受到阳光照晒的情况如表 8-1 所示，表中的代号 A 代表在此时间段内舱室外部一直处于被阳光直射的状态，B 代表在此时间段内舱室外部一直处于被遮蔽的状态，AB 代表在此时间段内舱室外部处于阴阳转换的状态。

表 8-1　各舱室外部日照情况统计表

时间	测点														
	1	2	3	4	5	6	7	8	9	10	11	12	13	14	15
8：00—9：00	B	AB	B	B	B	B	B	B	B	B	B	B	B	B	B
9：00—10：00	B	A	A	B	B	B	B	A	B	B	A	B	B	B	B

续表

时间	测点														
	1	2	3	4	5	6	7	8	9	10	11	12	13	14	15
10：00—11：00	B	A	A	B	B	AB	B	A	B	A	A	A	B	A	B
11：00—12：00	B	A	A	A	AB	A	B	A	B	A	A	A	B	A	B
12：00—13：00	B	A	A	A	AB	A	B	A	B	A	A	A	B	A	B
13：00—14：00	B	A	A	A	B	A	B	A	B	A	A	A	AB	A	B
14：00—15：00	B	A	A	A	B	A	B	A	B	A	A	A	B	A	B
15：00—16：00	B	A	A	A	B	A	B	A	B	A	A	A	B	A	B
16：00—17：00	B	A	A	A	A	A	B	A	B	B	A	A	B	A	B
17：00—18：00	B	A	A	A	A	A	B	A	B	A	A	A	B	A	B
18：00—19：00	B	B	B	B	B	B	B	B	B	B	B	B	B	B	B

8.2 地面停放飞机局部温湿度环境特征

8.2.1 局部温度实测结果与分析

以2013年7月31日为例列出全天15个测点的温度数据，按照开式、半开式和封闭式分类绘于图8-3中。为显示出各舱室与环境温度的关系，将百叶箱温度绘入图8-3中。2013年7月31日外场温度为23~38℃，温差变化较大，且在16：25—16：50有小到中雨的阵雨，具有较为复杂的温度变化信息。

从温度变化曲线可以看出，从8：00左右至15：30左右，舱室处于升温阶段，从15：30左右至次日8：00左右，舱室处于保温和降温阶段；从9：00至20：00，15条温度变化曲线的温差较大，在14：20达到最大温差值，温度最高的8号测点比温度最低的12号测点高出18℃；所有测点在夜间温度基本一致，最大温差在3℃以内；从全天的数据来看，所有测点的温度在大部分时间基本高于百叶箱温度。

通过图8-3中的三组曲线可以看出，在同一舱室密封状态下的测点（如测点1、6、7，测点4、11和测点8、5、12等）温度差别较大。这说明同一密闭状态下的不同飞机舱室可以有较大的温度差异。

首先，日照对飞机结构局部温度的提升有明显影响。文献[3]、文献[4]的研究表明进气道与尾喷管的温度变化历程一致，但在本章的研究数据中，9：00—18：00的1号测点（进气道）温度比7号测点（尾喷管）温度普遍高2~6 ℃，这是由于进气道受到阳光照射而尾喷管处于树荫下造成的。在

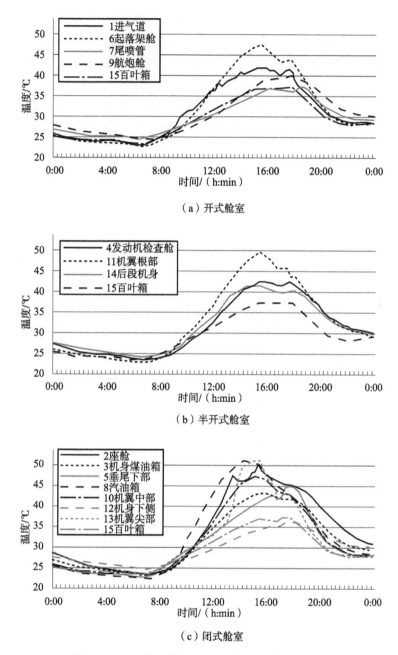

图 8-3 2013 年 7 月 31 日飞机舱室温度变化曲线

图 8-3（c）中发现，5 号测点（垂尾下部）的舱室温度在 17：00 之后突然有较大幅度的上升，这是由于此处失去了树荫的遮挡，受到阳光直射。

其次，临时性的降雨对飞机结构局部温度的降低有明显影响。从所有测点的温度变化历程可以看出，在16:30左右温度下降速度突然增大，在16:50左右形成一个局部最低温度，而后稍有上升。此现象是由16:25的阵雨导致的，雨水与飞机的接触以及雨水的蒸发带走了舱室的热量。

最后，舱室结构形式和位置对局部温度有明显影响。通过对比13号测点（机翼尖部）和3号测点（机身煤油箱）发现，13号测点温度起伏很大，而3号测点温度起伏平缓。对比两个测点所在舱室的结构，13号测点位于机翼尖部，舱室体积小、结构薄、散热面积大，局部温度对外部环境的变化响应很快；3号测点位于机身煤油箱内，舱室体积大，且煤油箱外壳与机身表面之间具有一定的空间，相当于保温层的作用，局部温度受到外部环境的影响变化缓慢。在机身14个测点中，12号测点（机身下侧）和9号测点（航炮舱）的温度变化最为平缓，白天温度最低，夜间温度最高，其温度变化特征与舱室所处的位置有关：一方面，它们处于机身下侧，被机翼或机身遮挡，基本不受到阳光照射，白天温度最低；另一方面，它们距离地面最近，受到地面辐照的影响，散热较慢，夜间温度最高。

8.2.2 局部湿度实测结果与分析

仍以2013年7月31日为例列出全天15个测点的湿度数据，按照开式、半开式和封闭式分类绘于图8-4中。为显示出各舱室与环境湿度的关系，将百叶箱湿度绘入图8-4中。2013年7月31日外场湿度为38.6%RH~90.76%RH，湿度变化较大，且在16:25—16:50有小到中雨的阵雨，具有较为复杂的湿度变化信息。

从湿度变化曲线可以看出，从9:00—22:00，15条湿度变化曲线的湿度差较大，在14:50分达到最大湿度差，湿度最高的12号测点比湿度最低的13号测点高出28%RH；所有测点在夜间湿度相差较小，最大湿度差一般在10%RH左右；从全天的数据来看，百叶箱的湿度值属于所有测点的中上水平。

从图8-4中的三组曲线可以看出，在同一舱室密封状态下的测点，如测点6、7，测点12、13的湿度差别较大。说明在同一密闭状态下的不同飞机舱室可以有较大的湿度差异，但并不能说明舱室类型对其局部湿度没有影响。首先，舱室密闭状态会影响水汽的传输过程；其次，舱室类型差异造成的局部温度差别会影响湿度值的大小；最后，一些类型的舱室可能存在积水现象，直接影响舱室的湿度。

各舱室对16:25—16:50的降雨均有响应，各曲线在此时间段附近均有明显的凸峰；但各舱室在对降雨的响应程度和响应时间上存在一些差别：

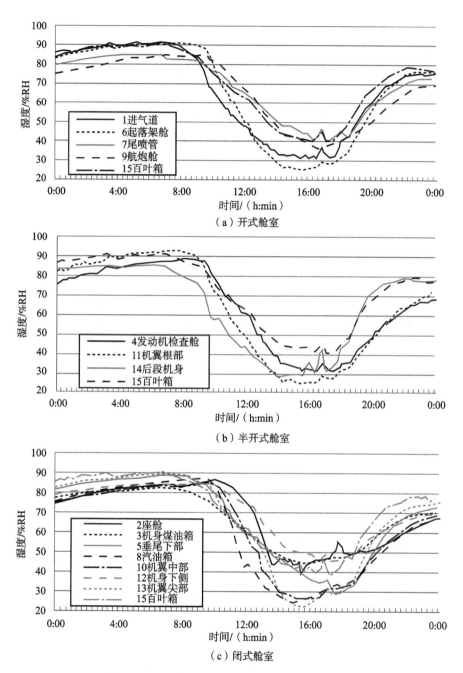

图 8-4 2013 年 7 月 31 日飞机舱室湿度变化曲线

16∶25—16∶50 的降雨造成环境湿度 7.7%RH 的上升，响应最剧烈的 14 号测点（后段机身）局部湿度上升 13%RH，响应最缓和的 3 号测点（机身煤油箱）局部湿度上升2%RH；大部分测点会在降雨后对湿度变化立即产生响应，在16：50降雨停止时湿度达到局部最大值，但2号测点（座舱）的响应大约在1h后才开始发生。

8.3 地面停放飞机局部温度环境预测

8.3.1 基于局部温度特征的飞机舱室结构划分

飞机舱室的数量繁多，在进行局部环境研究时不可能针对特定机型对每个舱室的温度历程进行统计。按照环境研究"宜粗不宜细"的原则，将飞机舱室按照结构特征进行分类，再建立不同类型舱室的温度模型，在工程应用中是较为合理的。

使用SPSS软件通过聚类分析的方法对舱室结构进行划分。从一年的温度数据中随机抽取30天，在每天的温度数据中每隔20min抽取一次数据导入到SPSS软件，对30天的样本进行聚类分析。选择"全距从0到1"的方法对数据进行标准化处理，选用"平方Euclidean距离"作为度量标准，得到表征各舱室温度关系的聚类矩阵 R 为

$$R = \begin{matrix} 1 \\ 2 \\ 3 \\ 4 \\ 5 \\ 6 \\ 7 \\ 8 \\ 9 \\ 10 \\ 11 \\ 12 \\ 13 \\ 14 \\ 15 \end{matrix} \begin{bmatrix} 0 & & & & & & & & & & & & & & \\ 17.3 & 0 & & & & & & & & & & & & & \\ 5.3 & 6.5 & 0 & & & & & & & & & & & & \\ 9.2 & 8.7 & 1.2 & 0 & & & & & & & & & & & \\ 7.0 & 8.3 & 3.3 & 4.9 & 0 & & & & & & & & & & \\ 12.2 & 3.9 & 7.9 & 11.6 & 7.6 & 0 & & & & & & & & & \\ 15.5 & 37.2 & 14.1 & 11.5 & 18.0 & 38.5 & 0 & & & & & & & & \\ 20.3 & 8.9 & 18.3 & 24.8 & 17.3 & 3.9 & 59.2 & 0 & & & & & & & \\ 13.4 & 22.5 & 7.0 & 4.3 & 10.5 & 26.2 & 2.9 & 45.3 & 0 & & & & & & \\ 12.0 & 3.2 & 6.8 & 10.1 & 6.9 & 0.1 & 36.4 & 4.5 & 24.2 & 0 & & & & & \\ 21.4 & 3.5 & 11.8 & 13.3 & 11.8 & 2.5 & 45.7 & 6.2 & 30.3 & 2.3 & 0 & & & & \\ 23.2 & 48.4 & 21.8 & 18.0 & 26.2 & 51.4 & 1.5 & 74.6 & 5.8 & 48.9 & 59.4 & 0 & & & \\ 34.9 & 13.3 & 26.9 & 30.0 & 22.4 & 7.6 & 67.9 & 9.4 & 49.8 & 8.1 & 6.0 & 83.8 & 0 & & \\ 5.1 & 14.9 & 2.3 & 2.4 & 6.3 & 15.8 & 6.9 & 28.6 & 3.8 & 14.4 & 21.2 & 11.9 & 39.5 & 0 & \\ 6.3 & 27.4 & 8.1 & 7.8 & 11.1 & 25.5 & 2.7 & 41.6 & 4.0 & 24.6 & 33.7 & 6.5 & 52.1 & 3.1 & 0 \end{bmatrix} \quad (8-1)$$

$$ 1 \quad 2 \quad 3 \quad 4 \quad 5 \quad 6 \quad 7 \quad 8 \quad 9 \quad 10 \quad 11 \quad 12 \quad 13 \quad 14 \quad 15$$

矩阵中的数值表示各个样本（舱室）之间的相似系数，数值越大，表示

两样本之间的距离越大。使用"组间联结聚类法"得到的组间聚类分析表如表 8-2 所示,依据此生成的舱室结构聚类图如图 8-5 所示。

表 8-2 组间聚类分析表

阶	群集组合		系数	首次出现阶群集		下一阶
	群集 1	群集 2		群集 1	群集 2	
1	6	10	0.145	0	0	5
2	3	4	1.244	0	0	4
3	7	12	1.466	0	0	8
4	3	14	2.336	2	0	9
5	6	11	2.436	1	0	6
6	2	6	3.539	0	5	10
7	9	15	4.049	0	0	8
8	7	9	4.472	3	7	13
9	3	5	4.828	4	0	11
10	2	8	5.859	6	0	12
11	1	3	6.629	0	9	13
12	2	13	8.888	10	0	14
13	1	7	12.114	11	8	14
14	1	2	28.839	13	12	0

根据图 8-5,基于局部温度的差异可以把飞机舱室结构划分为三类,按照平均温度从高至低的顺序,分别定义为 I 类舱室 {2、6、8、10、11、13},II 类舱室 {1、3、4、5、14} 和 III 类舱室 {7、9、12}。

I 类舱室的结构特点是舱室外表面受阳光直射。因此,其温度特点是舱室升温和降温速度最快,平均温度最高。

II 类舱室的结构特点是舱室位置处于飞机壳体内部,与外壳间存在"保温层"(保温层部分属于 I 类舱室),受阳光照射的间接影响,如测点 1、3、4;此外,在机棚/树荫遮挡下或处于阴天环境下的 I 类舱室可以划归为 II 类舱室考虑,如测点 5、14。由于 II 类舱室受到阳光照射的间接影响,导致其温度特点是舱室升温和降温较快,平均温度较高,但均低于 I 类舱室的水平。

III 类舱室的结构特点是舱室一般位于飞机下侧,基本上不会受到阳光照

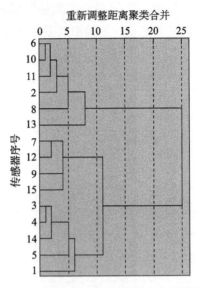

图8-5 基于温度分析的舱室结构聚类图

射,如测点9、12;此外,在机棚/树荫遮挡下或处于阴天环境下的Ⅱ类舱室可以划归为Ⅲ类舱室考虑,如测点7。Ⅲ类舱室的温度特点是其温度变化只与外部环境温度有关,温度变化最为平缓,平均温度最低,温度变化基本上与百叶箱内的变化历程一致。

8.3.2 飞机结构局部温度模型的建立

本章建立结构局部温度模型基于两点假设:一是在同一舱室内的温度是一致的,即不考虑舱室内温度场的不均匀性;二是飞机处于地面停放状态,舱室内局部温度只受外部环境的影响,即认为机载产品处于关机状态,不考虑其发热的影响。

1. 飞机结构局部温度模型关键影响系数的选取

建立结构局部温度模型的整体思路:以百叶箱温度 t_0 为自变量,考虑关键影响因素的作用,建立舱室局部温度 t_i 的通用函数表达式;各个舱室因为所处的位置、结构形式不同,具有不同的温度影响系数值。因此,选取关键影响系数是建立局部温度模型的基础性工作。

通过8.2.1节的讨论,日照对飞机结构局部温度的升高有明显作用,因此,选取日照系数 s_i 作为局部温度的关键影响系数之一。其物理本质是在日照期间,不同舱室对日照的响应程度,反映的是舱室的本质属性。

一方面,百叶箱温度 t_0 作为舱室局部温度模型的自变量,已反映了日照强度导致的环境温度高低，即整体环境日照强度对舱室局部温度的影响可以通过百叶箱温度体现；另一方面，因为不同舱室所处位置及其结构形式各不相同，它们所在局部位置的日照量会有所差别，并且它们对日照的响应程度也不尽一致，所以，舱室本身的位置和结构形式是影响其局部温度的内在属性，日照系数 s_i 与舱室类型有关。

外部环境温度的变化是舱室内局部温度发生改变的驱动力，且不同类型舱室与外界的热交换情况各不相同。因此，选取结构系数 m_i 作为局部温度的关键影响系数之一。结构系数 m_i 反映的是舱室局部温度对环境温度的响应程度，仅与舱室类型有关。

降雨对结构局部温度的影响在这里不作考虑：首先，根据观测的数据，在长时间的降雨过程中，由于雨水与机身直接接触产生的散热作用使各类舱室的局部温度与三类舱室基本一致，可以使用百叶箱温度直接表征所有的舱室温度；其次，降雨初期对舱室局部温度的影响较为复杂，降雨量的大小对环境温度的影响没有日照影响强烈，但是对局部温度的影响明显，使得局部温度与环境温度没有明显的相互联系，且本次研究缺乏降雨量大小的数据；最后，飞机在地面停放时一般会停放于机棚内或采取防雨措施。

综合上述，建立局部温度模型选取的关键影响系数有日照系数 s_i 和结构系数 m_i。

2. 飞机结构局部温度模型表达式的确定

确定舱室温度模型的关键是确定关键影响系数对局部温度的影响规律，即确定模型的数学表达式。具体思路：选取特定的天气情况，只考虑某一特定因素的影响，探明局部温度 t_i 和百叶箱温度 t_0 的数学关系。

在晴朗的夜间，没有日照和降雨的影响，可以探明外部环境温度对舱室温度的影响规律，能够求出结构系数 m_i 的数学表达式形式。在每个季度中随机选取 2 个晴朗夜间的温度，以百叶箱温度 t_0 为横坐标，以舱室局部温度 t_i 为纵坐标，分别绘制了测点 10（机翼中部，Ⅰ类舱室）、测点 3（机身煤油箱，Ⅱ类舱室）和测点 12（机身下部，Ⅲ类舱室）的温度变化曲线，如图 8-6 所示。

Ⅰ类舱室 10 号测点的温度线性回归方程为 $t_{10}=1.04t_0-0.7$，拟合优度 $R^2=0.996$；Ⅱ类舱室 3 号测点的温度线性回归方程为 $t_3=1.02t_0-0.3$，拟合优度 $R^2=0.996$；Ⅲ类舱室 12 号测点的温度线性回归方程为 $t_{12}=0.97t_0+2.4$，拟合优度 $R^2=0.982$。可以看出，在不受日照和降雨的影响下，舱室温度对环境温度的响应服从线性规律，且直线斜率基本为1，因此，结构系数

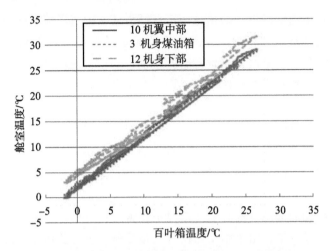

图 8-6 飞机舱室与外部环境的温度关系（晴朗夜间）

m_i 在结构局部温度模型中与直线斜率无关，表现为直线的截距值，是一个常数。

在晴朗的白天，舱室温度受日照和环境温度的影响，在结构系数 m_i 的数学表达式形式已知的条件下，可以探明日照对舱室温度的影响规律。在春秋季、夏季和冬季中各随机选取 1 个晴朗白天的温度，以百叶箱温度 t_0 为横坐标，以舱室局部温度 t_i 为纵坐标，仍以测点 10（机翼中部，Ⅰ类舱室）、测点 3（机身煤油箱，Ⅱ类舱室）和测点 12（机身下部，Ⅲ类舱室）为例绘制了温度变化曲线，如图 8-7 所示。

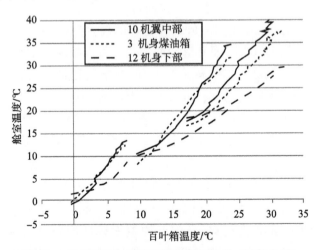

图 8-7 飞机舱室与外部环境的温度关系（晴朗白天）

从下至上，Ⅰ类舱室 10 号测点的温度线性回归方程分别为 $t_{10}=1.76t_0-3.6$，拟合优度 $R^2=0.991$，$t_{10}=1.81t_0-14.8$，拟合优度 $R^2=0.974$，$t_{10}=1.71t_0-18.6$，拟合优度 $R^2=0.990$；Ⅱ类舱室 3 号测点的温度线性回归方程分别为 $t_3=1.41t_0-2.1$，拟合优度 $R^2=0.994$，$t_3=1.48t_0-10.1$，拟合优度 $R^2=0.995$，$t_3=1.42t_0-15.6$，拟合优度 $R^2=0.986$；Ⅲ类舱室 12 号测点的温度线性回归方程分别为 $t_{12}=0.85t_0-1.3$，拟合优度 $R^2=0.925$，$t_{12}=0.78t_0-0.83$，拟合优度 $R^2=0.980$，$t_{12}=0.84t_0+0.15$，拟合优度 $R^2=0.954$。可以看出，在日照影响下的同一天内，舱室温度随百叶箱温度的变化基本服从线性规律，但不同类型舱室响应曲线的斜率各不相同。此外，同一舱室在几天内的温度变化曲线也不在同一条直线上，但仍可以发现两点规律：一是对同一个舱室来说，其温度变化曲线的斜率基本一致；二是各条曲线的起点位置基本分布在图 8-6 所示的直线上。因此，日照系数 s_i 在结构局部温度模型中表现为从日照开始对舱室温度产生影响时直线斜率的改变，是一个常系数。

综合上述，考虑到结构系数 m_i 在全天中产生影响，而日照系数 s_i 仅在日照时产生影响，引入一个与日照开始影响时间相关的系数 t_t，t_t 代表日照开始影响时的环境温度，则飞机舱室局部温度模型的数学表达式为

$$t_i=s_it_0+m_i+(1-s_i)t_t \tag{8-2}$$

式中：t_i 为第 i 个舱室的局部温度；s_i、m_i 分别为舱室对应的日照系数和结构系数；t_0 为环境温度，即百叶箱温度；t_t 为日照开始影响时的环境温度。由于日出后日照强度较弱且升温需要一定的时间，从工程角度出发，t_t 一般可以取为日出后 2 个小时的环境温度。

在夜间，由于没有日照的影响，所有舱室的日照系数均取 $s_i=1$，舱室局部温度模型简化为

$$t_i=t_0+m_i \tag{8-3}$$

8.3.3 飞机结构局部温度模型系数值的确定及模型检验

1. 结构局部温度模型关键系数值的确定

在一年的温度数据中对晴朗天气（去除掉传感器未测量到的数据，共选用了 82 天的数据）分为白天和夜间两组分别进行了分析，得到各个舱室对应的结构系数 m_i 和日照系数 s_i 的平均值，从而可以确定三类舱室温度模型中关键系数的取值范围，进而可以为工程上的局部温度估算奠定基础。各个舱室对应的模型关键系数值及方差如表 8-3 所示。

表 8-3 舱室局部温度模型关键系数值及方差

舱室类型	序号	位置	结构系数 m_i 平均值	方差	日照系数 s_i 平均值（白天）	方差
I	2号	座舱	0.4	1.38	1.86	0.08
	6号	起落架舱	−0.8	0.72	1.59	0.05
	8号	汽油箱	0.5	0.96	1.69	0.08
	10号	机翼中部	0.4	1.24	1.62	0.04
	11号	机翼根部	−0.6	0.65	1.56	0.10
	13号	机翼尖部	−0.7	0.77	1.71	0.11
II	1号	进气道	0.4	1.33	1.53	0.09
	3号	机身煤油箱	0.8	0.71	1.40	0.06
	4号	发动机检查舱	0.3	1.22	1.48	0.04
	5号	垂尾下部	0.5	0.97	1.48	0.03
	14号	后段机身	0.6	0.74	1.42	0.04
III	7号	尾喷管	2.4	1.36	0.93	0.02
	9号	航炮舱	2.7	0.82	1.02	0.03
	12号	机身下侧	3.0	0.91	0.86	0.02

从表 8-3 可以看出，三类舱室的结构系数 m_i 的取值范围分别是 −0.8~0.5、0.3~0.8 和 2.4~3.0，考虑到舱室开闭状态的影响，在同一类舱室中结构系数 m_i 的取值一般是封闭式舱室＞半开式舱室＞开式舱室；三类舱室的日照系数 s_i 的取值范围分别是 1.56~1.86、1.40~1.53 和 0.86~1.02，考虑到舱室开闭状态的影响，I 类舱室日照系数 s_i 的取值一般是封闭式舱室＞半开式舱室＞开式舱室，II 类和III类舱室日照系数 s_i 的取值一般是开式舱室＞半开式舱室＞封闭式舱室。

在对本章建立的模型进行实际应用时，首先要根据目标舱室的结构特征和所处位置确定舱室类型属于 I 类、II 类还是III类，从而确定模型系数 m_i 和 s_i 的取值范围；其次再根据舱室的开闭状态缩小模型系数的取值范围；最后将选定的模型系数 m_i 和 s_i（计算夜间温度时 $s_i=1$）代入式（8-2）中，根据实测的环境温度即可估算出目标舱室的局部温度。

2. 模型检验

随机选取一天的温度数据，根据百叶箱温度和前文建立的温度模型进行舱室温度预测，并与舱室实测温度进行对比，以检验模型的准确性。以 10 月 2 日为例，分别以汽油箱（8 号测点，封闭式舱室，I 类舱室）、机身煤油箱（3 号测点，封闭式舱室，II 类舱室）和尾喷管（7 号测点，开放式舱室，III 类舱室）建立了模型温度和实测温度的变化历程曲线，如图 8-8 所示。模型中日照开始影响的时间选为 8:00,日照结束影响的时间选为 20:00,即在 0:00—8:00 和 20:00—24:00 日照系数 s_i 取值为 1;结构系数 m_i 的取值及 8:00—20:00 日照系数 s_i 的取值见表 8-3。

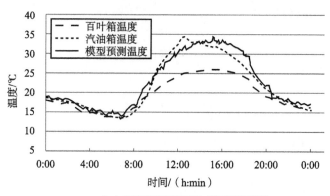

(a)汽油箱实测温度与模型预测温度

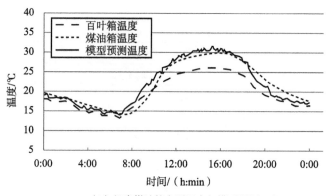

(b)机身煤油箱实测温度与模型预测温度

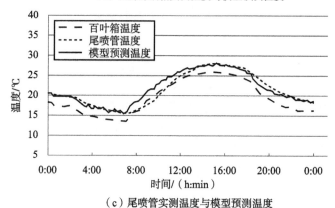

(c)尾喷管实测温度与模型预测温度

图 8-8 实测温度与模型温度对比

对 3 个测点在 10 月 2 日的实测温度与模型温度数据进行统计分析,列于表 8-4。其中,最大偏差 $\max(t)$ 为

$$\max(t) = \max |t_{ij} - \hat{t}_{ij}| \tag{8-4}$$

平均偏差 $\mathrm{ave}(t)$ 为

$$\mathrm{ave}(t) = \frac{1}{n}\sum_{j=1}^{n}|t_{ij} - \hat{t}_{ij}| \tag{8-5}$$

相关系数 r 为

$$r = \sqrt{1 - \sum_{j=1}^{n}(t_{ij} - \hat{t}_{ij})^2 / \sum_{j=1}^{n}(t_{ij} - \bar{t}_i)^2} \tag{8-6}$$

式中:t_{ij} 为根据温度模型得到的第 i 个舱室的第 j 个温度值;$\hat{t}_{ij}$ 为实测的第 i 个舱室的第 j 个温度;n 为一个测点测量到的数据点个数,$n = 24\mathrm{h} \times 60\mathrm{m/h} \times 1\mathrm{m}^{-1} = 1440$ 个;$\bar{t}_i$ 为第 i 个舱室的平均温度。

表 8-4 实测温度与模型温度的统计量

位置	温度/℃			偏差值		
	最大值	最小值	平均值	最大偏差	平均偏差	相关系数
汽油箱实际值	34.50	13.53	22.18	3.81	1.20	0.975
汽油箱预测值	34.43	13.92	22.77			
煤油箱实际值	29.97	14.07	21.73	4.08	1.17	0.962
煤油箱预测值	31.66	13.82	21.83			
尾喷管实际值	27.98	15.56	21.48	3.53	0.81	0.955
尾喷管预测值	28.29	15.42	21.74			

根据相关系数 r 与 t 分布的关系,在显著水平 α 下满足假设分布的相关系数临界值 r_c 为

$$r_c = \frac{t_\alpha(n-2)}{\sqrt{(n-2) + t_\alpha^2(n-2)}} \tag{8-7}$$

式中:n 为数据点个数;在给定显著水平 $\alpha = 0.01$ 下,$r_c = 0.268$。可以看出,通过模型预测的温度与实测温度高度相关,说明建立的飞机结构舱室温度预测模型具有较好的精度。模型温度与实测温度的最大值、最小值和平均值均相差较小,在全天的温度变化历程中的最大温度偏差为 4℃ 左右,但其平均偏差均小于等于 1.2℃。

对于Ⅱ类和Ⅲ类舱室,模型温度与实测温度变化历程中温度出现最大值的时间基本一致,但Ⅰ类舱室实测温度与模型温度的最大值出现时间相差约 3 个

小时。这是由于Ⅰ类舱室保温性差，受日照影响最大，它的实测温度基本在日照最强时的 12：00 达到最大值；而模型温度是根据百叶箱温度计算得到，其最大温度与百叶箱中的最大温度出现的时间一致，基本在每天的 15：00 左右。针对上述情况，使用模型在对传感器的"温漂"问题补偿修正时要进行适当的处理，比如将Ⅰ类舱室的预测温度中日照起始点至 15：00 之间的时间点等比例"压缩"成日照起始点至 12：00；将 15：00 至日照结束点之间的时间点等比例"扩展"成 12：00 至日照结束点。

需要进一步说明的是，在编制环境谱时可以在本章建立模型的基础上依据一些现有编谱技术进行粗化处理，既能保证所模拟环境的准确性，又适合于工程应用。此外，由于我国幅员辽阔，东西方向跨越五个时区，且不同地区的时间均以北京时间为准，不同时区下的日出、日落时间和每日最高温度的时间均不相同，所以在建立模型时应加以注意。

8.4　地面停放飞机局部湿度环境预测

8.4.1　舱室湿度与温度的关系研究

从图 8-4 的湿度变化曲线可以看出，8：40 左右至 16：30 左右，舱室湿度处于下降阶段，从 16：30 左右至次日 8：40 左右，舱室湿度处于升高和平稳阶段。可以发现，这与舱室温度升降的转折点有着一定的联系，各舱室湿度与温度相比均迟滞 40min 至 1h 左右。因此，为了表明舱室局部湿度环境受到温度环境影响的规律，将 2013 年 7 月 31 日每个舱室的温度变化曲线和湿度变化曲线分别放于同一张图中，如图 8-9 中左侧各图所示，图中虚线为舱室湿度变化曲线，实线为舱室温度变化曲线。从图中可以发现，舱室湿度变化趋势与温度变化存在很高的负相关性，即温度升高、湿度降低，温度降低、湿度升高。

为考核舱室湿度随舱室温度的响应程度，按如下公式对温湿度数据进行处理：

$$t_{ij} = t_i - t_{i+j}$$
$$h_{ij} = h_i - h_{i+j} \qquad (8-8)$$
$$(j = 1 \sim n-1; i = 1 \sim n-j)$$

式中：t_i 为第 i 个温度数据，h_i 为第 i 个湿度数据，则 t_{ij} 为相隔 j 个数据的两温度数据差，h_{ij} 为相隔 j 个数据的两湿度数据差。以 t_{ij} 为横坐标，h_{ij} 为纵坐标，则反映了舱室湿度与温度的变化率关系，使用 Matlab 软件分析得到如图 8-9 中右侧所示各图，图中散点为 t_{ij} 与 h_{ij} 的各对应点，实线为根据变化规律由最小二乘法拟合的直线。可以看出，舱室湿度与温度的变化率存在很高的负相

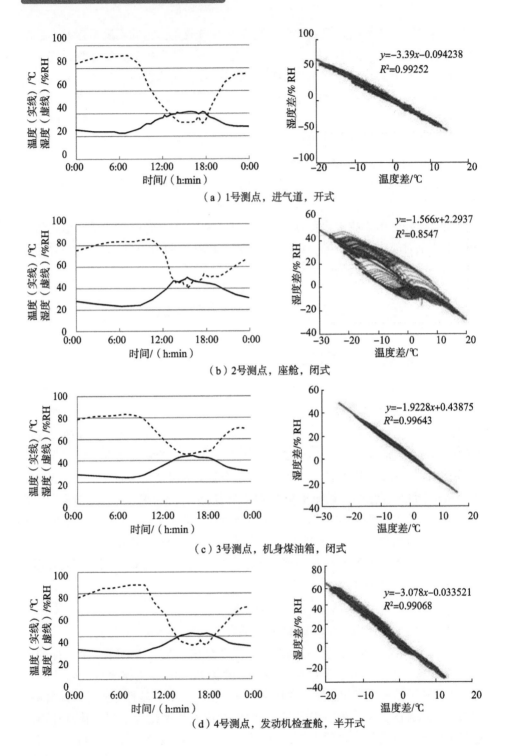

(a) 1号测点，进气道，开式

(b) 2号测点，座舱，闭式

(c) 3号测点，机身煤油箱，闭式

(d) 4号测点，发动机检查舱，半开式

第 8 章　地面停放飞机局部温湿度环境预测

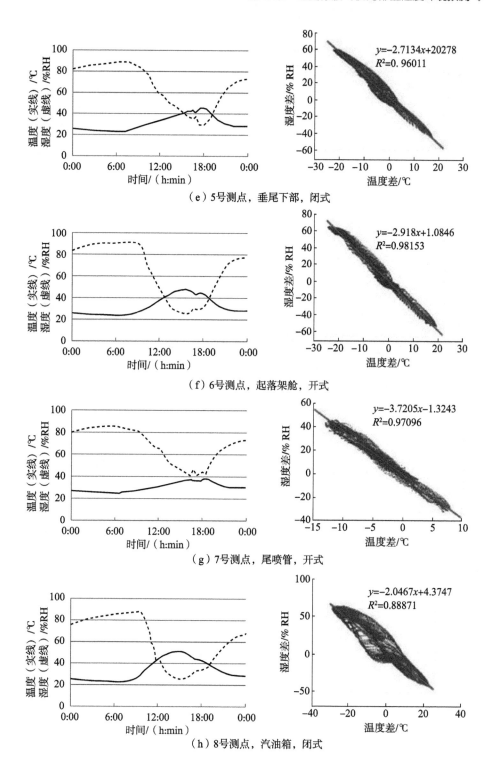

（e）5号测点，垂尾下部，闭式

（f）6号测点，起落架舱，开式

（g）7号测点，尾喷管，开式

（h）8号测点，汽油箱，闭式

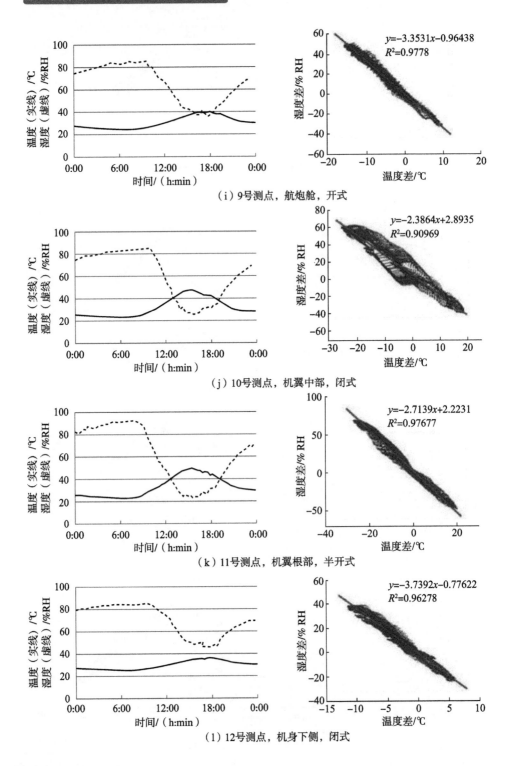

(i) 9号测点，航炮舱，开式

(j) 10号测点，机翼中部，闭式

(k) 11号测点，机翼根部，半开式

(l) 12号测点，机身下侧，闭式

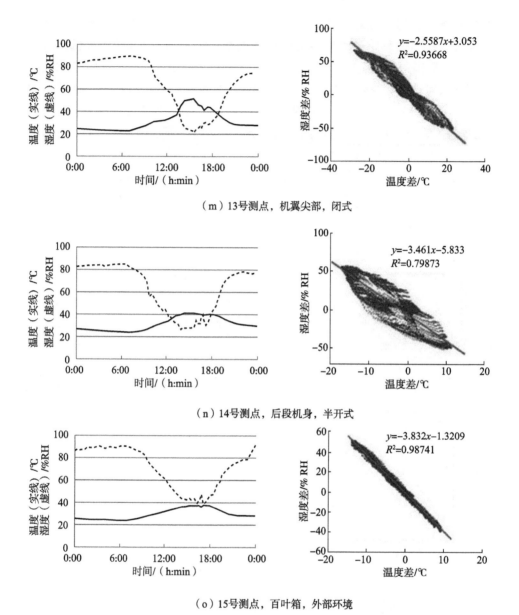

(m) 13号测点，机翼尖部，闭式

(n) 14号测点，后段机身，半开式

(o) 15号测点，百叶箱，外部环境

图 8-9　2013 年 7 月 31 日各舱室温湿度变化曲线及其变化率关系

关性，即舱室的温度升高（或降低）某一量值，湿度会降低（或升高）与之对应的一个量值，两量值间存在明显的线性关系。

图 8-9 仅列出了 1 天的舱室温湿度关系及变化率，为了反映一般性规律，在一年中随机选取了 30 天的温湿度数据，按照式（8-8）进行处理，拟合各

舱室温湿度变化率的关系式。从统计分析的结果来看，相同测点在不同日期的温湿度变化率关系式的斜率值可能有所差别，斜率的最大差值可达到2.0% RH/℃，即同一舱室温度平均变化1℃，在不同日期下所引起的湿度变化值的差异最大可达到2.0%RH；然而，综合考虑到15号测点（百叶箱）反映出的温湿度变化率关系可以发现，不管日期怎样变化，特定舱室温湿度变化率关系式的斜率值与百叶箱斜率值的比值基本是一个定值，即根据某一天的百叶箱温湿度关系可以推测出当天的舱室温湿度关系。

假设舱室温湿度变化率关系式的斜率值为 q_i，外部环境温湿度变化率关系式的斜率值为 q_0，则根据统计的30天温湿度数据，q_i/q_0 的平均值 p_i 与方差 σ^2 如表8-5所示。

表8-5 各舱室的温湿度变化率关系式斜率值与百叶箱斜率值的比值（q_i/q_0）

编号	舱室	温湿度变化率关系式斜率值之比 $p_i=q_i/q_0$	方差 σ^2
1号	进气道，开式	0.946	0.00469
2号	座舱，闭式	0.409	0.01476
3号	机身煤油箱，闭式	0.594	0.00831
4号	发动机检查舱，半开式	0.913	0.00458
5号	垂尾下部，闭式	0.813	0.01116
6号	起落架舱，开式	0.858	0.00318
7号	尾喷管，开式	0.994	0.00823
8号	汽油箱，闭式	0.619	0.00931
9号	航炮舱，开式	0.943	0.00861
10号	机翼中部，闭式	0.694	0.01050
11号	机翼根部，半开式	0.890	0.00753
12号	机身下侧，闭式	0.946	0.01085
13号	机翼尖部，闭式	0.772	0.00985
14号	后段机身，半开式	0.947	0.00200
15号	百叶箱，外部环境	1.000	0.00000

8.4.2 飞机舱室湿度模型的建立

根据舱室局部湿度的实测分析结果与上节舱室温湿度关系研究的结论，在夜间各舱室的湿度值相差不大，可以根据外部环境（百叶箱）湿度和结构系数 m 来确定舱室的夜间湿度；而后根据舱室的温度值和舱室温湿度变化率关

系式的斜率值 q_i 计算得到舱室在白天的湿度变化历程。

假设第 i 个舱室在一天中第 j 个时刻的湿度值为 h_{ij}，温度值为 t_{ij}；百叶箱在此时刻的温湿度值分别为 t_{0j} 和 h_{0j}；舱室结构系数为 m_i，日照系数为 s_i（在建立温度模型中提出的参数）；舱室温湿度变化率关系值为 q_i，百叶箱温湿度变化率关系值为 q_0（在分析舱室温湿度关系时提出的参数）；定义舱室湿度特征系数为 p_i，$p_i = q_i/q_0$。

由于舱室在夜间的温度模型为 $t_i = t_0 + m_i$，不同舱室在夜间的温度差别仅和舱室结构系数 m_i 有关，即 m_i 可以看成是一个反映舱室夜间温度差别的系数，因此，舱室在每天 0：00 测得的第一个湿度数据 h_{i0} 可以由下式近似计算：

$$h_{i0} = h_{00} + q_i m_i = h_{00} + p_i q_0 m_i \tag{8-9}$$

式中：h_{00} 为由百叶箱在 0：00 测得的第一个湿度数据。

根据式（8-8）有

$$q_i \approx (h_{ij} - h_{i0})/(t_{ij} - t_{i0}) \tag{8-10}$$

因此，当得到舱室第一个湿度数据 h_{i0} 后，可以根据舱室温度值得到舱室湿度值，即

$$h_{ij} = h_{i0} + q_i(t_{ij} - t_{i0}) \tag{8-11}$$

根据式（8-2）、式（8-9），式（8-11）可变为

$$h_{ij} = (h_{00} + p_i q_0 m_i) + p_i q_0 s_i (t_{0j} - t_{00}) \tag{8-12}$$

式中：h_{00}、t_{0j}、t_{00} 为百叶箱测得的量；m_i、s_i、p_i 为舱室对应的参数，在工程应用时为已知量；q_0 为根据百叶箱测得的温湿度值由式（8-8）计算得到的量。

由式（8-11）可知，百叶箱湿度为

$$h_{0j} = h_{00} + q_0(t_{0j} - t_{00}) \tag{8-13}$$

因此，式（8-12）也可以变为

$$h_{ij} = (h_{00} + p_i q_0 m_i) + p_i s_i (h_{0j} - h_{00}) \tag{8-14}$$

在工程应用中可以将式（8-14）中的 $p_i q_0$ 近似取为 -3，则式（8-14）变为

$$h_{ij} = (h_{00} - 3m_i) + p_i s_i (h_{0j} - h_{00}) \tag{8-15}$$

式（8-12）和式（8-15）均可以作为舱室局部湿度的预测模型，相比而言，式（8-15）更简便，不需要根据百叶箱的温湿度变化历程计算 q_0，适合于舱室湿度值的估算；式（8-12）更准确，但计算繁琐，推荐编制相应的计算机软件时使用。

8.4.3 基于局部湿度特征的飞机舱室结构划分与模型系数范围

从 8.4.2 节公式可以看出，舱室湿度模型与舱室温度模型相比，又引入了

一个参数——舱室湿度特征系数 p_i，且 $p_i=q_i/q_0$，显然，p_i 反映了舱室湿度值对温度变化的敏感程度，是一个与舱室类型相关的量。因此，可以根据舱室湿度特征系数 p_i 的差异对飞机舱室结构进行划分。

根据表 8-5 中各舱室的 p_i 值，可以按照局部湿度特征把飞机舱室结构划分为三类，按照 p_i 值从低至高的顺序，且与基于温度特征的舱室分类进行区别，分别定义为 I 类舱室 {2、3、8、10}，II 类舱室 {13、5、6、11、4} 和 III 类舱室 {9、1、12、14、7}，各舱室的模型关键系数值如表 8-6 所示。

表 8-6 基于湿度特征的舱室结构划分及模型关键系数值

类型	编号	舱室	舱室湿度特征系数 p_i	日照系数 s_i	结构系数 m_i
I	2号	座舱	0.409	1.86	0.4
	3号	机身煤油箱	0.594	1.40	0.8
	8号	汽油箱	0.619	1.69	0.5
	10号	机翼中部	0.694	1.62	0.4
II	13号	机翼尖部	0.772	1.71	-0.7
	5号	垂尾下部	0.813	1.48	0.5
	6号	起落架舱	0.858	1.59	-0.8
	11号	机翼根部	0.890	1.56	-0.6
	4号	发动机检查舱	0.913	1.48	0.3
III	9号	航炮舱	0.943	1.02	2.7
	1号	进气道	0.946	1.53	0.4
	12号	机身下侧	0.946	0.86	3.0
	14号	后段机身	0.947	1.42	0.6
	7号	尾喷管	0.994	0.93	2.4

I 类舱室的湿度特征系数 p_i 的取值范围是 0.409~0.694，此类舱室均为闭式舱室，且属于闭式舱室中密封性特别好且体积较大的舱室。在 I 类舱室中，密封性较弱或体积较小的舱室其湿度特征系数 p_i 的取值相对更高。

III 类舱室的湿度特征系数 p_i 的取值范围是 0.943~0.994，此类舱室的特点是通风性好且舱室温度相比其他而言普遍较低，根据舱室温度特征值划分的 III 类舱室均属于 III 类舱室。在 III 类舱室中，通风性越好、温度越低的舱室其湿度特征系数 p_i 的取值相对更高。

剩余的舱室属于Ⅱ类舱室，此类舱室的湿度特征系数 p_i 的取值范围是 0.772~0.913，Ⅱ类舱室的主要特点是舱室温度处于中等水平，温度偏高的开式舱室或半开式舱室、密闭性不好的闭式舱室或体积较小的闭式舱室均属于此类舱室的范围。在Ⅱ类舱室中，舱室温度越低、体积越大或通风性越好，其湿度特征系数 p_i 的取值会相对更高。

8.4.4 飞机舱室湿度模型检验

为检验舱室湿度模型的准确性，选取一天的湿度数据，根据模型 1（式（8-12））和模型 2（式（8-15））分别进行舱室湿度预测，并与舱室实测湿度进行对比。仍以 10 月 2 日为例，分别以机身煤油箱（3 号测点，封闭式舱室，Ⅰ类舱室）、垂尾下部（5 号测点，封闭式舱室，Ⅱ类舱室）、尾喷管（7 号测点，开式舱室，Ⅲ类舱室）建立模型湿度和实测湿度的变化历程曲线，如图 8-10 所示。其中，$m_3 = 0.8$、$s_3 = 1.40$、$p_3 = 0.594$；$m_5 = 0.5$、$s_5 = 1.48$、$p_5 = 0.813$；$m_7 = 2.4$、$s_7 = 0.93$、$p_7 = 0.994$；10 月 2 日当天，$t_{00} = 18.35℃$、$h_{00} = 63.92\%RH$、$q_0 = -2.9875\%RH/℃$。（在夜间 $s_i = 1$）

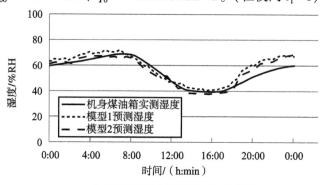

（a）机身煤油箱实测湿度与模型预测湿度

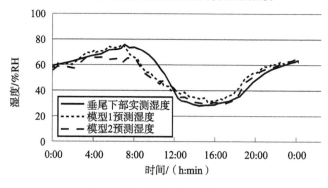

（b）垂尾下部实测湿度与模型预测湿度

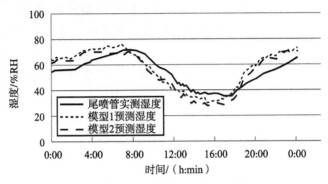

(c) 尾喷管实测湿度与模型预测湿度

图 8-10 实测湿度与模型湿度对比

根据式（8-4）~式（8-6）的计算方法，对 3 个测点在 10 月 2 日的实测湿度与模型湿度数据进行统计分析，列于表 8-7 中。

表 8-7　实测湿度与模型湿度的统计量

位置	湿度/%RH			偏差值		
	最大值	最小值	平均值	最大偏差	平均偏差	相关系数
煤油箱实际值	68.35	39.11	54.96	—	—	—
煤油箱预测值（模型 1）	71.96	39.12	58.17	10.3	4.0	0.878
煤油箱预测值（模型 2）	68.53	37.05	55.77	9.4	3.2	0.925
垂尾下部实际值	75.08	28.68	53.10	—	—	—
垂尾下部预测值（模型 1）	75.79	30.81	53.56	15.2	4.4	0.905
垂尾下部预测值（模型 2）	65.88	28.76	50.71	17.6	4.2	0.882
尾喷管实际值	71.54	34.78	53.95	—	—	—
尾喷管预测值（模型 1）	75.65	28.88	56.30	12.5	7.3	0.851
尾喷管预测值（模型 2）	72.56	27.02	54.01	12.2	7.1	0.872

从表 8-7 可以看出，通过模型预测的湿度与实测湿度相关较高，平均偏差小于等于 7.3%RH，按照现有的编制环境谱的方法，即只考虑 60%RH 以上的湿度，每隔 10%RH 作为一档折算成标准潮湿空气作用时间，本节建立的两种湿度预测模型可以较好地实现舱室局部环境谱的编制。

参考文献

[1] MICHAL M, PAVEL R, LUDEK K. Temperature offset drift of GMI sensors [J]. Sensor and Actuators A, 2008, 147 (2): 415-418.

[2] TU C, LEE J E Y. Ambient temperature and bias condi-tions induced frequency drifts in an uncompensated SOI piezoresistive resonator [J]. Sensor and Actuators A, 2013, 202 (11): 140-146.

[3] 金平, 王国才, 谭晓明. 基于聚类分析的飞机结构局部环境谱编制技术研究 [J]. 科学技术与工程, 2009, 9 (18): 5614-5618.

[4] 赵海军, 金平, 陈跃良. 飞机地面局部气候环境研究 [J]. 航空学报, 2006, 27 (5): 873-876.

第9章
基于 EXCO 溶液的沿海大气腐蚀环境模拟

现代飞机结构中铝合金材料的用量一般会占到 50% 以上，其中又以 2000 系列硬铝合金和 7000 系列超硬铝合金居多。这两类材料的晶界为沉淀相/溶质贫化区，极易在腐蚀中形成阳极通道；并且，由于飞机结构本身的外形特征和强度要求，所用材料多为具有拉长晶粒特征的轧制材料。从上述两点来说，飞机结构中最常用的铝合金材料刚好满足了发生剥蚀的两个必要条件（沉淀相腐蚀通路和拉长的晶粒），从而导致了剥蚀或晶间腐蚀成为飞机结构实际服役中的一种很常见的腐蚀形式。

在剥蚀研究方面，剥落腐蚀（exfoliation corrosion，EXCO）溶液作为一种用于研究 2000 系列和 7000 系列航空铝合金材料剥蚀性能的标准溶液，可作为再现大气腐蚀损伤的加速环境谱，其合理性已在铝合金材料性能测试和服役条件下飞机结构的腐蚀特征分析中得到了证实。但很少有人去研究并建立 EXCO 溶液与大气环境的腐蚀损伤全过程等效关系模型，也使得研究铝合金结构实际服役中由于剥蚀造成的寿命退化问题变得困难。

因此，为了探索出一种能够模拟航空铝合金材料大气剥蚀行为的加速腐蚀试验方法，且探明其与实际大气的腐蚀等效时间关系，本章开展了 2A12-T4 铝合金在 EXCO 溶液中的腐蚀试验，研究了 2A12-T4 铝合金在 EXCO 溶液中的腐蚀损伤发展规律和寿命退化规律，并与 2A12-T4 铝合金在海南万宁实际大气中的腐蚀情况进行了对比分析，给出了 EXCO 溶液与实际大气的腐蚀损伤等效关系，探讨了 EXCO 溶液的腐蚀特征及用其模拟大气腐蚀损伤的适用性。由于编制金属材料的等效加速腐蚀谱是一项复杂的研究任务，本章内容只能算是一些初步的研究工作，目的主要是为后续编制以 EXCO 溶液（或调整的 EXCO 溶液）为腐蚀介质的大气环境等效加速腐蚀谱提供参考和借鉴。

第9章 基于 EXCO 溶液的沿海大气腐蚀环境模拟

9.1 概述

9.1.1 EXCO 溶液介绍

EXCO 溶液是对 2000 系列和 7000 系列高强度铝合金进行持续浸泡剥蚀试验的标准溶液，在美国的材料与试验协会标准 ASTM G 34-01、我国的国家标准 GB/T 22639—2008 和航空工业标准 HB5455—90 中均将 EXCO 溶液作为 2000 系列和 7000 系列高强度铝合金剥蚀试验的标准规范。

在各类标准中，开展 EXCO 溶液腐蚀试验的主要目的是用于评价材料的剥蚀敏感性，对 2000 系列铝合金规定在溶液中全浸 96h，对 7000 系列铝合金规定在溶液中全浸 48h，而后根据材料的腐蚀状态进行判断。规定材料的剥蚀程度分为 4 个等级，分别是 EA（表面起层，轻微剥蚀）、EB（表面明显分层，腐蚀渗透至金属内部）、EC（表面严重分层，渗透至金属深处）和 ED（剥蚀渗透至金属相当深处）。虽然在标准中 EXCO 溶液主要用于评价材料剥蚀敏感性，但由于 EXCO 溶液特有的能使 2000 系列和 7000 系列铝合金发生剥蚀的特性，国内外研究人员也在 EXCO 溶液的腐蚀环境下开展了大量的铝合金材料剥蚀试验研究，探索它们在 EXCO 溶液中的腐蚀动力学规律和腐蚀机理。

9.1.2 EXCO 溶液模拟大气腐蚀的可行性和难点分析

根据 8.2 节的研究发现，2000 系列和 7000 系列铝合金在实际大气环境暴露下的腐蚀类型按其发展的先后顺序分别为点蚀、晶间腐蚀和剥蚀，这与它们在 EXCO 溶液中的腐蚀类型和发展顺序完全对应。并且，上述两类材料在大气腐蚀和 EXCO 溶液中的腐蚀动力学规律均为先快后慢，并逐渐趋于稳定，这说明通过实验室条件下 EXCO 溶液的加速腐蚀可以反映出 2000 系和 7000 系铝合金的实际腐蚀情况，以 EXCO 溶液开展上述两类铝合金的服役寿命退化规律研究是可行的。

然而，现阶段对飞机结构 2000 系列和 7000 系列铝合金进行服役环境模拟最常用是盐雾腐蚀试验方法，通常是盐雾腐蚀 50~100h 等效于结构实际腐蚀一年；而通过 EXCO 溶液浸泡腐蚀通常几天便可达到结构实际腐蚀数年甚至十余年的状态，为何很少有人使用 EXCO 溶液开展实际环境的等效加速腐蚀试验研究呢？分析其原因主要有两点：一是由于铝合金材料在实际大气暴露条件下发生剥蚀的时间较长（沿海大气环境下至少在 5 年以上），且缺乏长期大气环境下的材料腐蚀损伤数据，很难找到实际大气环境与 EXCO 溶液的腐蚀损伤等效关系，使得开展试验时没有明确的 EXCO 溶液与大气环境当量关系的标准可查；二是盐雾腐蚀试验过程中参与腐蚀后沉积的盐雾直接通过腐蚀箱排出，使得每次作用在金属表面的盐雾均为未参加过电化学反应的"新鲜"溶液，可以认为腐蚀过程是"等速"的，而 EXCO 溶液使用的是浸泡腐蚀的试验方法，随着浸泡时间的增加，溶液状态是变化的，即腐蚀过程是"变速"的，使得 EXCO 溶液与大气环境的腐蚀损伤等效关系可能很复杂。

针对上述第一点问题，本书开展了 2A12-T4 铝合金在海南万宁大气条件下实际暴露 7 年、12 年和 20 年后的腐蚀试验，试验件发生了严重的剥蚀，可以提供与 EXCO 溶液等效对比的条件；针对上述第二点问题，可以通过对溶液特征量（如 pH 值）变化规律、试验件腐蚀动力学规律的研究，分析不同腐蚀阶段的溶液腐蚀速率，从而得到 EXCO 溶液与大气环境的腐蚀损伤等效非线性关系。因此，研究 EXCO 溶液与大气环境的腐蚀损伤等效关系是可实现的。

9.1.3　使用 EXCO 溶液模拟大气腐蚀的优缺点和意义

若使用 EXCO 溶液浸泡腐蚀试验方法模拟 2000 系列和 7000 系列铝合金的服役腐蚀环境，其与现有的盐雾腐蚀试验方法和盐溶液周浸试验方法相比有几个优点：一是飞机大部分结构为薄壁结构，常使用轧制材料，挤压过的 2000 系列和 7000 系列铝合金材料在实际腐蚀时会发生点蚀、晶间腐蚀和剥蚀，但在盐雾腐蚀试验条件下或盐溶液周浸试验条件下材料通常很难产生剥蚀状态，使用 EXCO 溶液浸泡过的材料腐蚀状态与实际情况更为接近；二是 EXCO 溶液的腐蚀速率很快，可以大大加速试验进度；三是使用 EXCO 溶液浸泡腐蚀的试验方法简单，不需要专门的盐雾腐蚀试验箱或周期浸润试验箱等设备，不仅减少试验成本，也使大规模（大量试验件或大尺寸试验）的腐蚀试验不受试验设备的约束成为可能。

但是，使用 EXCO 溶液浸泡腐蚀试验方法模拟材料的服役腐蚀环境也有几点局限：一是 EXCO 溶液可能不适合于 2000 系列和 7000 系列铝合金以外的材料；二是 EXCO 溶液仅适用于板、带、棒、管、型、锻件等能够产生剥蚀的材料类型，不适用于铸件等；三是 EXCO 溶液是否适用于防护体系的加速腐蚀还有待研究，不适合研究带有较强防护体系（如油漆等）的试验件等。

虽然 EXCO 溶液存在局限性，且与实际大气环境的损伤等效关系可能是非线性的，研究过程有难度，但是 2000 系列和 7000 系列铝合金材料在飞机结构中用量大，开展 EXCO 溶液与大气腐蚀损伤关系的研究仍具有较为重要的意义，具体如下：①现有文献中使用 EXCO 溶液开展了大量试验，积累了很多材料和结构在 EXCO 溶液中的腐蚀动力学规律和力学性能退化规律等数据，找到

EXCO 溶液与实际大气的腐蚀损伤等效关系可以使这些数据"焕发新生",直接为工程应用提供借鉴;②可以为研究材料在服役条件下的腐蚀、寿命退化等问题提供加速腐蚀试验周期的参考,但需要指出,由于 EXCO 溶液本身的腐蚀特点(腐蚀速率快、溶液腐蚀性是变化的),使用其开展加速腐蚀试验研究有可能与实际大气腐蚀情况的误差偏大,这里仅推荐使用浸泡腐蚀的试验方式开展一些验证性的试验研究;③通过本方面的研究,可以更好地了解 EXCO 溶液腐蚀性随腐蚀时间的变化规律,以及材料在 EXCO 溶液中的腐蚀损伤发展规律、寿命退化规律等问题,对研究材料在 EXCO 溶液中的腐蚀机理具有重要的意义;④为了更准确、合理地模拟大气腐蚀情况,可以考虑采用改进的 EXCO 试验方法开展加速腐蚀试验,例如可以调整溶液成分降低溶液中酸、盐的浓度,使溶液配比更加符合大气腐蚀的特点,也可以由持续浸泡腐蚀方式改为盐雾腐蚀试验方式,使加速环境的腐蚀性在时间上保持恒定等,研究 EXCO 溶液与大气腐蚀的损伤关系可以为后续的试验方法改进工作奠定基础。

9.2 试验件与试验方法

9.2.1 试验件

为了减小因试验件材料、尺寸不同而引入的误差,用于 EXCO 溶液浸泡腐蚀的试验件应采用与万宁实际大气腐蚀试验件相同的材料牌号和外形尺寸。20 多年前使用的实际大气腐蚀试验件为 5.08mm 厚的 2A12-T4 铝合金无包铝板,但由于时间太长,相近的材料目前只能采购到 5.5mm 厚 2A12-T4 铝合金板材(西南铝业公司生产),且带有 100~150μm 厚的包铝层。由于包铝层抵抗腐蚀的作用非常强,所以必须予以去除。去除包铝层方法如下:使用 60℃的质量分数为 10%的 NaOH 水溶液去除材料表面包铝层,在此条件下,包铝层的去除速率约为 10μm/min,首先将铝板在 NaOH 水溶液中浸泡 15min,而后使用清水冲洗,再放到质量分数为 30%的硝酸溶液中数秒使发黑的铝板"出光",最后再冲洗干净,晾干。经过测量,去除过包铝层后的铝板厚度约为 5.13mm。

使用去除了包铝层的铝板进行试验件加工,除试验件厚度与大气腐蚀试验件有 0.05mm 的偏差外,两种试验件在其他尺寸上完全一致,试验件构型尺寸如图 9-1 所示。

由于本试验只考察 EXCO 溶液对金属材料的影响,试验件未进行阳极氧化处理。

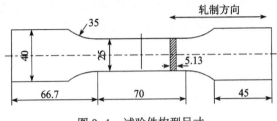

图 9-1　试验件构型尺寸

9.2.2　EXCO 溶液浸泡腐蚀试验方法

根据 ASTM G 34-01 的试验标准，EXCO 溶液的配比为：将氯化钠 234g、硝酸钾 50g、浓度 68% 的硝酸溶液 6.5g 由蒸馏水稀释至 1L，溶液的 pH 值约为 0.4。

由于 EXCO 溶液的盐浓度高，试剂用量大，为了节约试验成本，且避免疲劳试验时试验件夹持段的腐蚀产物污染试验机夹头，对试验件两头的夹持段（40mm×45mm 的矩形区域）涂蜡处理（夹持段至平直段之间的过渡段不能涂蜡，此段也属于考核区）。

EXCO 溶液盛装在塑料水槽中，试验件在水槽中由水槽壁斜撑放置，与水平面夹角约为 45°，试验时保证试验件全部浸于溶液中，且各表面均与溶液接触；盛装溶液的水槽内安置可控温加热棒（加热棒材质为玻璃），以保持 EXCO 溶液的温度在 (25±3)℃ 的要求范围，水槽配有盖子以减小溶液的蒸发。EXCO 溶液浸泡腐蚀试验现场如图 9-2 所示。

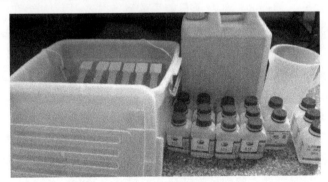

图 9-2　EXCO 溶液浸泡腐蚀试验现场

本试验所用试验件的腐蚀区域表面积约为 $60 cm^2$，水槽中盛装 18L 溶液，使用两个水槽同时进行 24 件试验件的腐蚀，每个水槽中放置 12 件试验件，溶液容积与腐蚀表面面积的容面比约为 $25 mL/cm^2$，满足 ASTM G 34-01 试验标准的规定要求（10~30mL/cm^2）。

将24件试验件分为8组，每组3件。8组试验件在EXCO溶液中的腐蚀时间分别为6h、12h、24h、36h、48h、60h、72h和96h，所有试验件在开始时同时放入溶液中，每间隔上述腐蚀时间，从两个水槽中依次按组取出试验件（如6h后从1号水槽取3件，12h后从2号水槽取3件，24h从1号水槽取3件，直至取完）。在腐蚀过程中，为了保持恒定的腐蚀容面比，每次取出试验件的同时也相应地减少溶液量。腐蚀后的试验件使用清水和毛刷彻底冲洗后放入50℃的环境箱内烘烤2h以上，以彻底烘干水分，避免在疲劳试验时由于试验件内部的腐蚀缝隙残留水分而发生腐蚀疲劳问题，影响试验结果的准确性。

在EXCO溶液浸泡腐蚀过程中，使用PHS-25型数显酸度计定期测量溶液的pH值，使用混合磷酸盐（25℃，pH值为6.86）和邻苯二甲酸氢钾（25℃，pH值为4.01）对酸度计进行标定，酸度计测量精度为pH值为0.01。

这里需要说明：在ASTM G 34-01试验标准中规定了2000系列铝合金剥蚀试验的最长时间为96h，7000系列铝合金剥蚀试验的最长时间为48h，这两个时间点只是用于评价材料剥蚀敏感性所确定的定量标准，并不意味着溶液在此时发生失效。本章中的试验件最长腐蚀时间为96h，是由试验件的件数限制和试验分组情况所决定的。

9.2.3 疲劳试验方法

使用MTS-810-500kN试验机对EXCO溶液浸泡腐蚀后的试验件进行疲劳加载，为了与大气腐蚀后的疲劳试验结果进行对比，所施加载荷谱与对大气腐蚀后试验件施加的相对应，均为11级程序块谱，每1239个循环为1个谱块。由于EXCO溶液浸泡腐蚀试验件的实际厚度约为5.13mm，比实际大气腐蚀试验件（5.08mm）厚1%，对EXCO溶液浸泡腐蚀后试验件施加的载荷是在大气腐蚀后试验件施加载荷的基础上乘以一个1.01的系数。

9.3 试验结果与分析

9.3.1 腐蚀试验现象与溶液pH值测量结果

根据试验观察，EXCO溶液在腐蚀过程中的变化过程为：当试验开始20min左右，试验件表面冒出较多的小气泡并向水面漂起，较为细密，溶液开始变混；1h后，水面变得更为浑浊，几乎无法辨识溶液中浸泡的试验件，小水泡仍然较为细密；1.5h后，水面变得很浑浊，已完全看不到溶液中浸泡的试验件，水面上漂浮着很多大的水泡；4h 后，水面上的大水泡消失，水面情况和 1h 的状态较为相像，但溶液中向上漂浮的气泡已不再密集；10h 后，溶液已完全变清。

在试验过程中每隔一段时间检测一次溶液 pH 值，将所有检测结果放入坐标系中连成线，显示出 EXCO 溶液 pH 值随时间变化的规律如图 9-3（a）所示。根据 pH 值的定义（H^+ 浓度的负对数），可以根据溶液 pH 值计算得到溶液中的 H^+ 浓度，即

$$c = 10^{-pH} \tag{9-1}$$

式中：c 为 H^+ 的浓度，mol/L。EXCO 溶液 H^+ 浓度值随时间变化的规律及拟合曲线如图 9-3（b）所示。H^+ 浓度的变化速率可以通过计算得到，即

$$v = \frac{c_{i+1} - c_i}{t_{i+1} - t_i} \tag{9-2}$$

式中：c_i 为 t_i 时刻测得的 H^+ 浓度；v 为 H^+ 浓度的变化速率，mol/(L·h)。EXCO 溶液中 H^+ 浓度值变化速率随时间变化的规律如图 9-3（c）所示。

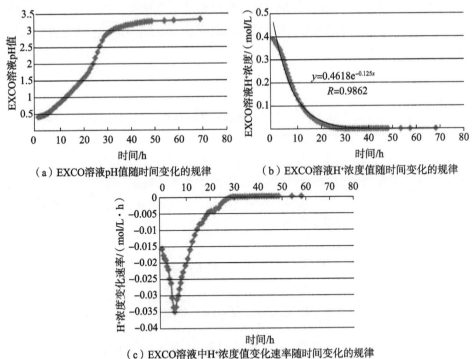

(a) EXCO 溶液 pH 值随时间变化的规律　　(b) EXCO 溶液 H^+ 浓度值随时间变化的规律

(c) EXCO 溶液中 H^+ 浓度值变化速率随时间变化的规律

图 9-3　EXCO 溶液中酸性特征值随时间变化的规律

EXCO 溶液的初始 pH 值为 0.41，从图 9-3（a）和（b）可以看出，随着

试验时间的推移,溶液 pH 值逐渐增大,并趋于平稳;反映在真实的 H^+ 浓度值上,H^+ 浓度持续下降。在试验开始 25h 后 H^+ 浓度已经很小,此时溶液 pH 值在 2.3 左右。从图 9-3(c)可以看出,H^+ 浓度的变化速率一直为负值,说明溶液中 H^+ 浓度一直减小,但减小速率呈先变快后变慢的趋势,在 4.5h 时最快,此时溶液 pH 值为 0.53。

9.3.2 试验件腐蚀形貌

当 2A12-T4 铝合金试件从 EXCO 溶液中取出后,可以发现试验件表面裸露部位的表面覆盖有一层棕红色的腐蚀产物,不溶于水。腐蚀 6h 和 12h 后产生的棕红色腐蚀产物可从试验件表面轻易擦掉,随着腐蚀时间的增长,棕红色腐蚀产物的累积越来越厚,附着力变强,很难清洗干净。试验件从腐蚀液中取出后未清理的状态如图 9-4 所示。

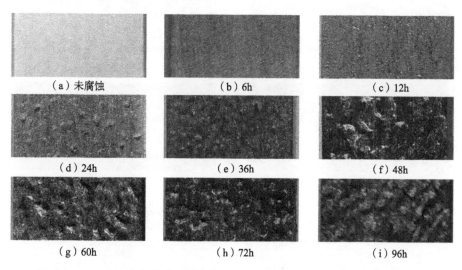

图 9-4 EXCO 溶液中腐蚀不同时间后的试验件表面腐蚀产物(彩图见书末)

将棕红色腐蚀产物清理后试验件的表面腐蚀形貌如图 9-5 所示。从图 9-5 可以看出,2A12-T4 铝合金在 EXCO 溶液中浸泡 6h 即可看到明显的腐蚀,试验件表面可见密集的"麻点"(点蚀坑),根据标准中划分的腐蚀等级,此时的腐蚀等级属于 PB^- 级;试验件浸泡 12h 后表面的"麻点"更加密集,腐蚀等级属于 PB 级;浸泡 24h 后,试验件表面严重点蚀,出现爆皮、疱疤,并开始深入试验件表面,已有剥蚀的征兆,腐蚀等级属于 PC^+ 级;浸泡 36h 后,试验件表面已有明显的起层,表面出现小片的剥片,腐蚀等级属于 EA 级;浸泡 48h 后,试验件表面已有大片的剥片,且部分剥片的边缘已经翘起,腐蚀等级属于 EB⁻级；浸泡 60h 后，试验件表面已出现剥离，剥蚀已穿入到材料深处，腐蚀等级属于 EC⁻级；浸泡 72h 后，试验件表面的分层更为严重，剥蚀更深，腐蚀等级属于 EC⁺级；浸泡 96h 后，试验件的表面腐蚀形貌与 72h 相似，但剥蚀程度又更深一步，腐蚀等级属于 ED 级。

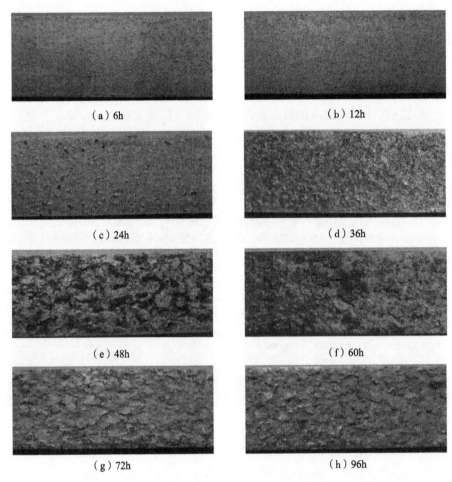

图 9-5 EXCO 溶液腐蚀不同时间后的试验件表面腐蚀形貌

将试验件垂直于轧制方向切开、打磨、抛光，观察到的试验件在 EXCO 溶液中腐蚀不同时间后的截面腐蚀形貌如图 9-6 所示，图片由体式显微镜拍摄后拼接而成。

从图 9-6 可以看出，随着腐蚀时间的增长，试验件厚度明显变薄，6~24h 可见点蚀，36~96h 出现剥蚀并逐渐向深处发展，与观察表面腐蚀形貌确定的腐蚀等级完全一致。通过图 9-6 与大气腐蚀的截面腐蚀形貌相比，可以发现

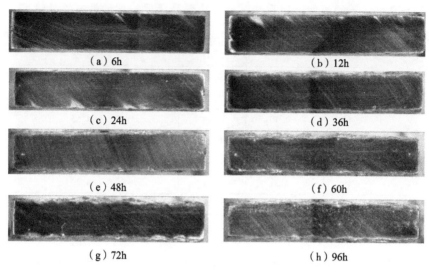

图 9-6 EXCO 溶液腐蚀不同时间后的试验件截面腐蚀形貌

2A12-T4 铝合金在 EXCO 溶液中与大气环境中的腐蚀有两点不同：一是在 EXCO 溶液中试验件中部和靠近侧边部位的腐蚀程度基本一致，没有形成大气腐蚀中造成的"纺锤状"截面形貌，即试验件在 EXCO 溶液中的腐蚀没有"单侧腐蚀区"和"双侧腐蚀区"之分，这可能是由于试验件在 EXCO 溶液中的腐蚀时间较短，沿 S 向和 T 向的腐蚀耦合作用还不明显造成的；二是大气腐蚀后试验件在相邻部位的腐蚀深度基本一致，即大气腐蚀后试验件剥蚀得较为均匀，而经 EXCO 溶液腐蚀后试验件未腐蚀材料的表面凹凸不平，起伏非常明显，这可能也与 EXCO 溶液腐蚀较快有关，在短时间内的腐蚀更为剧烈，导致不同部位的腐蚀程度受到材料成分不均匀的影响更大。

9.3.3 腐蚀后试验件最小剩余厚度值的测量结果

为了与大气腐蚀情况进行对比，EXCO 溶液腐蚀后的试验件也以最小剩余厚度作为腐蚀特征量。虽然从 9.3.2 节中的截面腐蚀形貌可以大致认为试验件中部和靠近侧边部位的腐蚀程度基本一致，但不能说明两者之间完全没有差异（经测量，侧边附近的最小剩余厚度与中部相比还是小 0.02~0.08mm）。因此，进行腐蚀后试验件最小剩余厚度值测量的区域选为试验件中间的 1/2 范围，与大气腐蚀的"单侧腐蚀区"相对应。

在 EXCO 溶液中腐蚀不同时间后，将各组试验件切成小段，测出截面上测量区内的试件最小剩余厚度，每个腐蚀周期下测得的数据个数为 40~52 个。不同腐蚀周期下，试验件最小剩余厚度测量结果的统计情况如表 9-1 所示。

表 9-1 不同腐蚀时间后试验件最小剩余厚度测量结果的统计情况

试验时间/h	数据个数	平均值/mm	标准差/mm	折算后的最小剩余厚度平均值/mm
0	40	5.13	0.01	5.08
6	40	4.93	0.10	4.88
12	46	4.84	0.12	4.79
24	46	4.70	0.14	4.65
36	46	4.52	0.16	4.47
48	50	4.37	0.25	4.32
60	48	4.31	0.21	4.26
72	48	4.27	0.16	4.22
96	52	4.20	0.15	4.15

表 9-1 中对最小剩余厚度的平均值进行了折算（均减掉 0.05mm），目的是使 EXCO 溶液腐蚀试验件的初始"厚度"与实际大气腐蚀试验件相一致，从而具有可比性。折算后的试验件最小剩余厚度随腐蚀时间变化的规律如图 9-7 所示。从图中可以看出，试验件最小剩余厚度的减小速率先快后慢，在 48h 发生全面剥蚀后呈高度相关的线性规律，拟合度 $R=0.9904$，这与文献 [3] 等研究的 2A12-T4 铝合金在 EXCO 溶液中的腐蚀动力学规律相吻合。

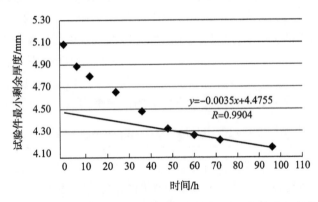

图 9-7 折算后的试验件最小剩余厚度随腐蚀时间变化的规律

9.3.4 腐蚀后试验件疲劳寿命与断口形貌

在 EXCO 溶液中腐蚀不同时间后，试验件的疲劳寿命和统计值如表 9-2 所示。使用肖维奈准则对最小试件数进行检验，表中对数平均值 $\bar{x}$、对数标准差 s 和变异系数 C_v 的计算公式为

第9章 基于 EXCO 溶液的沿海大气腐蚀环境模拟

$$\bar{x} = \frac{1}{n}\sum_{i=1}^{n} \lg x_i \qquad (9-3)$$

$$s = \sqrt{\frac{\sum_{i=1}^{n}(\lg x_i)^2 - \frac{1}{n}\left(\sum_{i=1}^{n}\lg x_i\right)^2}{n-1}} \qquad (9-4)$$

$$C_v = \frac{s}{\bar{x}} \qquad (9-5)$$

式中：x_i 为一组试件中第 i 件的寿命，以循环数表示；n 为试件数，各组取值均为 3。

表 9-2 不同腐蚀时间后试验件疲劳寿命和统计值

腐蚀时间/h	谱块数寿命	循环数寿命	谱块数均值	对数循环寿命的变异系数
0	901	1116649	933.92	0.00986
	1078	1335642		
	823	1019078		
6	425	526885	421.75	0.01416
	497	615783		
	343	424977		
12	305	377276	351.17	0.00937
	366	453164		
	383	474847		
24	317	392453	283.50	0.01019
	289	357761		
	245	303555		
36	221	273200	247.33	0.01250
	294	364266		
	228	281873		
48	240	297050	236.83	0.00511
	250	310060		
	221	273200		
60	196	242844	192.50	0.02308
	243	301387		
	138	171292		

续表

腐蚀时间/h	谱块数寿命	循环数寿命	谱块数均值	对数循环寿命的变异系数
72	179	221162	172.67	0.00719
	156	192974		
	184	227666		
96	194	240676	207.67	0.00458
	214	264527		
	215	266695		

根据肖维奈准则，取置信度为90%、相对误差为5%，则满足最小观测值个数为3的变异系数取值应小于0.0297，从表9-2可以看出，各组试验结果均满足要求。

疲劳寿命平均值随腐蚀时间变化的规律如图9-8所示，为了与大气腐蚀后的疲劳数据进行对比，图中的疲劳寿命均值以谱块数为基本单位。对应于各腐蚀时间后的疲劳试验件断口形貌如图9-9所示。

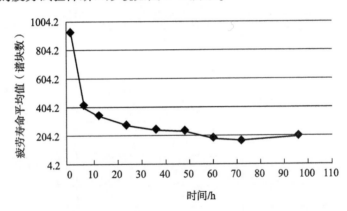

图9-8 疲劳寿命平均值（谱块数）随腐蚀时间变化的规律

从图9-9可以看出，在EXCO溶液中腐蚀后的试验件断口呈多裂纹源特征，且36h剥蚀发生后裂纹源更是明显增多，尤其是从试验件表面（L-T面）萌生的裂纹增多，这主要与试验件在EXCO溶液中表面腐蚀得不均匀有关。虽然从36h后试验件的裂纹源明显增多，但从图9-8可以发现，试验件的疲劳寿命却下降不大，这主要是因为腐蚀加重后，在疲劳载荷下可能萌生小裂纹的部位增多，分散了疲劳加载能量的缘故。在腐蚀时间较长的试验件侧边（L-S面）可以发现更多的开裂（文中未示出），也证实了上述原因。

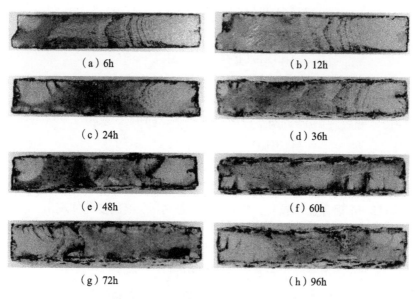

图 9-9　EXCO 溶液腐蚀不同时间后的试验件断口形貌

9.3.5　分析与讨论

根据试验现象与 pH 值检测结果的初步推断，2A12-T4 铝合金在 EXCO 溶液中腐蚀初期的反应主要与 H^+ 有关，导致了 H^+ 浓度的快速下降；腐蚀前期所产生的气泡也与酸有关，可能为 $H_2\uparrow$ 或 $NO\uparrow$，其化学反应方程式主要为

$$2Al+6H^+ \longrightarrow 2Al^{3+}+3H^2\uparrow \tag{9-6}$$

$$Al+4HNO_3 \longrightarrow Al(NO_3)_3+NO\uparrow+2H_2O \tag{9-7}$$

由于铝表面氧化膜的影响，H^+ 浓度减小的速率开始较小，当氧化膜逐渐被化学反应去除，H^+ 浓度减小的速率逐渐增大，当达到 4.5h 时，随着 H^+ 浓度的减小，反应速率开始逐渐降低，这与试验过程中观察到的试验现象也较为吻合。

此外，在酸性条件下，NO_3^- 具有强氧化性，可将铝氧化，生成 $Al(OH)_3$ 沉淀，反应方程式为

$$10Al+6NO_3^-+6H_2O \longrightarrow 4Al(OH)_3\downarrow+3N_2\uparrow+6AlO_2^- \tag{9-8}$$

Cl^- 也会促进腐蚀过程的发展，其很容易被吸附，可以逐渐置换腐蚀产物 $Al(OH)_3$ 中的 OH^- 形成易溶的 $AlCl_3$，反应方程式如式（9-9）~式（9-11）所示；也可以在酸性条件下作为一种催化剂导致 Al 的连续腐蚀，反应方程式如式（9-12）~式（9-14）所示。

$$Al(OH)_3+Cl^- \longrightarrow Al(OH)_2Cl+OH^- \qquad (9-9)$$

$$Al(OH)_2Cl+Cl^- \longrightarrow Al(OH)Cl_2+OH^- \qquad (9-10)$$

$$Al(OH)Cl_2+Cl^- \longrightarrow AlCl_3+OH^- \qquad (9-11)$$

$$Al+3HCl \longrightarrow AlCl_3+3/2H^2 \uparrow \qquad (9-12)$$

$$AlCl_3+3H_2O \longrightarrow Al(OH)_3+3HCl \qquad (9-13)$$

式（9-12）和式（9-13）两个反应方程式合并即为

$$Al+3H_2O \longrightarrow Al(OH)_3+3/2H^2 \uparrow \qquad (9-14)$$

上述分析并未考虑 2A12-T4 铝合金中其他物质的腐蚀过程，但可以看出，2A12-T4 铝合金在 EXCO 溶液中既与酸发生反应受到腐蚀，又与盐发生反应受到腐蚀。2A12-T4 铝合金与酸发生的腐蚀可以通过 pH 值的变化体现出来，主要在 H^+ 浓度较高的前 25h；在 25h 后，根据试验件的腐蚀形貌可以看出，试验件已发生了严重的点蚀，在深入到内部的局部腐蚀区域以式（9-9）~式（9-14）发生着腐蚀，所以在酸浓度变小后剥蚀还能持续发展。

根据剥蚀机理可以反向推断：当试验件发生全面剥蚀后，若试验件的腐蚀特征量（本章为最小剩余厚度）以线性规律变化时，可以认为试验件受到的腐蚀是等速的。从 9.3.3 节测得的试验件最小剩余厚度随腐蚀时间变化的规律可以看出，试验件的腐蚀特征量在发生全面剥蚀后（48h）呈高度相关的线性减小。可以大致地认为，试验件在 EXCO 溶液中与盐的反应过程是等速的，即 25h 后（EXCO 溶液的酸浓度基本恒定），试验件在 EXCO 溶液中的腐蚀过程是等速的。

上述推断从 EXCO 溶液成分的成分分析中也可以得到证实：在 25h 后，EXCO 溶液的 H^+ 浓度基本保持恒定，且其他成分，Na^+、K^+、NO_3^- 和 Cl^- 所参加化学反应的生成物基本为可溶性物质，即在溶液中的含量不会减少，也就是说，在 25h 后的 EXCO 溶液已达到稳定状态，对试验件的腐蚀可以看成是等速的。

9.4 腐蚀损伤等效模拟关系模型

9.4.1 基本假设

在 9.3 节试验结果与讨论分析的基础上，为建立 EXCO 溶液与实际大气环境的腐蚀损伤等效关系，提出以下基本假设：

（1）2A12-T4 铝合金在 EXCO 溶液中的腐蚀，前 25h 为试验件与酸、与盐离子的反应（实际上在与盐的反应中，盐作为催化剂）同时进行，在 25h 后只考虑试验件与盐的反应，且认为酸的浓度不影响试验件与盐离子的反应速率，即认为在 25h 前和 25h 后，试验件受到盐离子影响而发生腐蚀的速率保持恒定。

（2）以 H^+ 浓度的变化速率代表试验件与酸反应发生腐蚀的速率。

（3）本章最长只开展了试验件在 EXCO 溶液中浸泡 96h 的腐蚀试验，假设试验件继续在 EXCO 溶液中浸泡，其最小剩余厚度的变化仍沿着 48～96h 的线性规律发展。

（4）认为试验件在大气中的腐蚀速率是恒定的，即第 8 章中得到的试验件在大气腐蚀下的特征量（最小剩余厚度）变化规律代表了恒定腐蚀环境下腐蚀特征量的变化特征。这样，以大气腐蚀条件下的腐蚀特征量变化规律作为基准，以 EXCO 溶液中试验件的腐蚀特征量与之相比，可以推断出在相应时间节点前后试验件在 EXCO 溶液中腐蚀速率的比例关系。结合前三条假设，可以进一步推断出试验件与酸反应发生腐蚀的平均速率及试验件与盐反应发生腐蚀的速率的比例关系。

（5）由于第 8 章用于实际大气腐蚀的试验件带有阳极氧化层，影响了试验件的实际大气腐蚀过程，为了与 EXCO 溶液腐蚀试验结果具有可比性，参考文献中的研究，假设阳极氧化层在万宁大气条件下的等效有效周期为两年。即假设本章中所使用的无阳极氧化试验件在万宁大气下腐蚀 5 年、10 年、18 年后的腐蚀特征量和寿命值，与第 8 章中由阳极氧化试验得到的 7 年、12 年、20 年的腐蚀特征量和寿命值相一致。

9.4.2　EXCO 溶液与大气环境的等效关系模型

试验件在 EXCO 溶液的腐蚀过程中，由于溶液的成分处于变化状态（主要在前 25h），使得 EXCO 溶液的腐蚀强度也是变化的。根据 9.4.1 节的第（1）条和第（2）条假设，可以得到 2A12-T4 铝合金试验件在 EXCO 溶液中无量纲腐蚀速率随时间变化的规律，如图 9-10 所示。

这里所说的无量纲量腐蚀速率定义如下：指定一个腐蚀特征量 h，假设试验件在某等速腐蚀条件下达到 h 时的腐蚀特征量变化速率为 $\underline{v}$（如单位时间的腐蚀深度），在 EXCO 溶液中达到 h 时的腐蚀特征量变化速率为 v，则称 $v/\underline{v}$ 为试验件在 EXCO 溶液中腐蚀特征量为 h 时对应的无量纲腐蚀速率。上述定义中，等速腐蚀条件是指腐蚀介质浓度不随时间发生变化的腐蚀条件，大气腐蚀、盐雾腐蚀等均可看作等速腐蚀条件。

从图 9-10 可以看出，在 EXCO 溶液中腐蚀的前 25h，试验件的总腐蚀速率等于试验件与酸和盐离子反应的腐蚀速率之和，在 25h 后，仅考虑试验件与盐离子反应的腐蚀速率。

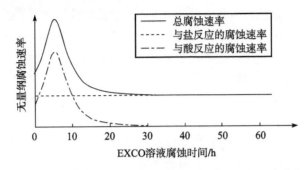

图 9-10 试验件在 EXCO 溶液中的腐蚀速率随时间的变化规律

腐蚀速率的积分即代表了试验件的累积腐蚀量,这里的累积腐蚀量可以用最大腐蚀深度、试验件总失重、参加反应的离子浓度减少总量等作为代表。

在 EXCO 溶液中,试验件与盐离子反应的腐蚀速率是恒定值,则其累积腐蚀量与时间为比例模型,如图 9-11 中虚线所示,公式为

$$h_{cs} = at \tag{9-15}$$

式中:h_{cs} 为试验件与盐反应的累积腐蚀量;a 为模型的拟合参数,代表了试验件与盐离子反应的腐蚀速率;t 为腐蚀时间。

在 EXCO 溶液中,试验件与酸反应的累积腐蚀量可以以 H^+ 浓度值的累积变化量作为代表,参考图 9-3(b),其累积腐蚀量与时间的关系模型如图 9-11 中点划线所示,公式为

$$h_{ca} = b - be^{ct} \tag{9-16}$$

式中:h_{ca} 为试验件与酸反应的累积腐蚀量;b、c 为模型的拟合参数;t 为腐蚀时间。

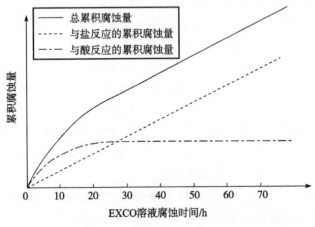

图 9-11 试验件在 EXCO 溶液中的累积腐蚀量随时间的变化规律

因此，试验件的总累积损伤量如图9-11中实线所示，公式为

$$h_c = at+b-be^{ct} \tag{9-17}$$

明显地，大气腐蚀作为一种等速腐蚀条件，其无量纲腐蚀速率是一个常数，从而其累积腐蚀量与时间为比例模型。将试验件的累积腐蚀量作为一个中间值，则可以获取大气环境与EXCO溶液的等效腐蚀关系，其公式为

$$t_0 = (at+b-be^{ct})/d = a_1 t + b_1 - b_1 e^{ct} \tag{9-18}$$

式中：t_0为等效的大气腐蚀时间；d为无量纲的大气腐蚀速率。可以看出，式（9-17）与式（9-18）实际上属于相同的公式形式。

9.4.3 由最小剩余厚度值确定EXCO溶液与大气环境的等效关系

根据9.4.1节中的第（5）条假设，若不考虑阳极氧化层的影响，试验件在万宁大气环境下腐蚀到4.42mm、4.09mm和3.73mm分别需要5年、10年和18年，各阶段的腐蚀时间比例为5∶5∶8。根据表9-1以及图9-7中的公式计算，试验件在EXCO溶液中腐蚀到4.42mm、4.09mm和3.73mm分别需要40h、110.1h和213h，各阶段的腐蚀时间比例是40∶70.1∶102.9，时间比例初步简化为2.9∶5.0∶7.3和3.1∶5.4∶8.0，取均值得到三阶段所需的腐蚀时间比例为3.0∶5.2∶7.7。从两组时间比例（5∶5∶8与3.0∶5.2∶7.7）可以看出，两种腐蚀条件下，第二阶段（从4.42mm腐蚀到4.09mm）和第三阶段（从4.09mm腐蚀到3.73mm）所对应的时间比例基本一致，说明EXCO溶液在40h后的腐蚀速率与5年后的大气腐蚀速率是相对应的。以大气腐蚀下得到的时间比例（5∶5∶8）作为基准，通过与EXCO溶液下的时间比例（3.0∶5.2∶7.7）相比，即可得出EXCO溶液中三阶段的腐蚀速率比（5∶5∶8）/（3.0∶5.2∶7.7）≈1.67∶1∶1，即前40h的平均反应速率是之后反应速率的1.67倍。

假设试验件在前25h与酸反应的平均腐蚀速率为$\bar{x}$，试验件与盐离子反应的平均腐蚀速率为y，则有

$$\frac{25\bar{x}+40y}{40y} = 1.67 \tag{9-19}$$

可以计算出$\bar{x}/y=1.07$，即前25h试验件与酸的平均反应速率等于与盐的反应速率的1.07倍。在此结论的基础上，通过以下步骤由最小剩余厚度值确定EXCO溶液与大气环境的等效关系。

（1）根据式（9-17）的形式，设大气腐蚀时间t_0与EXCO溶液中腐蚀时间t的关系式为

$$t_0 = at+b-be^{ct} \tag{9-20}$$

式中：a、b、c 为拟合参数。式（9-20）反映在坐标系中如图 9-12 中实线所示。

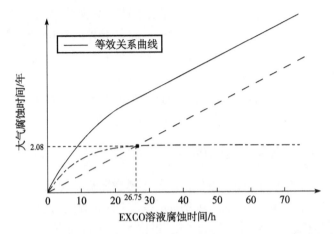

图 9-12　EXCO 溶液与大气环境的等效关系曲线（由最小剩余厚度确定）

图 9-12 中的实线可以分解成一条过原点的直线（图中虚线）和一条过原点的指数曲线（图中点划线）之和。直线反映了只考虑试验件在 EXCO 溶液中与盐反应受到腐蚀时，EXCO 溶液腐蚀时间与大气腐蚀时间的等效关系，明显地，式（9-20）中的系数 a 即为直线斜率。指数曲线反映了只考虑试验件在 EXCO 溶液中与酸反应受到腐蚀时，EXCO 溶液腐蚀时间与大气腐蚀时间的等效关系，由于在 EXCO 溶液中前 25h 试验件与酸的平均反应速率等于与盐的反应速率的 1.07 倍，直线与指数曲线在横坐标 $t=25×1.07=26.75$ 处交叉。

（2）通过本节前述内容得知，在试验件从 4.09mm 腐蚀到 3.73mm 期间，无论是在 EXCO 溶液中还是在大气环境中，腐蚀均为等速的；从 4.09mm 腐蚀到 3.73mm，试验件在 EXCO 溶液中需腐蚀 213-110.1=102.9（h），在大气环境中需腐蚀 18-10=8（年）。因此，可以求得直线斜率值 $a=8/102.9=0.078$。

（3）根据图 9-12 中的直线的方程（$t_0=0.078t$），可以求得直线与指数曲线交叉点的坐标为（26.75，2.08），此点也为方程 $t_0=b-be^{ct}$ 的解。

（4）指数方程中，c 为形状参数，由于 H^+ 浓度表征了试验件与酸反应的累积腐蚀量，根据式（9-18）可以看出，形状参数的取值在公式变换时不受影响，因此，根据图 9-3（b），得到 $c=-0.125$；继而可以根据步骤（3），得到 $b=2.156$。

（5）综合上述步骤，由最小剩余厚度值确定大气腐蚀时间 t_0 与 EXCO 溶液中腐蚀时间 t 的等效关系模型为

$$t_0=0.078t+2.156-2.156e^{-0.125t} \tag{9-21}$$

9.4.4 由疲劳寿命确定 EXCO 溶液与大气环境的等效关系

通过对比试验件在实际大气和 EXCO 溶液（表 9-2）中腐蚀后的疲劳试验结果，若不考虑阳极氧化层的影响，试验件在万宁大气环境下寿命退化到 293 谱块、166.6 谱块分别需要 5 年和 10 年，对应于 EXCO 溶液中的腐蚀时间大约为 24h 和 72h。

考虑到大气腐蚀条件下 10~18 年的试验件寿命没有下降，在这一时间段很难从寿命等效的角度找到对应关系，因此引入由最小剩余厚度值研究所确定的"前 25h 试验件与酸的平均反应速率等于与盐的反应速率的 1.67 倍"这一结论作为基础条件。

通过以下步骤由疲劳寿命确定 EXCO 溶液与大气环境的等效关系。

（1）大气腐蚀时间 t_0 与 EXCO 溶液中腐蚀时间 t 的关系式仍为式（9-20）的形式。由于在 EXCO 溶液中前 25h 试验件与酸的平均反应速率等于与盐的反应速率的 1.67 倍，直线与指数曲线在横坐标 $t=26.75$ 处交叉。

（2）由于 293 谱块对应于 EXCO 溶液中的腐蚀时间大约为 24h，可以认为试验件疲劳寿命从 293 谱块退化到 166.6 谱块期间，无论是在 EXCO 溶液中还是在大气环境中，腐蚀均为等速的；验件疲劳寿命从 293 谱块退化到 166.6 谱块，试验件在 EXCO 溶液中需腐蚀 72-24=48（h），在大气环境中需腐蚀 5 年。因此，可以求得直线斜率值 $a=5/48=0.104$。

（3）根据图 9-13 中的直线方程（$t_0=0.104t$），可以求得直线与指数曲线交叉点的坐标为（26.75，2.79），此点也为方程 $t_0=b-be^{ct}$ 的解。

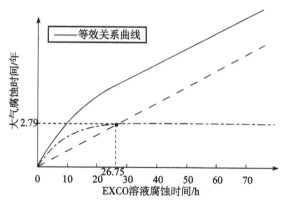

图 9-13 EXCO 溶液与大气环境的等效关系曲线（由疲劳寿命确定）

（4）指数方程中，形状参数 $c=-0.125$，继而根据步骤（3）可以得到 $b=2.892$。

（5）综合上述步骤，由疲劳寿命确定大气腐蚀时间 t_0 与 EXCO 溶液中腐蚀时间 t 的等效关系模型为

$$t_0 = 0.104t + 2.892 - 2.892e^{-0.125t} \qquad (9-22)$$

9.5 EXCO 溶液的模拟效果讨论

9.5.1 模型检验

分别对基于最小剩余厚度值等效和腐蚀后疲劳寿命等效建立的大气环境与 EXCO 溶液的腐蚀损伤等效关系模型进行误差分析，结果如表 9-3 和表 9-4 所示。在表 9-3 中，首先通过将大气腐蚀时间带入等效关系模型（式（9-21））得到等效的 EXCO 溶液腐蚀时间；再根据大气腐蚀数据（图 8-8）和 EXCO 溶液腐蚀数据（表 9-1），通过插值的方法，得到两种腐蚀环境下不同腐蚀时间的试验件最小剩余厚度平均值。表 9-4 的计算、对比方法类似。

表 9-3 由最小剩余厚度等效确定的等效关系模型计算误差

大气腐蚀时间/年	等效模型加速腐蚀时间/h	大气腐蚀最小剩余厚度/mm	加速腐蚀最小剩余厚度/mm	腐蚀等效模型计算误差/%
0	0.00	5.08	5.08	0.00
5	36.80	4.42	4.46	0.90
8	75.00	4.22	4.21	0.24
10	100.60	4.09	4.12	0.82
12	126.20	4.00	4.03	0.85
15	164.70	3.87	3.90	0.88
18	203.20	3.73	3.76	0.92

表 9-4 由疲劳寿命等效确定的等效关系模型计算误差

大气腐蚀时间/年	等效模型加速腐蚀时间/h	大气腐蚀疲劳寿命/谱块数	加速腐蚀疲劳寿命/谱块数	腐蚀等效模型计算误差/%
0	0.00	933.90	933.92	0.00
5	22.04	293.00	294.55	0.53
8	49.18	217.16	232.47	7.05
10	68.36	166.60	178.69	7.25
12	87.58	169.03	195.39	15.60

从表 9-3 的对比结果可以看出，由最小剩余厚度等效确定的模型计算误差均小于 1%，精度很高。而由疲劳寿命等效确定的模型计算误差稍高，一是由于结构的疲劳寿命受到很多因素的影响，误差会被放大（例如，根据工程经验，载荷增加 20%，疲劳寿命会减少一半）；二是试验件的疲劳寿命与大气腐蚀时间不是线性关系，通过线性插值计算所造成的误差会比较大，但总体来说，模型计算误差在工程允许范围内。

9.5.2 讨论

现阶段，由实际服役环境向实验室加速环境进行当量折算主要采用电荷当量、试验件电阻值当量、最大腐蚀深度当量、腐蚀失重当量、腐蚀损伤形貌当量、寿命当量等原则。电荷当量、电阻值当量和腐蚀失重当量这三种等效关系反映了材料在大气环境中的腐蚀量和实验室加速条件下的腐蚀量相当，即发生电化学反应的材料数量基本相等。从反映的腐蚀损伤范围来看，这三种当量关系反映的是整个结构或试验件的平均腐蚀损伤量，可以说是对应着结构静强度的当量关系。然而，编制结构加速环境谱的主要目的是要考核结构疲劳寿命的退化规律。如果结构在实际大气环境下的腐蚀损伤类型为局部腐蚀（尤其是点蚀），而在实验室加速环境下为均匀腐蚀，则在相同的腐蚀损伤平均量下，在实验室得到的试验结果要过于危险，可能由此给出的飞机定寿结果偏长，存在安全隐患。

对于腐蚀深度当量关系来说，其反映了材料在大气环境中和实验室加速条件下材料局部最大腐蚀量相当，在一定程度上反映了结构在实际环境与加速环境下的疲劳性能当量关系。但是，此当量方法还是会受到结构失效形式的显著影响，例如，实际大气腐蚀条件下结构的腐蚀损伤类型为均匀腐蚀，但在实验室加速条件下为局部腐蚀，在相同的腐蚀深度下，试验结果由于点蚀坑所引入应力集中的影响会比实际情况偏短，给出的定寿结论可能会过于保守，不能充分发挥飞机结构的寿命潜力。

因此，编制飞机结构的加速腐蚀环境谱，应力求使结构的加速腐蚀失效形式与实际情况相近，则基本可以满足所有的腐蚀当量关系。若所使用的加速腐蚀介质不能做出与实际大气相似的腐蚀形貌，则需要根据研究对象在实际结构中的具体功能和失效形式选择当量原则。例如，如果实际结构在服役/使用时的主要任务是承载和传力，失效形式为疲劳断裂失效，则编制环境谱的最终目的就是要得到结构随腐蚀时间变化的寿命退化规律，建议在确定加速腐蚀介质作用时间时依据结构寿命当量原则；如果实际结构的具体功能是密封和维持结构外形，在使用过程中基本不承载，失效形式为穿透性腐蚀失效，则建议在确定加速腐蚀介质作用时间时依据结构的腐蚀深度等效原则。

本章以试验件最小剩余厚度等效（腐蚀深度等效）和疲劳寿命等效两种等效原则建立了 EXCO 溶液与大气环境的腐蚀损伤等效关系，如图 9-14 所示。

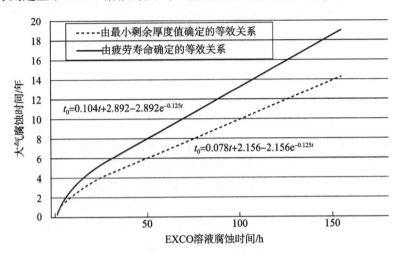

图 9-14　EXCO 溶液与大气环境的两种等效关系曲线

从图 9-14 可以看出，当要使用 EXCO 溶液模拟某一特定时间的大气腐蚀效果时，由疲劳寿命等效原则确定的试验时间要比最小剩余厚度等效原则确定的试验时间更短，两种当量原则确定的试验时间相差 25%~40%。

出现上述现象的原因是 EXCO 溶液的腐蚀性较强，腐蚀时间很短，试验件与溶液发生的反应剧烈，导致不同部位的腐蚀程度受到材料成分不均匀的影响更大，试验件表面腐蚀得凹凸不平；而实际大气腐蚀非常平缓，试验件去除剥蚀层后的剩余材料表面较平。由两种腐蚀条件造成的试验件腐蚀特征不同导致了试验件在达到相同腐蚀深度时，由 EXCO 溶液腐蚀的试验件疲劳寿命更短，从而由疲劳寿命等效原则确定的 EXCO 溶液腐蚀时间更短。

根据之前的讨论，最理想的加速腐蚀环境是使腐蚀深度等效原则和寿命等效原则所确定的试验周期均能吻合。从本章得到的两种等效关系曲线来看，如果能够降低 EXCO 溶液的腐蚀性，使试验件在其中腐蚀得更加缓和，在理论上是可以使两条等效关系曲线更为靠近，甚至是可以相互重合的。

如果要基于 EXCO 溶液编制改进的加速腐蚀谱，首先建议采用盐雾腐蚀的试验方法，原因是这种试验方式每次喷出的腐蚀介质（盐雾）均为"新鲜"的，可以看作是等速腐蚀条件；其次建议将作为盐雾腐蚀液的 EXCO 溶液成分进行调整或将溶液整体进行稀释，从而减缓溶液腐蚀性。

通过 9.2 节中检测的 EXCO 溶液 pH 值可以得知，试验件发生点蚀的阶段

（24h前），溶液pH值从0.41变化到2.3左右，试验件发生持续剥蚀的阶段（36h后），溶液pH值稳定在3~3.5之间。若对EXCO溶液进行稀释或成分调整，既要保证溶液有足够的酸性使试验件发生点蚀，又不能使酸度过高影响了之后的剥蚀，因此，可以试着初步将EXCO溶液pH值调整为1.5~2左右进行试验，当然，使用此种稀释（或调整成分）的EXCO溶液进行盐雾腐蚀的试验方法是否可行还需要开展具体的试验工作进行验证。

给出两种对EXCO溶液的调整方案：①将EXCO溶液整体稀释，综合考虑到酸的浓度和盐的浓度，将稀释后溶液的pH值控制在1.5左右，即将EXCO溶液稀释12倍，即氯化钠234g、硝酸钾50g和浓度68%的硝酸溶液6.5g由蒸馏水稀释至12L；②将EXCO溶液中酸和盐的含量均降低，但降低比例不同，将盐的浓度稀释3倍左右、酸的浓度稀释40倍左右，即将氯化钠234g、硝酸钾50g、浓度68%的硝酸溶液0.49g由蒸馏水稀释至3L，此溶液的pH值在2左右。

参考文献

[1] ASTM G 34-01 Standard test method for exfoliation corrosion susceptibility in 2XXX and 7XXX series aluminum alloys (EXCO Test) [S]. ASTM, 2003.
[2] 西南铝业（集团）有限责任公司. 铝合金加工产品的剥落腐蚀试验方法：GB/T 22639—2008 [S]. 北京：中国标准出版社，2008.
[3] 航空航天工业部. 铝合金剥层腐蚀试验方法：HB 5455—90 [S]. 北京：中国标准出版社，1990.
[4] 李荻，左尚志，郭宝兰. LY12铝合金剥蚀行为的研究 [J]. 中国腐蚀与防护学报，1995，15（3）：203-209.
[5] 谢伟杰，李荻，胡艳玲，等. LY12CZ和7075T7351铝合金在EXCO溶液中腐蚀动力学的统计研究 [J]. 航空学报，1999，20（1）：34-38.
[6] 李玉海，刘文珽，杨旭，等. 军用飞机结构日历寿命体系评定应用范例 [M]. 北京：航空工业出版社，2005.
[7] 孙霜青，郑弃非，李德富，等. 带包铝层的LC4铝合金长期大气腐蚀行为研究 [J]. 稀有金属，2009，33（4）：515-520.
[8] 谢伟杰，李荻，胡艳玲，等. LY12CZ和7075T7351铝合金在EXCO溶液中腐蚀动力学的统计研究 [J]. 航空学报，1999，20（1）：34-38.
[9] 王逾涯，韩恩厚，孙祚东，等. LY12CZ铝合金在EXCO溶液中的腐蚀行为研究 [J]. 装备环境工程，2005，2（1）：20-24.
[10] 高镇同，熊峻江. 疲劳可靠性 [M]. 北京：北京航空航天大学出版社，2000.

第10章
主要大气腐蚀组分与试验条件对航空铝合金腐蚀的影响

10.1 基本原理简介

大气相对湿度是影响所有金属大气腐蚀的一个共同因素,而大气化学组分对金属材料的大气腐蚀则依其与不同金属的化学、电化学反应不同,以及形成的腐蚀产物的性质不同而存在不同机制。尤其是大气污染组分被认为是加速金属大气腐蚀的主要因素。对于铝而言,其氯离子的腐蚀敏感性最为明显,铝的硫酸盐也被发现是铝大气腐蚀最为丰富的腐蚀产物,其次是铝的氯化物。许多研究也发现大气中的有机物及工业烟尘会对铝的大气腐蚀产生不同的影响。

大气污染物主要以两种形式传输到金属表面,即干沉积和湿沉积形式。这也导致金属表面存在与大气同样丰富的化学组分。SO_3^{2-}、NO_3^-、NO_2^-、Cl^-、HCO_3^-、H^+、NH_4^+ 及某些金属离子是存在于金属表面最为普遍的组分,它们都会对金属的大气腐蚀产生不同程度的影响。

大气中的 SO_2、NO_2、NO 主要来源于燃料燃烧排放的气体。它们或者通过大气化学作用在大气中被氧化形成相应的酸或盐沉积于金属表面,或直接沉积溶解于金属表面薄液膜,通过某些金属离子的催化氧化形成相应的酸或盐影响金属的大气腐蚀。值得注意的是,由于 SO_2 和 NO_2 等污染气体的大量排放,全球许多地区都出现了酸雨。酸雨不仅威胁人类生存环境,而且大大加速了许多材料的大气腐蚀破坏,对于铝而言,酸雨和高速公路去冰盐的存在大大加速了汽车用铝合金的腐蚀,导致汽车必须选用更昂贵的铝材。

SO_2 沉积于表面液膜的结果,一方面是使液膜表面酸性增加,另一方面是使 SO_4^{2-} 含量升高。酸化的结果会直接导致氧化膜的破坏,使裸露的铝溶解。

溶解释放的 Al^{3+} 与表面吸附的 SO_4^{2-} 经一系列化学步骤最终形成稳定难溶

铝的硫酸盐化合物，这种腐蚀产物的形成对铝具有保护作用。

NO_2 和 NO 最终被氧化为 NO_3^- 的形式沉积于金属表面。尽管 NO_2 对铝的腐蚀较弱，但其仍能够加速铝的大气腐蚀。由于铝的硝酸盐都是易溶的，铝的大气腐蚀产物未发现铝的氮化物。在 NO_2 单独气氛下，用 AES 也未检测到铝氮的化合物。一种普遍情况是 NO_2 和 SO_2 同时存在时，NO_2 和 SO_2 对某些金属的大气腐蚀具有协同作用。对于铝而言所获得的实验结果却存在分歧。

Cl^- 对铝及铝合金的大气腐蚀，无论是在水溶液或暴露于大气环境中，Cl^- 都是铝发生点蚀的主要原因。铝的氯化物也被发现是仅次于铝的硫酸盐的大气腐蚀产物。大气中的 Cl^- 主要通过气相 HCl、含氯的有机气体、降雨、海盐粒子等沉积进入表面水层，液膜中 Cl^- 首先在铝表面的活性位发生吸附，大量实验证实氯离子的吸附是铝发生点蚀的最初步骤。这种吸附在氧化膜不完整或缺陷处增强，接下来发生吸附的离子与氧化膜的化学反应、氧化膜的减薄和裸露铝的直接溶解。

铝的含氯化合物的易溶解性阻碍了表面氯的腐蚀产物层的形成，但有限的部分仍被纳入了腐蚀层。在某些腐蚀产物中主要以 $AlCl_3$ 存在，由 $Al(OH)_3$ 经一系列的氯化步骤形成。

对于存在其他大气组分，像 SO_2、NO_2 和 Cl^- 共同存在时对大气腐蚀影响相关研究很少，一些实验发现了在 Cl^- 溶液中，SO_4^{2-} 加入会增强铝的腐蚀，而 NO_3^- 则抑制了铝的腐蚀。在大气暴露的情况下，SO_2 和 Cl^- 共同存在的情况较二者单独存在的情况腐蚀严重。

10.2　全浸条件下 NO_3^- 和 SO_4^{2-} 对 2A12-T4 铝合金腐蚀的影响

通常认为 NO_3^- 是铝合金的有效缓蚀剂，但有学者发现 7075 和 2024 铝合金在特定浓度和比例的 $NaCl+NaNO_3$ 溶液中时，腐蚀速率比相同浓度的 NaCl 溶液高一个数量级，并指出 Cl^- 主要是在初期点蚀发生时发挥作用，而 NO_3^- 是通过阴极反应先生成 NO_2^-，进而生成 NH_3，最终通过 NH_3 与沉淀强化相 $MgZn_2(CuAl_2)$ 中的 Zn(Cu) 发生反应，形成稳定的可溶性化合物来加速铝合金的腐蚀过程。McIntyre 等研究高强度铝合金在人工海水中的腐蚀行为时也发现，如果在海水中加入 NO_3^-，可以大大加速 AA7075 铝合金的晶间腐蚀，分析原因与文献中关于 NO_3^- 加速铝合金腐蚀的解释一致。同时文献还通过开展相关的电化学试验发现，如果溶液 pH 值减小，NO_3^- 抑制铝合金腐蚀的作用会明显下降，并且在较小的 pH 值下，NO_3^- 能起到加速铝合金腐蚀的作用。众多学者均采用电化学方法分别研究了 2024-T351、AA7075 和 Al-Zn-Mg-Cu-Zr 铝合金在 EXCO 溶液中剥蚀过程的阻抗特性，均认为 EXCO 溶液中的 NO_3^- 对铝合金剥蚀的形成起着至关重要的作用，同时分析腐蚀初期阴极反应速率之所以被加快的原因是 NO_2^- 在初期铝溶解反应中起到了一种自催化作用。有学者开展了铝锂合金的 EXCO 和 ANCIT 测试，发现在两种剥蚀敏感性测试方法中，试验溶液中氧化剂 NO_3^- 的加入对腐蚀电位和极化电阻均有显著影响，而且溶液 pH 值与氧化剂的相互作用对极化电阻也有显著影响。

上述研究从不同的角度阐述了 NO_3^- 加速铝合金腐蚀的作用，但是关于 EXCO 溶液中 NO_3^- 在铝合金剥蚀中发挥的具体作用还未有相关研究给出清楚的解释。本节将通过开展 2A12-T4 铝合金分别在 1~4#溶液（见表 10-1）中的全浸试验，研究溶液中 NO_3^- 和 SO_4^{2-} 对铝合金剥蚀的影响。

表 10-1　用于研究 NO_3^- 和 SO_4^{2-} 对铝合金剥蚀影响的不同腐蚀溶液腐蚀介质成分、浓度及 pH 值

腐蚀溶液编号	腐蚀介质成分及浓度/(mol/L)	pH 值
1#	NaCl：4.00；KNO_3：0.50；HNO_3：0.10	0.4
2#	NaCl：4.00；K_2SO_4：0.25；H_2SO_4：0.05	0.4
3#	NaCl：4.00；K_2SO_4：0.25；HNO_3：0.10	0.4
4#	NaCl：4.00；KNO_3：0.50；H_2SO_4：0.05	0.4

10.2.1　表面腐蚀行为

2A12-T4 试验件分别在 1#、2#、3#、4# 4 种溶液中全浸腐蚀 192h 后的宏观、微观表面腐蚀形貌分别如图 10-1 和图 10-2 所示。首先根据表面腐蚀形貌，按照 ASTM G34-01（2013）标准中剥蚀程度的等级划分，对试验件进行剥蚀等级划分：1-8#试验件发生了严重的剥蚀，表面分层十分严重，剥蚀穿入金属达相当深的厚度，且部分剥离层已经脱落，属于 ED 级；2-8#试验件表面未呈现出剥蚀特征，不进行剥蚀评级；3-8#试验件表面出现了明显的鼓泡，但未发生显著的分层，属于 EA-EB 级；4-8#试验件表面分层很严重，剥蚀穿入金属较深处，属于 EC 级。可以看出，按照 3-8#、4-8#、1-8#的顺序，试验件的剥蚀特征依次变得明显，且 2-8#试验件未发生剥蚀。文献中也曾开展过类似的铝合金在 NaCl 和 H_2SO_4 组成的 pH 值为 1 溶液中的全浸试验，结果也未发生剥蚀，与 2-8#试验件的情况类似。

从图 10-2 可以发现，2A12-T4 试验件分别在 1#、2#、3#、4#溶液中腐蚀

第10章 主要大气腐蚀组分与试验条件对航空铝合金腐蚀的影响

图 10-1 试验件分别在 1#、2#、3#、4#溶液中腐蚀 192h 后的宏观表面腐蚀形貌（彩图见书末）

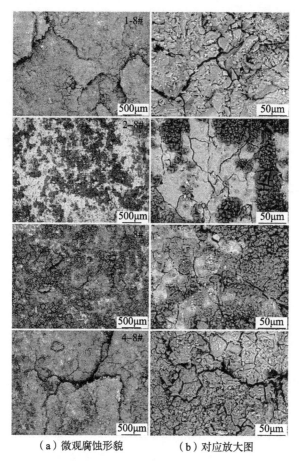

（a）微观腐蚀形貌　　　（b）对应放大图

图 10-2 试验件分别在 1#、2#、3#、4#溶液中腐蚀 192h 后的微观 BSE 表面腐蚀形貌

192h 后，试验件表面均发生了大量的晶间腐蚀。表面腐蚀产物的覆盖程度按照 2-8#、3-8#、4-8#、1-8#的顺序依次增加，且 4-8#和 1-8#两试验件表面全部被

腐蚀产物覆盖。明显地，腐蚀产物的覆盖程度与试验件剥蚀程度整体上呈正相关。试验件表面覆盖的腐蚀产物均发生了明显的龟裂。在 2-8#试验件表面可以发现，存在有较多的被腐蚀晶界且周围并没有出现腐蚀产物堆积的现象。

腐蚀过程中，试验件在 1#溶液中腐蚀 96h 以后与图 10-1 中 3-8#和 4-8#试验件一样，表面均呈现棕红色。1-8#试验件表面由于基本上被腐蚀产物覆盖，所以只有局部表面仍能看到棕红色。不同的是，2-8#试验件在腐蚀 120h 以后，直至 192h，试验件表面一直为浅绿色，如图 10-1 所示。分别从 1-8#和 2-8#试验件表面的棕红色和淡绿色区域刮取表面材料，然后分别进行 XRD 物相分析，结果如图 10-3 所示。虽然棕红色和淡绿色区域物质的物相峰强度不同，但物相种类一样，除腐蚀产物 Al(OH)$_3$ 外，主要还有 Cu。由于 Al、Mg 和 Cu 的自腐蚀电位不同，腐蚀过程中 2A12-T4 铝合金的主要成分 Al、Mg 会被优先腐蚀，同时伴随合金成分中的 Cu 从基体中脱溶。腐蚀过程中 1#~4#4 种溶液均未变成浅蓝色，说明脱溶的 Cu 并未与各溶液中的酸发生反应，或者反应的量非常少，主要还是在试验件表面以及被腐蚀晶界处发生沉积。当试验件表面沉积的 Cu 达到一定量之后，出现棕红色，与图 10-1 中 3-8#和 4-8#试验件表面颜色一样。为进一步分析 2-8#试验件表面出现淡绿色的原因，对淡绿色区域进行了如图 10-4 所示的 EDS 分析。

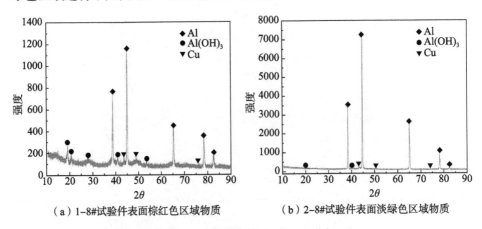

(a) 1-8#试验件表面棕红色区域物质　　(b) 2-8#试验件表面淡绿色区域物质

图 10-3　试验件表面物质 XRD 分析

从图 10-4 中 1#区域的 EDS 分析结果可以看到，淡绿色区域的确有 Cu 元素存在，同时还发现有 S 元素存在。从 EDS 线扫描结果看，S 元素与 O 元素的分布趋势整体一致，并且与 Al 元素分布形成互补。由于试验件经历了蒸馏水冲洗并干燥，而且 2#溶液中存在大量的 SO_4^{2-}，所以试验件表面 S、O 元素的存在形式只能是稳定难溶的硫酸盐化合物。铝合金在 2#溶液中溶解生成的 Al^{3+} 会

第 10 章 主要大气腐蚀组分与试验条件对航空铝合金腐蚀的影响

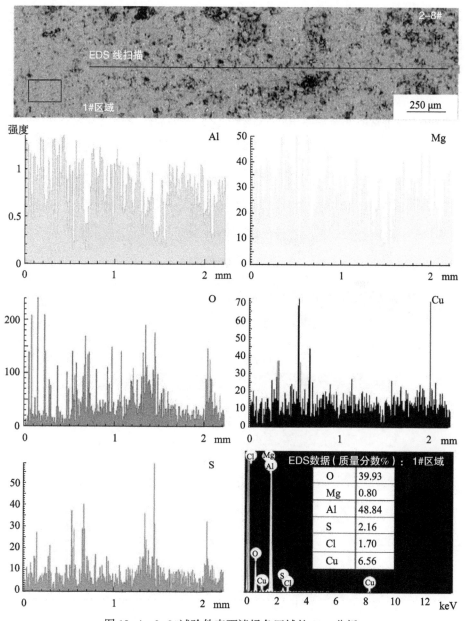

图 10-4 2-8#试验件表面淡绿色区域的 EDS 分析

与表面吸附的 SO_4^{2-} 发生反应，最终生成稳定难溶的 $Al_x(SO_4)_y(OH)_z$ 化合物附着于表面，为铝合金的进一步腐蚀起到了阻挡作用。2#溶液与 1#、3#、4#溶液的不同点是不含具有氧化性的 NO_3^-，同时由于 2A12 铝合金成分中含有少量的 Fe，所以腐蚀过程中在 2#溶液中存在 Fe^{2+}，而在其他三种溶液中存在的是

Fe^{3+}。所以认为2-8#试验件表面出现淡绿色的原因应该是表面生成铝的硫酸盐化合物中含有低价铁盐。

10.2.2 截面腐蚀行为

不同溶液中全浸腐蚀192h后以及沿海通风室内暴露20年后2A12-T4试验件的纵截面腐蚀形貌如图10-5所示。从各纵截面的腐蚀特征可以发现，试验件在1#溶液（EXCO溶液）中发生的剥蚀最严重，4#、3#两溶液中发生的

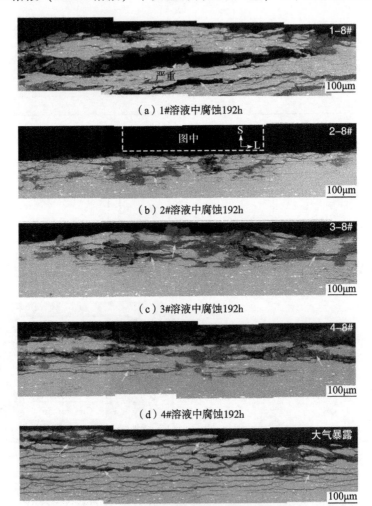

(a) 1#溶液中腐蚀192h

(b) 2#溶液中腐蚀192h

(c) 3#溶液中腐蚀192h

(d) 4#溶液中腐蚀192h

(e) 沿海通风室内暴露20年

图10-5 不同试验件的纵截面（S-L）腐蚀形貌

剥蚀程度依次减弱。试验件在 2#溶液中仅发生了大量的晶间腐蚀和局部的点蚀，未发生剥蚀。暴露 20 年后，试验件发生明显的剥蚀，而且相对于其他加速腐蚀试验件的截面腐蚀特征而言，大气暴露试验件发生的晶间腐蚀较为严重，而且均匀。

注意到，图 10-5 中发生严重晶间腐蚀的连续被腐蚀晶界，基本上都近似平行于 L 向。这一现象的本质是近似平行于 L 向的晶界更容易发生严重晶间腐蚀，而且在第 9 章研究中对此现象进行过解释，原因包括以下三点：①晶粒取向使得纵截面上晶粒在近似平行 L 向上具有较长的晶界；②近似平行于 L 向的晶界具有较好的析出相连续性；③材料本身对沿 S 向晶间腐蚀产物膨胀的约束力弱。

如图 10-5（a）~（d）所示，发现在靠近试验件表面的最外层组织区域，近似平行于 L 向的连续被腐蚀晶界发生严重晶间腐蚀的程度，随溶液中 NO_3^- 浓度的增加和 SO_4^{2-} 浓度的减少，而变得严重。由于腐蚀产物的体积比母材铝合金的体积大，随着晶界处腐蚀产物的累积和膨胀会产生膨胀楔入力，进而导致腐蚀产物上侧合金组织向外剥离，最终发生剥蚀，这是经典的腐蚀产物膨胀理论。依据上述剥蚀理论和图 10-5（a）、（c）~（e）中的剥蚀特征，可以认为剥蚀是由已发生严重晶间腐蚀的近似平行于 L 向的连续被腐蚀晶界继续发生腐蚀，腐蚀产物进一步累积和膨胀到一定程度时导致的。图 10-5（b）中虽然已经有发生较为严重晶间腐蚀的近似平行于 L 向的连续被腐蚀晶界存在，但是由于这些连续被腐蚀晶界发生晶间腐蚀的严重程度较弱，晶界处累积的腐蚀产物较少，腐蚀产物的楔形膨胀力不足以使上层组织向外剥离，导致剥蚀没能发生。因此，腐蚀过程中需要具备以下两个条件，铝合金才会发生剥蚀：①必须存在发生严重晶间腐蚀的近似平行于 L 向的连续被腐蚀晶界；②已发生严重晶间腐蚀的连续被腐蚀晶界具备被进一步腐蚀的条件，直至剥蚀的发生。要满足上述剥蚀发生的两个条件，在腐蚀过程中，必须保证近似平行于 L 向的连续晶界能够持续接触到充足的腐蚀介质。注意到，发生严重晶间腐蚀的晶界一般与已经发生组织剥离的区域或者严重点蚀区域相连通，如图 10-5 所示，说明这两种区域能够为与其连通的晶界提供腐蚀介质。

10.2.3 腐蚀动力学特征

不同腐蚀时间对应的试验件腐蚀失重为

$$\Delta W = \frac{m_0 - m_t}{2(ab+ac+bc)} \times 10^6 \quad (10-1)$$

式中：ΔW 为单位面积的腐蚀失重，g/m^2；m_0、m_t 分别为试验件的初始质量和腐蚀 t 小时后的质量（未去除腐蚀产物），g；a、b、c 分别为试验件的长度、宽度和厚度，mm。

图 10-6 所示为 2A12-T4 试验件分别在四种溶液中的腐蚀失重与腐蚀时间之间的关系。随着腐蚀时间的增加，1#、3#和 4#三种溶液中试验件的腐蚀失重均为先增加再明显持续减小，且后期的腐蚀失重值均小于零（$\Delta W<0$，即腐蚀后试验件质量出现增加），呈现出类似于向下开口的抛物线变化特征；2#溶液中试验件的腐蚀失重为先增加，然后在出现很小幅度的减小之后基本保持不变。通常基于对去除表面腐蚀产物后试验件质量测量的结果，认为试验件腐蚀失重值均大于零（$\Delta W>0$），且随时间变化满足幂函数的变化规律。文献在开展不同热处理状态下 7A46 铝合金在 EXCO 溶液中为期 48h 的腐蚀试验时，基于未去除腐蚀产物的试验件质量测量结果，也发现试验件腐蚀失重值小于零，而且随腐蚀时间的变化近似满足抛物线规律。

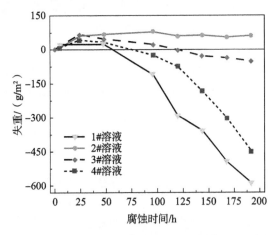

图 10-6　试验件分别在 1#、2#、3#、4#溶液中的腐蚀失重与腐蚀时间之间的关系

综合试验件的腐蚀形貌和失重特性可以发现，仅出现点蚀和晶间腐蚀并不能使试验件失重值由 $\Delta W>0$ 转变为 $\Delta W<0$，但伴随初期剥蚀的出现，试验件失重值转变为 $\Delta W<0$。这是由于随试验件晶间腐蚀逐步向严重发展，晶界处累积的腐蚀产物 $Al(OH)_3$ 越来越多，而且腐蚀产物的体积比母材铝合金的体积大，所以在晶界处腐蚀产物的楔形膨胀力作用下，试验件表面会出现鼓泡，发生初期剥蚀。因此试验件从出现初期剥蚀直到发生大面积铝合金组织向外剥离脱落，其质量会由于腐蚀产物在剥蚀区域的持续累积而不断增加。

在腐蚀 192h 后，试验件的腐蚀失重 ΔW 与初始溶液中 NO_3^- 浓度呈高度线性相关，如图 10-7 所示。综合分析图 10-1、图 10-6 和图 10-7 可以发现，溶液中 NO_3^- 浓度越大和 SO_4^{2-} 浓度越小，腐蚀后期试验件质量增加（$\Delta W<0$）越

显著，剥蚀越严重。

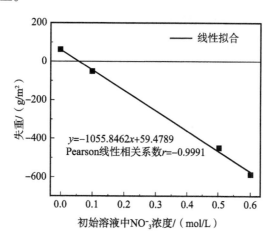

图 10-7　腐蚀 192h 后试验件腐蚀失重与初始溶液中 NO_3^- 浓度之间的关系

10.2.4　NO_3^- 对加速铝合金腐蚀的作用分析

1#、3#、4#三种溶液与 2#溶液的区别是，前三者溶液中均含有 NO_3^- 阴离子，而后者溶液中不含有。NO_3^- 在稀酸环境中具有强氧化性。通常浓硝酸与铝反应生成 NO_2，稀硝酸与铝反应生成 NO。稀硝酸溶液同时具有强氧化性和酸性，与铝会发生式（10-2）、式（10-3）所示的两种氧化还原反应，还原产物分别为 H_2 和 NO。同时，通过对铝合金在 1#（EXCO）溶液初期反应产生的气体进行测试，证实了反应过程中的确有 H_2 和 NO 生成。稀硫酸溶液与铝反应，仅体现酸性，发生式（10-4）所示的反应。

$$2Al+6HNO_3 = 2Al(NO_3)_3+3H_2\uparrow \quad (10-2)$$

$$Al+4HNO_3 = Al(NO_3)_3+NO\uparrow+2H_2O \quad (10-3)$$

$$2Al+3H_2SO_4 = Al_2(SO_4)_3+3H_2\uparrow \quad (10-4)$$

试验过程中观察到，1#溶液由无色逐渐转变为淡黄色，这应该是由于反应式（10-3）中生成的 NO 在常温下会与溶液中的溶解氧以及溶液表面空气中氧气反应生成 NO_2，如式（10-5）所示；NO_2 可以溶于水，构成气液平衡体系，如式（10-6）所示，但 NO_2 溶于水后并不会完全反应，会有少量 NO_2 分子存在，导致 1#溶液呈现淡黄色。

$$2NO+O_2 = 2NO_2 \quad (10-5)$$

$$NO_2(g) \rightleftharpoons NO_2(aq) \quad (10-6)$$

溶于水的 NO_2 会与水发生式（10-7）所示的反应，而且在对腐蚀后的 1#

溶液进行离子色谱分析后,发现的确有 NO_2^- 的存在,如图10-8所示。

$$2NO_2(aq)+H_2O \rightleftharpoons 2H^++NO_2^-+NO_3^- \qquad (10-7)$$

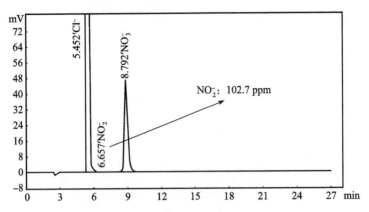

图10-8 腐蚀192h后1#溶液的离子色谱(IC)分析结果

注:单位ppm指摩尔体积分数或体积分数

溶液中的 NO_2^- 会与 Al^{3+} 发生式(10-8)中的双水解反应,从而促进了 $Al(OH)_3$ 凝胶的形成。

$$Al^{3+}+3NO_2^-+3H_2O \rightleftharpoons Al(OH)_3(gel)+3HNO_2 \qquad (10-8)$$

1. 热力学角度加速腐蚀分析

铝合金在4种溶液中均发生电化学腐蚀,其中阳极反应相同,主要为式(10-9)中的反应:

$$Al \longrightarrow Al^{3+}+3e^- \qquad E_{Al^{3+}/Al}^{\ominus}=-1.662V \qquad (10-9)$$

铝合金在4种溶液中阴极均发生式(10-10)中的反应,由于1#、3#、4#三种溶液均含有 NO_3^-,因此阴极同时还发生式(10-11)中的反应。

$$2H^++2e^- \longrightarrow H_2 \qquad E_{H^+/H_2}^{\ominus}=0V \qquad (10-10)$$

$$NO_3^-+4H^++3e^- \longrightarrow NO+2H_2O \qquad E_{NO_3^-/NO}^{\ominus}=0.96V \qquad (10-11)$$

由热力学理论可知,吉布斯函数变 ΔG 可以用来判断电化学反应的方向和进行程度。当温度 T 和压强 p 一定时,电化学反应的吉布斯函数变等于电化学反应所能做的最大有用功,即在电动势为 $E(V)$ 的电场中输送 $n(mol)$ 电子的功。在标准状态下存在:

$$\Delta G=-nFE^{\ominus} \qquad (10-12)$$

式中:F 为法拉第常数;$E^{\ominus}$ 为电化学反应的标准电极电势,与阴极反应的标准电极电势 $E_c^{\ominus}$ 和阳极反应的标准电极电势 $E_a^{\ominus}$ 存在以下关系:

$$E^{\ominus}=E_c^{\ominus}-E_a^{\ominus} \qquad (10-13)$$

因此，从金属腐蚀的热力学角度分析，阴极反应的标准电极电势越高，越能加速阳极金属的腐蚀。由于 $E^{\ominus}_{NO_3^-/NO}$ 的标准电极电势高于 $E^{\ominus}_{H^+/H_2}$，溶液中 NO_3^- 的存在，使得阴极过程更易得到电子，起到加快阴极去极化的作用，从而加速阳极反应铝的溶解。

2. NO_2^- 自催化加速腐蚀分析

NO_3^- 存在的酸性溶液中，由于式（10-5）~式（10-7）反应的发生而使得溶液中存在 NO_2^-。在酸性较强的条件下，可以通过 NO_2^- 参与式（10-14）中的反应而加速铝的溶解，其中 NO_2^- 起到的是一种自催化作用，而且在初期溶液 pH 值较小时，反应速率将随时间呈指数增加，但是随着 pH 值的增加，反应速率会逐渐减慢。

$$2Al+6H^++3NO_3^-+3NO_2^- \longrightarrow 2Al^{3+}+6NO_2^-+3H_2O \tag{10-14}$$

3. NH_3 溶解析出相加速腐蚀分析

阴极在 NO_2^- 存在的酸性条件下，可以发生式（10-15）中的反应，生成 NH_3。接着 NH_3 可以与晶界处析出的沉淀强化相 $CuAl_2$ 中的 Cu 发生反应，如式（10-16），并形成稳定的可溶性化合物，从而加速铝合金的晶间腐蚀进程。

$$NO_2^-+7H^++6e^- \longrightarrow NH_3+2H_2O \tag{10-15}$$

$$CuAl_2+4NH_3 \longrightarrow Cu(NH_3)_4^{2+} \tag{10-16}$$

通过上述三方面的分析可以得出，酸性环境下溶液中 NO_3^- 的存在会对铝溶解和晶间腐蚀速率均有加速作用的结论。但这一结论的前提是溶液中 Cl^- 与 NO_3^- 浓度比值必须满足大于某一比例的要求。

10.2.5 NO_3^- 和 SO_4^{2-} 对铝合金剥蚀的影响机理讨论

根据 10.2.4 节的分析，溶液中由于 NO_3^- 的存在，铝合金在腐蚀过程中铝的溶解和晶间腐蚀速率都会被加快，因此试验件在 1#溶液中腐蚀 5h 发生的点蚀和晶间腐蚀均明显比 2#溶液中严重，如图 10-9 所示。虽然腐蚀初期点蚀和晶间腐蚀都存在，但以晶间腐蚀为主，而且表面以下的内部严重点蚀是由晶间腐蚀进一步发展而来的。

根据图 10-9 中纵截面腐蚀特征，建立了近似平行于 L 向的连续晶界发生严重晶间腐蚀的模型，如图 10-10 所示，具体分为以下三步：①由表及里发生晶间腐蚀，形成腐蚀通道，为腐蚀介质的进入提供了通道；②伴随表层以内晶间腐蚀的进一步发展，闭塞腐蚀电池形成，最终导致内部大点蚀坑的形成；③与内部点蚀坑相通的近似平行于 L 向的连续晶界逐步发生严重晶间腐蚀，其中内部点蚀坑起到了提供或者中转腐蚀介质的作用。

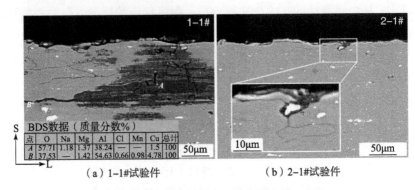

(a) 1-1#试验件   (b) 2-1#试验件

图 10-9　纵截面腐蚀形貌和能谱分析结果（腐蚀 5h）

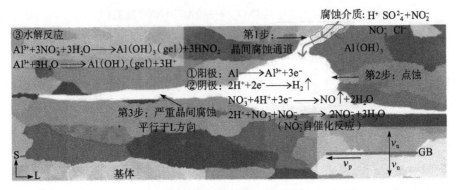

图 10-10　近似平行于 L 向的连续晶界发生严重晶间腐蚀的过程示意图（彩图见书末）

从图 10-9（a）中 A 点的能谱分析结果可以判断，在 1#溶液中腐蚀 5h 后，已经有腐蚀产物 $Al(OH)_3$ 形成。这说明图 10-9（a）和图 10-10 中的腐蚀坑在形成过程中除了阳极反应①和阴极反应②之外，同时还伴随水解反应③发生。1#溶液反应 5h 后的 pH 值小于 1，但是内部点蚀坑处却有 $Al(OH)_3$ 生成，这应该是由于在腐蚀初期局部的晶间腐蚀通道较窄，限制了内部点蚀坑区域的溶液与外界溶液之间的质量转移，腐蚀介质的扩散受到限制，同时在内部点蚀坑区域由于阴极反应大量消耗氢离子，而导致溶液的 pH 值升高，满足 $Al(OH)_3$ 生成和存在的条件。在后续的腐蚀过程中，虽然晶间腐蚀通路会由于进一步腐蚀而变宽，但外界溶液的 pH 值随反应时间的增加逐渐增大，会导致图 10-10 中水解反应③的产物 $Al(OH)_3$ 在晶间腐蚀通道可以稳定存在并堆积，进而限制蚀坑内与外界溶液的腐蚀介质扩散，形成闭塞腐蚀电池。闭塞腐蚀电池的形成，由于其自催化的机制，最终导致内部大点蚀坑的形成，同时可为与其相连通的近似平行于 L 向的连续晶界向严重晶间腐蚀发展提供腐蚀介质。

1#、3#和4#溶液中试验件在"鼓泡"阶段,均能听到"砰、砰"的声音,然后伴随有一串气泡从试验件鼓泡表面的裂缝中冒出来,气泡上升并累积在试验件上方的溶液表面。捅破上述累积的气泡,均检测到了H_2和NO的存在。分析出现上述"砰、砰"的声音应该是由于较大压强的气体突然释放导致的。在上述闭塞腐蚀电池的腐蚀过程中,为了保证腐蚀坑内溶液的电中性,外界溶液中的阴离子会扩散进入腐蚀坑。同时阴极反应②会有H_2和NO生成,生成的气体由于通道阻塞而发生累积并产生较大的压力,当达到一定值之后,会瞬间顶破腐蚀产物的阻塞,发出"砰、砰"的声音,气体沿着晶间腐蚀通道从里往外冒出。相关研究表明,上述较大氢气压力的存在会降低铝合金晶界之间的结合力,从力学角度分析,合金组织剥离所需要的腐蚀产物膨胀力会减小,从而加速剥蚀的发生。随着晶间腐蚀通道的重新打通,外界溶液中的腐蚀介质再次进入整个腐蚀区域,其中腐蚀坑起到了腐蚀介质的中转作用,进一步加速与其相连通的近似平行于L向的连续晶界向严重晶间腐蚀发展。

从图10-9可以发现,4-8#试验件的截面腐蚀特征与实际大气的截面腐蚀特征最为相近,均存在较多近似平行于L向的连续被腐蚀晶界,而且连续被腐蚀晶界发生的晶间腐蚀都比较均匀。1-8#试验件虽然剥蚀最为严重,但是由于发生严重晶间腐蚀的近似平行于L向的连续被腐蚀晶界呈现为显著的楔形,所以晶界腐蚀得并不均匀。根据NO_3^-加速铝溶解和晶间腐蚀速率作用的分析得出,随着溶液中NO_3^-浓度的增加,沿晶界扩展的腐蚀速率v_p和沿晶界法向的腐蚀速率v_n均增大,v_p和v_n如图10-10所示。从图10-10可以看出,随着溶液中NO_3^-浓度的增加,在靠近试验件表面的最外层组织区域,近似平行于L向的连续被腐蚀晶界发生严重晶间腐蚀的楔形程度增加,而且剥离层数增加,剥蚀变严重。很明显,v_n/v_p的值越大,形成的近似平行于L向的连续被腐蚀晶界发生腐蚀的楔形程度越显著,同时v_p越大,对应的剥离层数应该越多。这说明溶液中NO_3^-浓度的增加会导致v_p和v_n同时增大,而且v_n增加相对更多。因此,溶液中NO_3^-浓度太高会导致连续被腐蚀晶界的腐蚀不均匀,呈现出的楔形更加显著。

通过上述分析,溶液中NO_3^-对加速剥蚀发生的作用主要有以下两点:①通过增加沿晶界扩展的腐蚀速率v_p和沿晶界法向的腐蚀速率v_n,加速点蚀坑和近似平行于L向的连续被腐蚀晶界的腐蚀向严重发展,进而加速剥蚀的发生;②由于式(10-7)和式(10-14)所示反应的发生,使得溶液中存在NO_2^-,进而发生式(10-8)中的双水解反应,加速$Al(OH)_3$凝胶的生成,这对闭塞腐蚀电池的形成起到了一定的促进作用，闭塞腐蚀电池的形成对内部大点蚀坑的形成起到了促进作用，间接加速近似平行于 L 向的连续被腐蚀晶界的腐蚀向严重发展，最终起到加速剥蚀发生的作用。

在 pH 值为 0.4 的酸性全浸腐蚀条件下，由于 SO_4^{2-} 氧化性非常弱，不具备 NO_3^- 对铝溶解和晶间腐蚀的加速作用，所以在仅有 Cl^- 和 SO_4^{2-} 存在的 2#溶液中，失去了 NO_3^- 对剥蚀发生的加速作用，使得近似平行于 L 向的连续晶界腐蚀严重程度不够，导致剥蚀没能发生。但注意到，4-8#试验件的截面腐蚀特征与实际大气的截面腐蚀特征最为相近，说明在 EXCO 溶液中引入适量的 SO_4^{2-}，如 4#溶液，不仅使得与实际大气腐蚀介质有更好的相关性，而且剥蚀特征与通风室内的大气剥蚀特征更为接近。

同时注意到，试验件在 2#溶液中腐蚀 120h 后，试验件的质量基本保持不变，如图 10-11 所示，说明在 120h 后腐蚀速率变得非常低，分析其可能的原因包括以下两点：①2#溶液在腐蚀 120h 后 pH 值升高至 3.8，并基本保持不再变化，如图 10-11 所示，由于溶液的酸性大幅减弱，使得铝合金的腐蚀速率降得很低；②如图 10-12 所示，表层被腐蚀晶界处（1、2、3、4 点）均不含有 S 元素，而深层被腐蚀晶界处（5、6、7、8、9 点）均含有大量的 S 元素，说明深层有含 S 腐蚀产物未沿着晶界腐蚀通路由内部向表面输送出去，反而堆积在了深层被腐蚀晶界处，因此在对 2-8#试验件表面腐蚀形貌分析时，发现有较多的被腐蚀晶界周围并没有腐蚀产物堆积（图 10-12），腐蚀产物在深层晶界处的堆积阻碍了腐蚀介质沿晶间腐蚀通路的进入，从而降低了腐蚀速率。

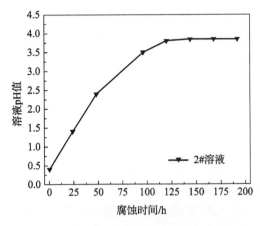

图 10-11 2#溶液 pH 值随腐蚀时间的变化曲线

第 10 章　主要大气腐蚀组分与试验条件对航空铝合金腐蚀的影响

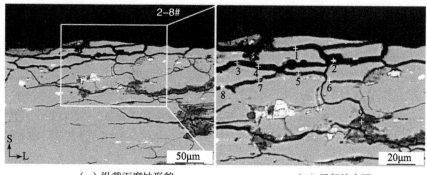

(a) 纵截面腐蚀形貌　　　　(b) 局部放大图

点	O	Na	Mg	Al	S	Cl	K	Cu	总计
1	20.34	—	1.08	68.55	—	—	—	10.03	100
2	24.45	—	1.82	64.44	—	—	—	9.30	100
3	17.29	—	1.49	61.86	—	—	—	19.36	100
4	29.67	—	1.21	59.70	—	—	—	9.42	100
5	33.84	0.95	0.92	58.57	1.82	—	0.37	3.53	100
6	47.75	—	1.03	45.36	2.45	—	—	3.41	100
7	40.88	1.07	0.62	51.66	1.60	0.61	0.41	3.14	100
8	45.10	—	0.87	47.94	2.17	0.67	0.32	2.93	100
9	60.46	—	—	32.09	3.08	0.66	—	3.71	100

(c) EDS 数据 (质量分数%)

图 10-12　2-8#试验件的纵截面腐蚀形貌和能谱分析结果

目前,在模拟铝合金大气腐蚀行为时,普遍已经注意到了氯化物和 SO_2 的加速腐蚀作用,但是仍旧缺乏对大气环境中 NO_x^- 对加速铝合金剥蚀作用的认识。在采用球差校正透射电镜对沿海暴露 20 年的 2A12-T4 铝合金试验件晶间腐蚀产物分析时发现,腐蚀产物中存在 N 元素,说明了在长期沿海大气暴露过程中,NO_x^- 直接参与了铝合金的腐蚀。同时在实际飞机结构搭接处的确发现存在相对大量的硝酸盐和硫酸盐。因此,在开展飞机铝合金结构沿海大气剥蚀模拟试验时,NO_x^- 的作用是绝对不能忽视的。大气腐蚀产物中 N 元素的含量远大于 S 元素,说明参与铝合金大气腐蚀的 NO_x^- 的量远大于 SO_4^{2-} 的量,这与 4#溶液中 NO_3^- 和 SO_4^{2-} 配比情况较为接近有关。

1#、3#和 4#三种溶液中,试验件在初期剥蚀(鼓泡)阶段均为全面剥蚀,而实际通风室内暴露 7 年的试验件发生的是局部剥蚀。因此欲采用全浸腐蚀的方法研究全面剥蚀对材料力学等行为的影响时,建议可采用 4#溶液,也可称之为改进的 EXCO 溶液,其腐蚀特征与 20 年全面大气剥蚀特征较为接近。

10.3 溶液 pH 值对 2A12-T4 铝合金腐蚀的影响

目前，关于溶液 pH 值对铝合金腐蚀行为影响的研究，主要集中在 pH 值为 3~11 情况，对 pH<3 的情况研究较少。同时关于对 EXCO 溶液中 pH 值在铝合金剥蚀中发挥的作用尚未有相关研究给出清楚的结论。本节将以 10.2 节中 1#溶液（EXCO 标准溶液，pH 值为 0.4）的腐蚀试验结果作为对照组，继续通过开展 2A12-T4 铝合金分别在 5#和 6#溶液（见表 10-2）中的全浸腐蚀试验，研究溶液 pH 值对铝合金剥蚀的影响。

表 10-2　用于研究溶液 pH 值对铝合金剥蚀影响的不同腐蚀溶液腐蚀介质成分及浓度

腐蚀溶液编号	5#	6#	1#（对照组）
腐蚀介质成分及浓度/(mol/L)	NaCl: 4.00 KNO_3: 0.50 HNO_3: 0.10 加入 NaOH 调 pH 值为 1	NaCl: 4.00 KNO_3: 0.50 HNO_3: 0.10 加入 NaOH 调 pH 值为 2	NaCl: 4.00 KNO_3: 0.50 HNO_3: 0.10 pH 值为 0.4

10.3.1　表面腐蚀行为

2A12-T4 试验件分别在 5#和 6#两种溶液中全浸腐蚀 192h 后的宏观表面腐蚀形貌如图 10-13 所示。

按照 ASTM G34-01（2013）标准中剥蚀程度的等级划分，5-8#试验件表面出现了严重的鼓泡，且出现了显著的分层，属于 EB 级；6-8#试验件表面仅出现零星的几个鼓泡区域，其剥蚀等级低于 EA 级。结合图 10-5 中 1-8#试验件的腐蚀形貌可以发现，随着溶液 pH 值的增加，试验件的剥蚀程度明显减弱。同时，存在一个显著不同点，5-8#和 6-8#试验件发生的剥蚀均为局部剥蚀，而 1-8#试验件为全面剥蚀。腐蚀 192h 后试验件表面剥蚀区

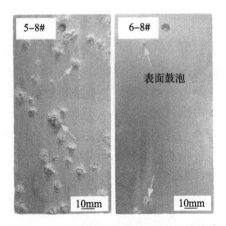

图 10-13　试验件分别在 5#和 6#溶液中腐蚀 192h 后的宏观表面腐蚀形貌

域面积百分比与初始溶液中 H^+ 浓度呈现高度线性关系,如图 10-14 所示。5-8# 和 6-8#试验件表面均没有出现明显的棕红色,说明在 5#和 6#两溶液中 2A12-T4 铝合金主要成分 Al、Mg 的腐蚀溶解程度较 1#溶液中轻,所以没能发生大量 Cu 脱溶并沉积在试验件表面。

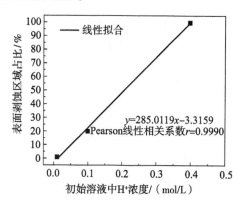

图 10-14 腐蚀 192h 后试验件表面剥蚀区域面积百分比与初始溶液中 H^+ 浓度之间的关系

5-8#和 6-8#试验件表面未剥蚀区域在去除表面腐蚀产物后的腐蚀形貌如图 10-15 所示。可以看出,5-8#和 6-8#试验件表面未剥蚀区域均发生了点蚀和晶间腐蚀,而且 5-8#试验件表面点蚀坑和被腐蚀晶界数量明显多于 6-8#试验件。

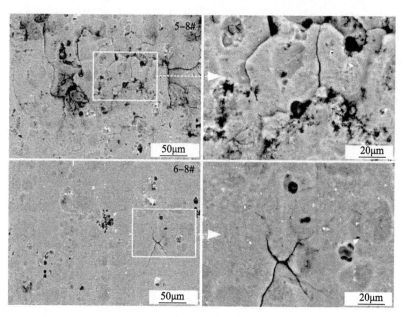

图 10-15 试验件分别在 5#、6#溶液中腐蚀 192h 后的微观 BSE 表面腐蚀形貌(未剥蚀区域)

10.3.2 截面腐蚀行为

在 5#和 6#溶液中全浸腐蚀 192h 后，试验件剥蚀最严重区域的纵截面腐蚀形貌如图 10-16 所示。

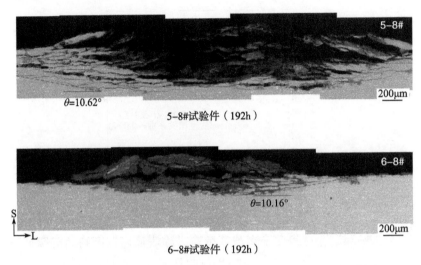

图 10-16 不同试验件剥蚀最严重区域的纵截面 (S-L) 腐蚀形貌

5-8#试验件剥蚀区域出现了明显的分层和部分剥离层的向外剥离，剥蚀程度明显严重于 6-8#试验件，表现为前者剥蚀沿厚度方向（图中 S 向的反方向）穿入基体的深度约为后者的 2 倍。同时可以发现两种试验件局部剥蚀沿轧制方向（L 向）的扩展特征基本相同，均为越靠近试验件表面，晶间腐蚀沿轧制方向向前扩展越严重。为定量描述上述截面的局部剥蚀扩展特征，此处定义一个截面剥蚀扩展角 θ，具体是指在剥蚀截面上同一侧近似平行于 L 向的晶间腐蚀扩展前沿沿试验件厚度方向组成的一条线（图 10-16 中的虚线），与轧制方向之间形成的锐角角度。从图 10-16 可以看出，两试验件的截面剥蚀扩展角 θ 基本相同，从定量的角度说明了两试验件截面剥蚀扩展特征基本相同。与图 10-5 中 1-8#试验件的截面剥蚀形貌对比可以发现，随着溶液初始 pH 值的升高，虽然试验件剥蚀严重程度明显降低，且由全面剥蚀转变为局部剥蚀，但腐蚀类型不变，仍为剥蚀。第 2 章描述了 2A12-T4 铝合金的大气剥蚀发展模式为局部剥蚀（7 年）→全面剥蚀。如图 10-16 和图 10-17 所示，5-8#、6-8#试验件和 7 年大气腐蚀试验件的剥蚀扩展区均存在大量近似平行于 L 向的连续被腐蚀晶界，但不同之处在于 5-8#试验件较 6-8#试验件剥蚀扩展区的晶间腐蚀更为均匀，而且与 7 年大气剥蚀扩展区的晶间腐蚀特征也非常相近。

第10章 主要大气腐蚀组分与试验条件对航空铝合金腐蚀的影响

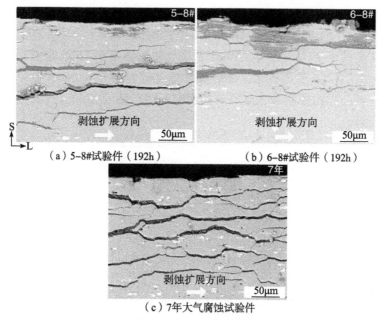

图 10-17 剥蚀（EFC）扩展区域的截面晶间腐蚀形貌

10.3.3 腐蚀动力学特征

图 10-18 为 2A12-T4 试验件分别在 5#（pH 值为 1）和 6#（pH 值为 2）以及对照组 1#（pH 值为 0.4）三种溶液中腐蚀失重与腐蚀时间之间的关系。随着腐蚀时间的增加，试验件在 1#、5#和 6#三种溶液中的腐蚀失重均为先增加再持续减小，

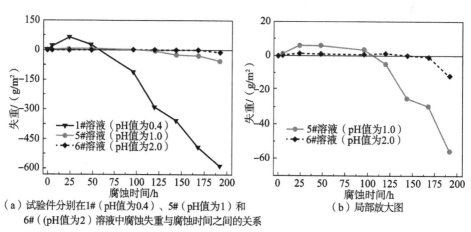

图 10-18 腐蚀失重曲线

且后期的腐蚀失重值均小于 0，呈现出类似于向下开口的抛物线变化特征。同时随着溶液 pH 值的增加，试验件质量初期减少和后期增加的幅度均明显降低。在腐蚀 192h 后，试验件腐蚀增重与初始溶液中 H^+ 浓度呈近似的线性关系，如图 10-19 所示。这应该是由于随着初始溶液中 H^+ 浓度的增加，试验件发生剥蚀的程度越强，晶界处累积的腐蚀产物会越多，所以试验件质量增加越明显。

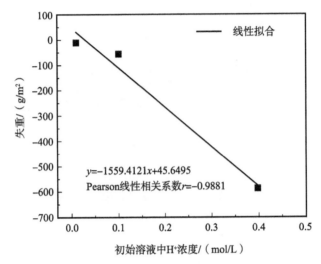

图 10-19　腐蚀 192h 后试验件腐蚀失重与初始溶液中 H^+ 浓度之间的关系

10.3.4　溶液 pH 值对铝合金剥蚀的影响机理讨论

铝的化学性质比较活泼，热力学上是不稳定的，且在常温下极易与氧发生反应生成氧化铝。在大气环境中，铝极易发生钝化，在表面形成纳米级厚度的致密氧化膜（非晶态的 $Al_2O_3 \cdot 3H_2O$），从而阻止了铝与外界腐蚀介质的接触，因此铝及铝合金在大气环境中具有较好的耐蚀性。铝及其合金表面的钝化膜一旦发生破坏还具有较强的"自愈"能力，而且氧化性环境有利于保持钝化膜的完整性，但还原性的环境会破坏钝化膜的完整性。铝在接近中性的水溶液中一般会发生钝化，如图 10-20 所示，但如果溶液中存在有氯离子等卤素离子时，由于存在铝离子与氯离子的络合反应，阻碍了表面氧化铝钝化膜的形成，使得铝及其合金发生腐蚀。有研究发现铝的腐蚀速率和点蚀电位随溶液 pH 值的变化发生显著变化，而且认为溶液 pH 值对铝腐蚀速率的影响与表面钝化膜的破坏直接相关。当溶液 pH 值<4.0 时，由于表面氧化膜的局部溶解破坏，阳极铝合金基体发生以下溶解反应：

$$Al+H_2O \longrightarrow AlOH+H^++e^- \qquad (10-17)$$

$$AlOH \longrightarrow Al(OH)^++e^- \qquad (10-18)$$

$$Al(OH)^+ \longrightarrow Al(OH)^{2+}+e^- \qquad (10-19)$$

$$Al(OH)^{2+}+H^+ \longrightarrow Al^{3+}+H_2O \qquad (10-20)$$

上述溶解反应式（10-17）~式（10-20）的总反应为式（10-9）。

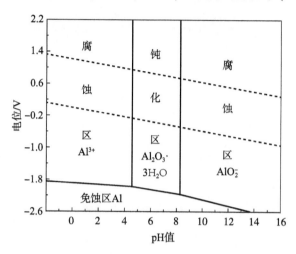

图 10-20　铝在水溶液中的电位-pH 值平衡图（25℃）

常温下，铝与浓 HNO_3 发生式（10-21）中的钝化反应，通过在铝表面生成一层致密的 Al_2O_3 氧化膜，从而阻止铝的进一步反应。

$$2Al+6HNO_3 = Al_2O_3+6NO_2\uparrow+3H_2O \qquad (10-21)$$

当 HNO_3 浓度高于 30% 后，铝也会出现上述钝化，随着 HNO_3 浓度的增加，铝的腐蚀速率不断下降；当 HNO_3 浓度低于 30% 时，随着 HNO_3 浓度的增加，铝在 HNO_3 溶液中的腐蚀速率不断增加，这是由于 H^+ 浓度的增加，使阴极去极化作用加强的结果。

1#、5#和 6#三种溶液中 HNO_3 的浓度均低于 30%，随着初始溶液中 H^+ 浓度的减少，即 pH 值的增大，会对以下几方面产生影响：

（1）减缓了铝合金表面氧化膜的溶解、破坏速率；

（2）降低了式（10-10）中阴极析氢反应的速率；

（3）减弱了溶液中 NO_3^- 氧化剂的氧化性，进而减缓式（10-11）和式（10-14）中反应的进行，使得溶液中 NO_3^- 对铝溶解和晶间腐蚀的加速作用减弱；

（4）便于在表面形成稳定的 $Al(OH)_3$ 腐蚀产物，对腐蚀介质的传输起到阻挡的作用，从而减缓基体的进一步腐蚀。

所以试验件分别在三种溶液中腐蚀5h，按照1-1#、5-1#和6-1#的试验件编号顺序，试验件发生的点蚀和晶间腐蚀严重程度依次显著减弱，如图10-9和图10-21所示，腐蚀最弱的6-1#试验件截面的最大晶间腐蚀深度仅为11μm。

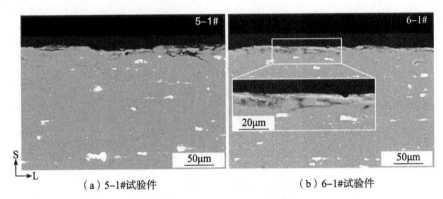

(a) 5-1#试验件　　　　　　　　(b) 6-1#试验件

图10-21　纵截面腐蚀形貌（腐蚀5h）

依据腐蚀过程中剥蚀发生的两个条件以及所建立的近似平行于L向的连续晶界发生严重晶间腐蚀的模型，可以认为腐蚀初期晶间腐蚀的严重程度直接影响近似平行于L向的连续晶界发生严重晶间腐蚀的时间和严重程度，将最终影响后期发生剥蚀的严重程度。因此结合上述对初期晶间腐蚀严重程度的分析，后期1-8#、5-8#和6-8#试验件剥蚀严重程度理应依次减弱。

腐蚀过程中1#、5#和6#三种溶液pH值随腐蚀时间的变化如图10-22所示。腐蚀初期三种溶液的pH值均小于3，高浓度的H^+确保了铝合金表面钝化膜的溶解或减薄，也加速了阴离子Cl^-通过扩散和吸附对铝合金表面钝化膜的破坏。三种溶液中均有大量Cl^-存在，会与钝化膜破坏处基体溶解产生的Al^{3+}发生络合反应，不利于钝化膜的修复。因此，在相同Cl^-浓度的溶液中，初始H^+浓度越高，腐蚀过程中

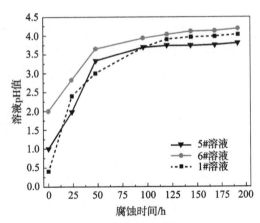

图10-22　1#、5#和6#三种溶液pH值随腐蚀时间的变化

铝合金表面钝化膜破坏面积越大。1#溶液（初始pH值为0.4）中试验件之所以发生全面剥蚀，说明在腐蚀过程中，铝合金表面的钝化膜绝大部分发生了破坏；而5#溶液（初始pH值为1）和6#溶液（初始pH值为2）中试验件均发生局部剥蚀，而且剥蚀严重程度和剥蚀区域面积依次减少，说明在腐蚀过程中，铝合金表面的钝化膜仅发生了局部破坏，而且钝化膜破坏区域面积依次减少。因此可以认为溶液pH值通过控制铝合金表面钝化膜的破坏面积来决定后期试验件是否出现全面剥蚀。

10.4　全浸条件下 Cl^- 对 2A12-T4 铝合金腐蚀的影响

本节将以10.3节中5#（pH值为1）溶液的腐蚀试验结果作为对照组，继续通过开展2A12-T4铝合金分别在7#和8#溶液（表10-3）中的全浸腐蚀试验，研究溶液中 Cl^- 对铝合金剥蚀的影响。

表 10-3　用于研究 Cl^- 对铝合金剥蚀影响的不同腐蚀溶液腐蚀介质成分及浓度

腐蚀溶液编号	7#	8#	5#（对照组）
腐蚀介质成分及浓度/(mol/L)	NaCl：0.62 KNO_3：0.50 HNO_3：0.10 加入NaOH调pH值为1	NaCl：0.09 KNO_3：0.50 HNO_3：0.10 加入NaOH调pH值为1	NaCl：4.00 KNO_3：0.50 HNO_3：0.10 加入NaOH调pH值为1

10.4.1　表面腐蚀行为

2A12-T4试验件分别在7#（其中NaCl：0.62mol/L，对应于3.5%NaCl溶液中NaCl的量）和8#（其中NaCl：0.09mol/L，对应于0.5%NaCl溶液中NaCl的量）两种溶液中腐蚀192h后的表面宏观、微观腐蚀形貌分别如图10-23和图10-24所示。从图10-23可以发现，7-8#和8-8#试验件均未发生剥蚀，而且表面均未出现肉眼可见的点蚀坑。对比5-8#试验件的表面腐蚀形貌，可以说明在pH值不变的情况下，降低溶液中 Cl^- 的浓度，会导致铝合金不再发生剥蚀。如图10-24所示，试验件在5#溶液中腐蚀192h后，表面未剥蚀区域分布有大量严重的点蚀坑。相比之下，7-8#和8-8#试验件表面点蚀坑分布较少，且从三维形貌可以发现，表面腐蚀整体较为均匀。

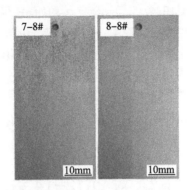

图 10-23　试验件分别在 7#（其中 NaCl：0.62mol/L）和 8#（其中 NaCl：0.09mol/L）溶液中腐蚀 192h 后的表面宏观腐蚀形貌

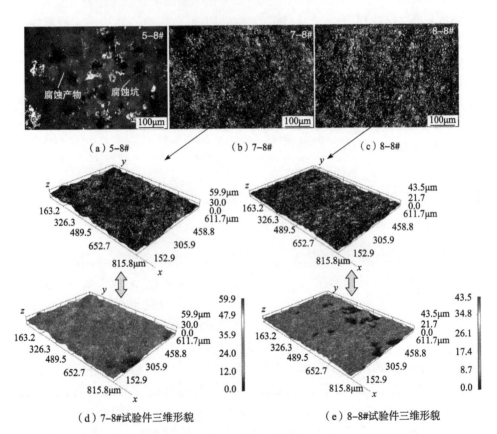

图 10-24　试验件分别在 7#、8#和 5#（其中 NaCl：4mol/L）溶液中腐蚀 192h 后的表面微观腐蚀形貌（彩图见书末）

10.4.2 截面腐蚀行为

在 7#和 8#溶液中腐蚀 192h 后，试验件的纵截面腐蚀形貌如图 10-25 所示。可以看出，7-8#和 8-8#试验件均发生了点蚀，但均未出现晶间腐蚀和剥蚀。按照 ASTM-G46-94（2005）标准中对蚀坑类型的划分，7-8#和 8-8#试验件的蚀坑类型均属于宽浅型蚀坑。从图 10-24（d）、（e）和图 10-25 中均可以发现，7-8#试验件未腐蚀基体在 S 方向上的高低起伏严重于 8-8#试验件，表明 8-8#试验件表面腐蚀整体更为均匀。与图 10-16 中 5-8#试验件的截面腐蚀形貌对比可以发现，在 pH 值不变的情况下，随着溶液中 Cl^- 浓度的降低，试验件的腐蚀类型将发生变化，局部剥蚀和晶间腐蚀将不再发生，仅发生点蚀。

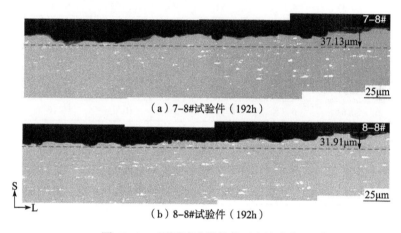

（a）7-8#试验件（192h）

（b）8-8#试验件（192h）

图 10-25　不同试验件纵截面腐蚀形貌

借助扫描电镜，对 7-8#、8-8#试验件纵截面以及 5-8#试验件未剥蚀区域纵截面蚀坑的深度分别进行了测量。每个试验件测量 2 个截面，每个截面测量 15 个蚀坑的深度，测量结果见表 10-4。对表 10-4 中各试验件的蚀坑深度数据分别进行了正态分布 K-S 检验。5-8#、7-8#、8-8#试验件的近似相伴概率值（双侧渐进显著性水平）分别为 0.440、0.863、0.666，均大于显著性水平 0.05，因此三个试验件的蚀坑深度数据均满足正态分布。

表 10-4　不同试验件截面蚀坑深度测量结果

序号	试验件截面蚀坑深度/μm			序号	试验件截面蚀坑深度/μm		
	5-8#	7-8#	8-8#		5-8#	7-8#	8-8#
1	8.85	7.13	3.69	16	17.33	8.21	9.00
2	5.96	4.17	5.46	17	4.30	3.86	10.94

续表

序号	试验件截面蚀坑深度/μm			序号	试验件截面蚀坑深度/μm		
	5-8#	7-8#	8-8#		5-8#	7-8#	8-8#
3	8.11	3.87	8.35	18	6.12	3.49	4.51
4	8.34	1.93	6.54	19	15.78	4.94	4.08
5	4.05	8.89	4.18	20	10.84	5.97	3.79
6	6.76	6.95	2.90	21	10.04	6.28	6.37
7	19.93	7.29	7.09	22	6.30	5.81	5.67
8	4.85	4.07	2.25	23	14.57	7.81	7.81
9	3.25	3.39	2.43	24	7.44	7.79	3.25
10	10.37	4.94	1.91	25	3.58	9.12	9.67
11	13.90	3.13	2.78	26	4.74	7.67	14.40
12	9.08	9.35	3.65	27	7.64	5.98	11.24
13	7.08	6.23	3.30	28	5.12	11.67	7.31
14	4.98	3.64	4.52	29	8.87	4.68	4.94
15	20.61	6.77	5.78	30	10.63	16.16	5.46

图 10-26（a）以散点区间图（scatter interval plot）的形式展示了各试验件蚀坑深度的分布情况，以及蚀坑深度均值和 95% 的置信区间范围。可以发现随着初始溶液中 Cl^- 浓度的增加，在腐蚀 192h 后，试验件蚀坑深度的最大值和均值均在增加，而且蚀坑平均深度与初始溶液中 Cl^- 浓度呈高度线性关系，如图 10-26（b）所示。这些都说明溶液中 Cl^- 浓度的增加的确促进了点蚀向严重发展。

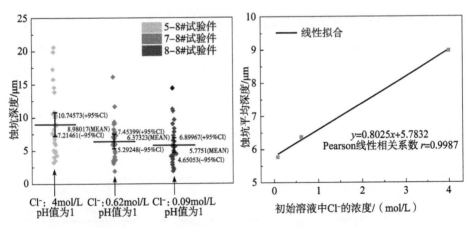

（a）蚀坑深度平均值及其 95% 的置信区间　　（b）蚀坑平均深度与初始溶液中 Cl^- 浓度之间的关系

图 10-26　不同试验件蚀坑深度数据的分析结果

10.4.3 腐蚀动力学特征

图 10-27 为 2A12-T4 试验件分别在 pH 值为 1 的 7#、8#以及对照组 5#（其中 NaCl：4mol/L）溶液中腐蚀失重与腐蚀时间之间的关系。随着腐蚀时间的增加，5#溶液中试验件的腐蚀失重为先增加再持续减小，呈现出类似于向下开口的抛物线变化特征；而 7#和 8#两溶液中试验件的腐蚀失重均为持续增加，且呈现显著的线性变化规律，也可以认为服从指数为 1 的幂函数变化规律。根据前面对腐蚀形貌的分析可知，试验件在 7#和 8#两溶液中均仅发生宽浅型的点蚀，并不发生剥蚀，而且表面附着有较少的腐蚀产物，所以在腐蚀过程中由于铝合金基体持续被溶解，造成试验件的质量持续减少，而且整个腐蚀过程中腐蚀速率基本保持恒定。由于 7#溶液中 Cl^- 浓度比 8#溶液中高，所以 7#溶液中试验件点蚀的形核率增加，表面点蚀变严重，而且表面点蚀造成的腐蚀失重也越严重。

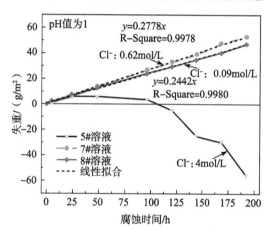

图 10-27 试验件分别在 pH 值为 1 的 5#、7#和 8#溶液中腐蚀失重与腐蚀时间之间的关系

在腐蚀 24h 以前，这三种溶液中试验件的失重曲线基本重合，但 5#溶液中试验件伴随初期剥蚀的出现，试验件的质量开始持续增加。

10.4.4 Cl^- 对铝合金剥蚀的影响机理讨论

根据前面对腐蚀形貌的分析发现，在 pH 值不变的情况下，随着溶液中 Cl^- 浓度的降低，局部剥蚀和晶间腐蚀将不再发生，仅发生点蚀。考虑到剥蚀是一种特殊的晶间腐蚀，而且晶间腐蚀是剥蚀发生的必要条件，此处分析 Cl^- 对铝合金剥蚀的影响关键在于解释降低溶液中 Cl^- 浓度后晶间腐蚀不再发生的原因。

大气环境中铝合金表面一般会自然形成一层具有较强"自愈"能力的钝

化膜。铝合金的点蚀和晶间腐蚀都起源于表面钝化膜的局部击穿破坏。如果溶液中有 Cl^- 的存在，Cl^- 将通过扩散和吸附对铝合金表面的钝化膜的破坏，使得铝合金发生腐蚀，同时 Cl^- 会与 Al^{3+} 发生络合反应，不利于钝化膜的形成和破坏后的修复。通常认为 Cl^- 是铝合金发生点蚀的一个必要条件，而且 Cl^- 浓度越高，钝化膜破坏越严重，更多的活性点会被激活，点蚀形核率越高，同时溶液的导电性也会被提高，促进了腐蚀电流的流动，最终导致点蚀会越严重，所以试验件在 7#溶液中的腐蚀失重较 8#溶液中严重。

2A12-T4 铝合金在 5#、7#和 8#三种溶液中的阳极极化曲线如图 10-28 所示。随着溶液中 Cl^- 浓度的增大，铝合金电极的自腐蚀电位逐渐减小，铝合金的腐蚀倾向越严重。铝合金电极在 7#和 8#溶液中的阳极极化曲线均存在两个击穿电位 E_1、E_2 和 E'_1、E'_2。有文献研究发现，在 NaCl 溶液中 AA2024-T3 铝合金也存在两个击穿电位，认为较低的击穿电位（第一击穿电位）与由 S 相 Al_2CuMg 溶解导致的点蚀有关，另外一个较高的击穿电位（第二击穿电位）则主要由晶间腐蚀的起始和发展引起，同时通过恒电位极化试验证实：①当恒电位极化选取的电位处于第一击穿电位与拐点电位（如图 10-28 中的 E_c 和 E'_c）之间时，铝合金电极只发生点蚀；②当恒电位极化选取的电位高于拐点电位时，铝合金电极发生晶间腐蚀和点蚀。文献也发现在 NaCl 溶液中 AA2024-T4 铝合金存在两个击穿电位，并通过选取第二击穿电位对应的电流密度作为恒电流极化的电流密度开展恒电流极化试验，在极化 32h 后发生了严重的晶间腐蚀和点蚀。

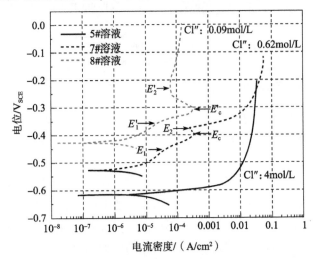

图 10-28　2A12-T4 铝合金在 pH 值为 1 的 5#、7#和 8#溶液中的阳极极化曲线（扫描速率：0.166mV/s）

图 10-28 中 5#溶液中的阳极极化曲线刚过自腐蚀电位，阳极电流密度瞬间增大，这是由于溶液的腐蚀性较强，铝合金电极在自腐蚀电位附近就已经发生严重腐蚀造成的。同时在实际的腐蚀过程中，腐蚀 5h 后铝合金就已经出现明显的点蚀和晶间腐蚀，如图 10-21（a）所示，表明第一击穿电位、第二击穿电位和自腐蚀电位三者相差非常小，因此阳极极化曲线上没出现两个击穿电位。所以按照 5#、7#、8#溶液的顺序，第一击穿电位和第二击穿电位均依次增加，说明随着溶液中 Cl^- 浓度的减少，铝合金晶间腐蚀的击穿电位增加，使得晶间腐蚀难于起始和发展。

关于溶液中 Cl^- 和 NO_3^- 共存的情况，减少溶液中 Cl^- 浓度后，铝合金晶间腐蚀击穿电位增加的机理，或者铝合金晶间腐蚀不再出现的机理，目前还未有相关文献给出解释。但有研究发现在 NaCl 溶液中额外加入硝酸盐后，明显提高了 AA2024-T3 铝合金的晶间腐蚀击穿电位。同时文献采用电化学的方法研究了在中性盐雾条件下溶液中 Cl^- 和 NO_3^- 对 2A12-T4 铝合金腐蚀形态的影响，发现腐蚀形态由溶液中 Cl^- 和 NO_3^- 的浓度和比例决定，比例小时发生均匀腐蚀，比例大时发生局部腐蚀。同时认为是由于 NO_3^- 氧化性的作用，小的 Cl^- 和 NO_3^- 比例可使铝合金表面氧化膜破损后及时得到修复，不利于 Cl^- 通过破坏钝化膜而引发局部腐蚀。因此，初步假设是溶液中 Cl^- 与 NO_3^- 两者之间的比例决定铝合金晶间腐蚀击穿电位是否提高，或者晶间腐蚀是否出现。

为验证上述假设，开展了 2A12-T4 试验件在 9#溶液中为期 192h 的全浸腐蚀试验以及阳极极化曲线测试，三种溶液的成分及浓度如表 10-5 所示。从图 10-29（a）可以发现，试验件在 9#溶液中腐蚀 192h 后未发生剥蚀和晶间腐蚀，仅发生点蚀。与图 10-16 中 5-8#试验件截面腐蚀形貌的对比发现，增加溶液中 NO_3^- 浓度后，晶间腐蚀不再发生。

表 10-5 用于研究 Cl^- 与 NO_3^- 比例对铝合金剥蚀影响的不同腐蚀溶液腐蚀介质成分及浓度

腐蚀溶液编号	9#	10#	11#
腐蚀介质成分及浓度/(mol/L)	NaCl：4.00 KNO_3：3.00 HNO_3：0.10 加入 NaOH 调 pH 值为 1	NaCl：2.00 KNO_3：0.50 HNO_3：0.10 加入 NaOH 调 pH 值为 1	NaCl：1.00 KNO_3：0.50 HNO_3：0.10 加入 NaOH 调 pH 值为 1

如图 10-30 所示，增加溶液中 NO_3^- 浓度后，铝合金的自腐蚀电位出现增加，铝合金的腐蚀倾向减弱。与 5#溶液类似，由于 9#溶液的腐蚀性较强，铝合金电极在自腐蚀电位附近就已经发生了严重的腐蚀，所以阳极极化曲线刚过

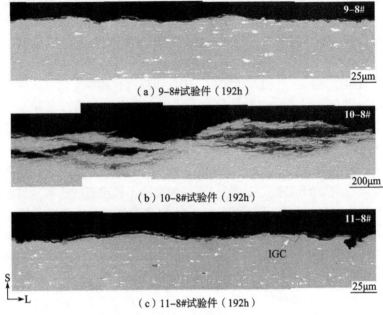

(a) 9-8#试验件（192h）

(b) 10-8#试验件（192h）

(c) 11-8#试验件（192h）

图 10-29　不同试验件的纵截面（S-L）腐蚀形貌

自腐蚀电位，阳极电流密度瞬间增大。但考虑到 9#溶液中试验件在实际腐蚀过程中只发生了点蚀，而未出现晶间腐蚀，因此尽管阳极极化曲线上没出现两个击穿电位，但可以理解为是晶间腐蚀击穿电位增加了。

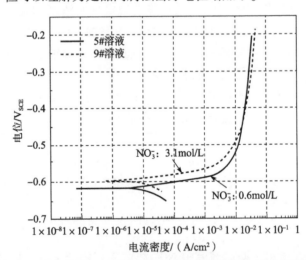

图 10-30　2A12-T4 铝合金在 pH 值为 1 的 5#和 9#溶液（其中 NaCl 均为：4mol/L）中的阳极极化曲线（扫描速率：0.166mV/s）

综合分析5-8#、7-8#、8-8#和9-8#试验件的腐蚀形貌、对应腐蚀溶液的成分及浓度和不同溶液中的极化曲线分析结果，可以得出以下结论：溶液中Cl^-与NO_3^-两者之间的比例决定腐蚀过程中铝合金晶间腐蚀是否发生以及铝合金晶间腐蚀击穿电位是否提高，而且只有在Cl^-与NO_3^-浓度比值偏大时才能发生晶间腐蚀。

为确定剥蚀和晶间腐蚀发生对应的临界Cl^-与NO_3^-浓度比例，又开展了2A12-T4试验件分别在10#和11#溶液中为期192h的全浸腐蚀试验。从图10-29（b）、（c）可以发现，试验件在10#溶液中腐蚀192h后发生了明显的剥蚀，而在11#溶液中腐蚀192h后未出现剥蚀，仅发生了明显的点蚀和局部晶间腐蚀。如表10-6所示，随Cl^-与NO_3^-浓度比值k逐渐减小，剥蚀与晶间腐蚀逐渐消失，而且晶间腐蚀发生对应的临界比值k在1.29~1.67之间，剥蚀发生对应的临界比值k在1.67~3.33之间。

表10-6 溶液中腐蚀介质特征与腐蚀192h后对应的腐蚀形貌特征

类别	腐蚀溶液编号					
	5#	10#	11#	9#	7#	8#
$k(Cl^-/NO_3^-)$	6.67	3.33	1.67	1.29	1.03	0.15
$Cl^-/(mol/L)$	4.00	2.00	1.00	4.00	0.62	0.09
$NO_3^-/(mol/L)$	0.60	0.60	0.60	3.10	0.60	0.60
截面腐蚀特征	P, IGC, EFC	P, IGC, EFC	P, IGC	P	P	P

注：P—点蚀；IGC—晶间腐蚀；EFC—剥蚀。

溶液中Cl^-半径很小，在竞争吸附过程中能优先被吸附，在铝合金腐蚀过程中能发挥以下作用：①Cl^-通过扩散和吸附破坏表面非晶态的$Al_2O_3 \cdot 3H_2O$氧化膜；②Cl^-通过吸附逐渐取代腐蚀产物$Al(OH)_3$中的OH^-，形成可溶的$AlCl_3$，起到溶解表面腐蚀产物膜的作用；③Cl^-的存在提高了溶液的导电性，促进了腐蚀电流的流动，加速了铝合金的腐蚀。溶液中NO_3^-具有氧化性，能够促进铝合金表面氧化膜破损后的修复。因此，溶液Cl^-与NO_3^-浓度比值对试验件能否发生晶间腐蚀的影响机理可能为：①偏大的Cl^-与NO_3^-浓度比值k可以保证表面氧化膜被Cl^-破坏的速率大于NO_3^-修复破损氧化膜的速率，表面氧化膜将出现局部难以挽救的破坏，进而发生较为严重的点蚀，伴随点蚀的进一步发展，腐蚀将优先沿着晶界扩展，最终发生晶间腐蚀，如图10-16（a）和图10-29（b）、（c）所示；②在其他的Cl^-与NO_3^-浓度比值k情况下，表面氧化膜被Cl^-破坏的速率小于等于NO_3^-修复破损氧化膜的速率，表面氧化膜将处于"破坏—及时修复—破坏—及时修复……的动态"破坏—修复"过程中。因此表面氧化膜会出现短时间的局部破坏，致使铝合金表面只能发生较弱的点蚀，伴随表面氧化膜局部破坏后的及时修复，点蚀将被终止，腐蚀无法进一步扩展，晶间腐蚀未能出现，如图10-25和图10-29（a）所示。

综合本节试验结果可以发现，通过增加NO_3^-浓度加速晶间腐蚀的作用对溶液中Cl^-与NO_3^-浓度比值是有要求的。因此，要使铝合金发生剥蚀，腐蚀溶液中Cl^-与NO_3^-需满足以下两条件：①Cl^-与NO_3^-浓度比值不小于剥蚀发生对应的临界比值k；②在满足条件①的基础上，溶液中确保要有一定量的NO_3^-，来保证晶间腐蚀能持续向严重发展，直至剥蚀出现。比如2#溶液不含有NO_3^-，Cl^-与NO_3^-的比值认为是无限大，满足条件①，由于不满足条件②，所以尽管有晶间腐蚀发生，但是没能发生剥蚀。

10.5 周浸循环周期对航空铝合金加速腐蚀试验结果的影响

通过对加速腐蚀试验结果与大气腐蚀试验结果的对比，验证了所提出的加速腐蚀方法的可行性。注意到，虽然剥蚀发生后加速腐蚀截面的晶间腐蚀特征与大气腐蚀的基本相同，但整体上前者晶间腐蚀的严重程度弱于后者，分析原因应该是由于加速腐蚀试验的周浸循环周期（60min）的确定上比较主观。虽然加速腐蚀环境与大气腐蚀环境的总体浸没-干燥时间比例保持一致，但大气环境中每个干湿交替过程的实际高湿度环境时间（干燥阶段）较长，大于每个加速腐蚀循环周期中的恒湿干燥时间53min，导致了加速腐蚀试验件截面上晶间腐蚀程度偏轻。因此，为了更准确地模拟大气腐蚀特征，需要开展不同周浸循环周期下的加速腐蚀试验来确定出更为合适的周浸循环周期。

同时，在试验过程中发现，周浸腐蚀试验箱在控制干燥阶段的环境湿度时，由于是不定期地将具有一定湿度的空气泵到试验件所处的湿度环境中，来维持干燥阶段的环境湿度，所以会不定期地加速湿度环境中的空气流动，即存在一定的风速。这不仅加速了试验件表面液膜的蒸发速率，而且与百叶箱式通风室内湿度大、风速非常小（绝大部分时间可忽略不计）的实际腐蚀环境存在一定的差别。

目前，有文献采用饱和溶液产生恒定湿度环境来开展铝合金的腐蚀试验研究。饱和盐溶液产生恒定的湿度环境，实现了对环境湿度的控制，同时不会额外加速湿度环境中空气的流动，与沿海通风室内的腐蚀环境更为相近。为更加准确地模拟沿海通风室内的腐蚀环境，此处在开展不同周浸循环周期对加速腐

第10章 主要大气腐蚀组分与试验条件对航空铝合金腐蚀的影响

蚀试验结果影响的试验研究时，干燥阶段的湿度环境采用饱和盐溶液来控制。

10.5.1 试验件和试验方法

试验件的材料（2A12-T4 铝合金）、形状和尺寸与 10.4 节中的试验件完全一致。

由于目前还没有采用饱和盐溶液控制环境湿度的周浸腐蚀试验箱，此处采用人工的方式开展周浸腐蚀试验，即采用人工手动的方式，先将试验件放入液槽中浸没，然后再放入恒湿环境中干燥，依次循环进行。试验装置如图 10-31 所示，图 10-31（a）为恒温浸没液槽，用于完成试验件的浸没。图 10-31（b）为电热恒温干燥箱，为箱内用于产生恒定湿度环境的密闭容器提供恒定的外界环境温度。图 10-31（c）中密闭容器底部盛有约为总容积 1/3 的饱和 KCl 盐溶液，

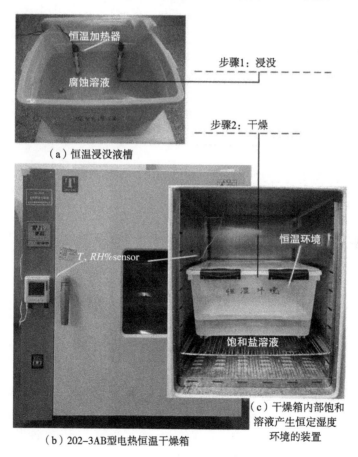

图 10-31 人工周浸试验装置

盐溶液上侧空间为具有恒定相对湿度的环境。试验件放置于饱和溶液上侧的隔板上,且试验过程中试验件上残留的腐蚀溶液无法通过隔板流入饱和盐溶液中。在密闭容器内部安装了温湿度传感器,用于监测恒定湿度环境中的温度和湿度。

试验过程中,浸没溶液和干燥阶段(恒湿环境)的温度设置为23.9℃。在上述温度下,文献中饱和KCl溶液产生恒湿环境的相对湿度(RH)在84%~85%之间,而实测图10-31(c)中密闭容器上侧湿度环境的相对湿度为89%,这可能与KCl盐的纯度以及去离子水的纯度有关系。

加速腐蚀溶液的腐蚀介质成分及浓度如表10-7所示。加速腐蚀试验的容面比为30mL/cm^2。同时每半天测一次腐蚀溶液pH值,当pH值变化了0.3以上时,按照表10-7中H_2SO_4和HNO_3的比例加入混合酸溶液,将pH值调至初始值,确保腐蚀过程中加速腐蚀环境基本不变。

表10-7 加速腐蚀溶液的腐蚀介质成分及浓度

腐蚀介质成分	浓度
H_2SO_4	4.06×10^{-3} mol/L
HNO_3	9.19×10^{-2} mol/L
NaCl	3.5%(质量分数)
蒸馏水	—

两组周浸试验对应的周浸循环周期分别为4h和12h,且浸没与干燥对应的时间比例仍保持为7∶53,其中第一组:0.47h浸没,3.53h干燥;第二组:1.4h浸没,10.6h干燥。两组试验,在人工交替周浸腐蚀48h、288h、384h、480h后,均依次取出试验件。试验件取出后立即用蒸馏水冲洗,然后在30℃的恒温干燥箱中干燥。待试验件干燥完成后,对试验件表面进行拍照,最后保存于干燥皿中。

10.5.2 腐蚀形貌与剩余厚度分析

人工周浸腐蚀480h后,对应周浸循环周期为4h和12h的试验件表面宏观、微观腐蚀形貌如图10-32所示。

腐蚀480h后,周浸循环周期为4h的试验件表面出现了明显的鼓泡和少量的层状剥离,而周浸循环周期为12h的试验件表面发生了大量的层状剥离。大气剥蚀表面表现为单个剥离片层面积较大、厚度较薄,所以剥蚀发生后试验件表面整体较为平整,未形成严重的腐蚀坑。从整体上看,周浸循环周期为12h的试验件表面单个剥离层面积大于周浸循环周期为4h和1h的,且与大气剥蚀特征最为接近。

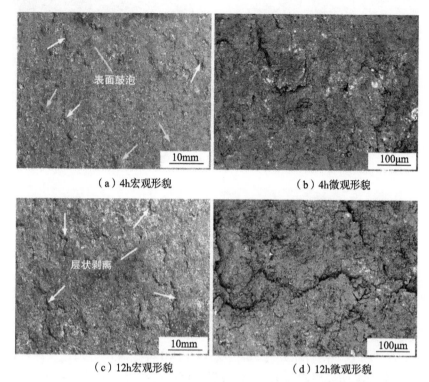

图 10-32　周浸循环周期为 4h、12h 的试验件表面宏观、微观腐蚀形貌

人工周浸腐蚀 480h 后，周浸循环周期为 4h 和 12h 的试验件截面微观腐蚀形貌如图 10-33 所示。结合图 10-34（c）中的截面晶间腐蚀形貌可以看出，随着周浸循环周期的增加，不仅近似平行于 L 向的连续被腐蚀晶界的腐蚀程度更为严重，而且整体上截面晶间腐蚀趋向于更为均匀。对比图 10-34（d）中大气剥蚀截面晶间腐蚀形貌，从近似平行于 L 向的连续被腐蚀晶界的腐蚀严重程度以及截面晶间腐蚀的均匀程度分析，可以发现周浸循环周期为 12h 的试验件晶间腐蚀特征与大气剥蚀截面晶间腐蚀特征最为接近。

通过上述对表面、截面的腐蚀形貌的分析，可以发现周浸循环周期为 12h 的试验件腐蚀特征与大气腐蚀特征最为接近。

对于周浸循环周期为 12h 的人工周浸腐蚀试验，2A12-T4 铝合金在经历 288h 加速腐蚀之后，从图 10-34 中试验件侧边观察到的腐蚀形貌可以发现，试验件表面发生了明显的剥蚀。剥蚀发生后试验件最小剩余厚度平均值与腐蚀时间之间的关系如图 10-35 所示，可以看出两者之间呈现高度的线性关系。类

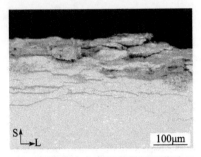 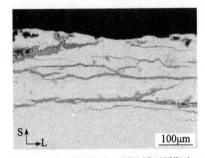

（a）人工周浸腐蚀480h且周浸循环周期为4h　　（b）人工周浸腐蚀480h且周浸循环周期为12h

图 10-33　试验件截面微观腐蚀形貌

图 10-34　人工周浸腐蚀 288h 后试验件侧边观察到的表面剥蚀形貌（周浸循环周期为12h）

似地，可以基于试验件剩余厚度减小（退化）速率相当，建立人工周浸加速腐蚀与大气腐蚀之间的加速等效关系为 23 小时/年（两种腐蚀环境下试验件剩余厚度退化速率的比值：0.0521/0.0023≈23），即剥蚀发生后在加速环境中作用 23 小时，相当于在实际大气环境中暴露作用 1 年。在实际加速腐蚀过程中，考虑到 1 个周浸循环周期为 12h，以及保证试验结果偏保守，可将加速等效关系近似处理为 24 小时/年，即剥蚀发生后在加速环境中作用 2 个周浸循环，相当于在实际大气环境中暴露作用 1 年。

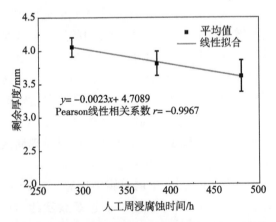

图 10-35　剥蚀发生后试验件剩余厚度与人工周浸腐蚀时间之间的关系（均值±样本标准差，$n=80$）

10.5.3 周浸循环周期对铝合金剥蚀的影响机理讨论

通过对加速腐蚀形貌特征的分析可以发现，增加周浸循环周期（1h→4h→12h），且在剥蚀发生后，加速剥蚀形貌与大气剥蚀形貌会更加吻合，主要表现为：①试验件纵截面上，近似平行于 L 向的连续被腐蚀晶界的腐蚀程度更为严重，而且整体上截面晶间腐蚀趋向于更为均匀；②整体上试验件表面单个剥离片层面积趋于增加，且厚度减小。

环境湿度决定铝合金表面能否形成液膜，进而决定铝合金电化学腐蚀能否发生。万宁环境试验站大气环境具有全年高温、高湿的环境特点，且年平均湿度高达 87.6%。铝的临界相对湿度约为 65%，当环境相对湿度大于 65% 时，铝表面会形成一层连续的薄液膜。同时铝合金试验件暴露于沿海通风室内，表面会沉积有 NaCl、KCl 等无机盐，对应的饱和溶液平衡的相对湿度 RH_{OSS} 分别为 76.5%、86.5%，而且环境相对湿度大于 RH_{OSS} 时，无机盐会吸收环境中的水汽而发生潮解，进而在试验件表面形成薄液膜。因此在 87.6% 的环境相对湿度下，试验件表面也会形成溶有 Cl^- 的薄液膜。液膜中的 Cl^- 不仅可以增加薄膜的导电性，而且由于 Cl^- 具有相对较小的离子半径、高迁移率以及吸附特性，通过加速铝合金表面氧化膜的破坏，进而加速铝合金的腐蚀。

剥蚀可以认为是一种特殊的晶间腐蚀形式。在对 2A12-T4 铝合金的晶界析出相进行分析时发现，晶界处的析出相为富 Cu 的 θ 相，呈现扁平状沿晶界分布。θ 相在晶界处的析出使得晶界上出现贫 Cu 区，θ 相与相邻的贫 Cu 区会形成电偶，晶界贫 Cu 区作为阳极，发生晶间腐蚀。

在周浸试验的单个腐蚀循环中，试验件在浸没完成后，处于恒湿干燥阶段初期的试验件表面会残留一层宏观可见的液膜。该液膜在恒湿干燥阶段的中后期会逐渐随蒸发而减薄至消失。因此改变周浸循环周期，虽然未改变总的浸没和干燥时间以及两者之间的比例，但在相同加速腐蚀时间下，在总的恒湿干燥时间内，试验件表面宏观液膜残留总时间会不同。同时随着周浸循环周期的减少，在总的相同恒湿干燥时间内，宏观液膜残留总时间所占比例增加。

在恒湿干燥过程中，试验件表面液膜的厚度对铝合金的腐蚀速率影响很大。通常金属腐蚀速率随表面液膜厚度的增加，呈现先增加后减小的变化趋势，而且腐蚀速率最大时，对应的液膜厚度在 $1\mu m$ 附近。当液膜厚度大于 $1\mu m$ 时，随液膜厚度增加，延长了氧的扩散路径，降低了氧的扩散速率，从而抑制了阴极吸氧反应，降低了腐蚀速率。因此在恒湿干燥阶段，随宏观液膜残留总时间所占比例越大，可能对以下两方面产生影响：一方面根据上述液膜厚度对金属腐蚀速率的影响，铝合金的晶间腐蚀速率应该是减小的，剥蚀速率也应该是减小的，而且与试验件厚度变化速率特征吻合；另一方面，铝合金在相对湿度较高的环境中，其腐蚀产物为具有流动性的氢氧化铝凝胶，可以填补晶间腐蚀产生的空隙，而且产生的腐蚀产物楔形膨胀力较小，但当环境相对湿度较低时，腐蚀产物转变为具有较高机械强度的晶态 $Al_2O_3·3H_2O$，使得腐蚀产物楔形膨胀力增加。试验件表面残留宏观液膜的阶段，可以看作试验件处于环境湿度非常高的环境中，因此在这一阶段由于腐蚀产物氢氧化铝凝胶的膨胀力较小以及对被腐蚀晶界的填充，已经发生晶间腐蚀的晶界处较难有新的腐蚀介质进入，阻碍了已经发生腐蚀的晶界被进一步腐蚀。所以增加周浸循环周期后，从试验件纵截面上看，近似平行于 L 向的连续被腐蚀晶界的腐蚀程度更为严重。

根据截面晶间腐蚀形貌，为了便于分析和理解，绘制了如图 10-35 所示的不同晶间腐蚀特征示意图。图 10-36（a）中平行于 L 向的连续被腐蚀晶界的腐蚀严重程度整体弱于图 10-36（b）。同时与图 10-36（b）不同，图 10.36（a）中①与②、②与③、③与④晶粒层之间平行于 L 向的连续被腐蚀晶界的腐蚀严重程度不均匀。随着晶间腐蚀的进一步发展，晶界处的腐蚀产物会进一步累积膨胀。根据图中平行于 L 向的连续被腐蚀晶界的腐蚀严重程度可以直观判断，图 10-36（a）中的剥离层应该是①、②、③三层作为一个整体向外剥离，而图 10-36（b）中的剥离层应该是①、②、③三层分别依次向外剥离。明显地，剥离层越厚，剥离层向外剥离所需要的腐蚀产物膨胀力越大，所以假设图 10-36（a）中③与④晶粒层之间与图 10-36（b）中①与②晶粒层之间平行于 L 向的连续被腐蚀晶界的腐蚀严重程度相同，即晶间腐蚀产物提供的楔形膨胀力相同，那么图 10-36（b）中可向外剥离的剥离层（①层）在 L 方向上的长度应该大于图 10-36（a）中可向外剥离的剥离层（①、②、③三层作为一

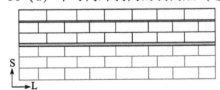

（a）截面晶间腐蚀不均匀，对应于周浸循环周期较短的情况

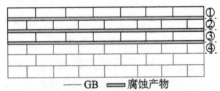

（b）截面晶间腐蚀整体均匀，对应于周浸循环周期较长的情况

图 10-36 不同晶间腐蚀特征示意图

个整体）在 L 方向上的长度。类似地，在 S-T 截面上，剥离层越薄，剥离层在 T 方向上的长度也越长。因此，增加周浸循环周期，整体上试验件表面单个剥离片层面积趋于增加，且厚度减小。

10.6 腐蚀-疲劳交替周期对航空铝合金疲劳寿命的影响

10.6.1 铝合金试样预腐蚀疲劳与腐蚀疲劳交替试验研究

1. 预腐蚀疲劳与腐蚀疲劳交替试验设计

1）试样设计与加工

采用 2mm 厚的 2A12-T4 铝合金板材按照 HB 5143—1996《金属室温拉伸试验方法》加工试样尺寸，如图 10-37 所示，试样按照轧制方向取材。试样所用材料的生产符合 GJB 2053—1994 的要求。

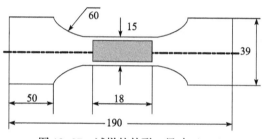

图 10-37 试样的外形、尺寸（mm）

试样采用数控机床切割。加工好的试样依次采用煤油、肥皂水、蒸馏水进行冲洗，随后对试样侧边打磨，以尽可能地消除残余应力。采用金相砂纸打磨的次序为 80—180—240—320—800—1200 号金相砂纸依次进行。最后对打磨完成的试样进行清洗、吹干，放入干燥器皿中备用，如图 10-38 和图 10-39 所示。

图 10-38 KH5200DB 型数控超声波清洗机

图 10-39 干燥器皿示意图（变色硅胶）

2) 腐蚀溶液与腐蚀位置

采用标准 EXCO 溶液作为腐蚀液,配方如下:NaCl - 234g/L;KNO_3 - 50ml/L;HNO_3(化学纯度为 68%)-6.5ml/L。配置溶液有效期为 4 天。腐蚀试验在腐蚀试验箱中进行,EXCO 溶液中浸泡,露出单面预腐蚀区域,其余部分采用石蜡包裹。腐蚀完成后的试样如图 10-40 所示。

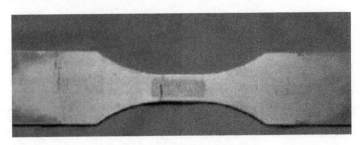

图 10-40　单面腐蚀区域示意图

3) 试验安排

预腐蚀疲劳试验采用标准试样进行加速腐蚀 0 天(无腐蚀)、2 天、4 天、6 天、8.75 天,而后进行疲劳试验至试样失效,取断裂部位发生在腐蚀区域的试样寿命记为有效寿命。对于每组试样都取 4 个有效数据,以便分析统计规律。

腐蚀疲劳交替试验通过采用固定腐蚀天数与疲劳加载次数组合方式进行,如图 10-41 所示,以交替方式为 2 天/180000 次的一组试验的实施过程为例,其首先腐蚀 2 天,然后疲劳 180000 次,随后再腐蚀 2 天,进一步疲劳 180000 次……试验在最后一次疲劳断裂时终止,得到其总疲劳循环次数和总使用天数。

疲劳试验设备为 PLG 100kN 高频疲劳试验机,应力比取 0.6,应力水平取 294MPa,正弦波,疲劳试验在室温条件下进行,如图 10-42 所示。

2. 预腐蚀疲劳与腐蚀疲劳交替试验结果

假设疲劳试验结果服从对数正态分布,采用式(10-22),将通过试验计算得到的试样中值疲劳寿命记入表 10-8 和表 10-9 中。

$$N_{50}(t) = 10^{\frac{1}{n_t}\sum_{i=1}^{n_t} \lg N_i(t)} \tag{10-22}$$

式中:n_t 为模拟经历加速腐蚀 t 天的试样个数;$N_{50}(t)$ 为试样的中值疲劳寿命;$N_i(t)$ 为第 i 件试样的疲劳寿命。

第10章　主要大气腐蚀组分与试验条件对航空铝合金腐蚀的影响

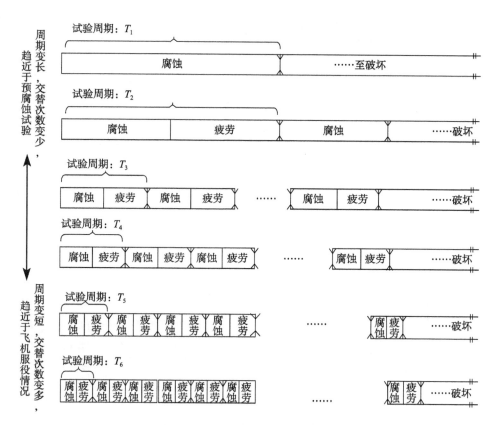

图 10-41　腐蚀疲劳交替试验示意图

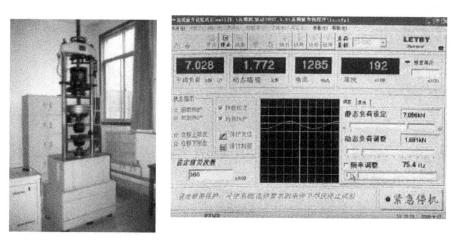

图 10-42　PLG 100kN 高频疲劳试验机及控制界面

表 10-8　预腐蚀疲劳试验结果

预腐蚀天数	0	2	4	6	8.75
中值疲劳寿命/次	1124600	557100	461800	327500	258100
离差/%	22.91	12.39	6.91	5.74	4.45

表 10-9　腐蚀疲劳交替试验结果

加载方式/（天/次）	中值疲劳寿命/次	离差/%	日历寿命/天
4/360000	923000	20.0932	8.1406
4/280000	830500	16.6436	8.1265
3/270000	905600	9.2784	6.1379
3/210000	751200	11.467	9.1144
2/180000	671200	10.4507	6.1022
3/150000	598100	13.2514	9.0911
2/140000	600400	4.9567	8.0914
2/100000	568400	15.7573	10.0866
3/90000	447900	8.2189	12.0682
2/60000	408600	13.1148	12.0622
1/30000	374600	11.1441	12.0570

由表 10-8 可以发现，在交替周期（腐蚀天数）相同时，随着每次疲劳加载次数的减少，试样所能达到的总疲劳循环次数减少。

10.6.2　基于预腐蚀疲劳试验结果的腐蚀疲劳交替寿命计算

采用 Miner 理论，当试样重复加载次数与总循环次数的比值达到 1 时，疲劳寿命到寿。

$$\sum_{i=1}^{k} \frac{n_i}{N_i} = 1 \tag{10-23}$$

式中：n_i 为某级应力水平下的加载循环数；k 为应力水平的种类；N_i 为该级应力水平下发生破坏所需的循环次数。

根据式（10-23）模拟飞机结构承受的腐蚀疲劳交替过程，可以采用式（10-24）计算不同加载方式和腐蚀天数组合下的交替寿命。

$$\sum_{i=1}^{n} \frac{\Delta N_i}{N_{50}(t)} = 1 \tag{10-24}$$

式中：ΔN_i 为第 i 次疲劳加载的循环数；n 为总交替循环次数；其他参数同上。

采用表 10-7 的预腐蚀疲劳试验结果可以计算得到经过不同腐蚀天数后试样的剩余中值寿命，即

$$N_{50}(t) = (1-0.402 \times t^{0.3}) \times 1.1246 \times 10^6 \quad (10\text{-}25)$$

其中，拟合的置信度为 0.958。

采用预腐蚀 2 天的预腐蚀疲劳试验结果来模拟腐蚀 2 天/疲劳 140000 次的交替过程，综合式（10-23）、式（10-24）和式（10-25），计算模拟腐蚀疲劳交替作用下试样的疲劳寿命。

计算过程中发现，根据 Miner 理论，模拟腐蚀疲劳交替作用时，第四轮疲劳加载达不到 140000 次，总损伤就已经达到 1。此时，假设第四轮疲劳加载次数为 N_4，那么采用下式计算 N_4。

$$\frac{140000}{1124600} + \frac{140000}{557100} + \frac{140000}{461800} + \frac{N_4}{327500} = 1 \quad (10\text{-}26)$$

计算得到 $N_4 = 108863$ 次。由此，该组试样的预期总疲劳循环次数为

$$140000 + 140000 + 140000 + 108863 = 528863(\text{次})$$

依此类推，得到不同腐蚀天数与疲劳加载组合条件下试样的疲劳寿命，与试验得到的实际值进行对比，结果如图 10-43 所示。

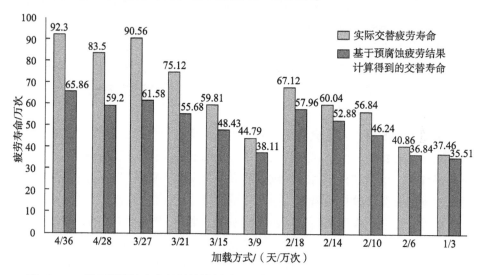

图 10-43 基于预腐蚀疲劳结果计算得到的交替寿命与实际试验得到的中值寿命对比

由图 10-43 可见，采用预腐蚀疲劳试验结果计算得到的交替寿命与实际试验所得到的中值寿命相差较大。为此，本章在交替试验结果的基础上，提出了更为精确的腐蚀疲劳交替寿命计算模型。

10.6.3 铝合金试样断口扫描电镜观察

通常来说，常规疲劳断口按照断裂过程可以分为三个区域：疲劳源区、裂纹扩展区和瞬断区，并且疲劳源仅有一个。常规疲劳试验的断口形貌如图 10-44 所示。

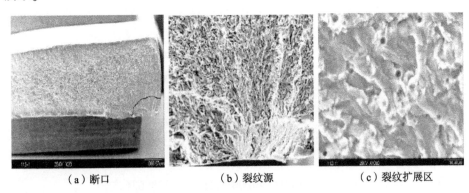

(a) 断口　　　　　　　(b) 裂纹源　　　　　　(c) 裂纹扩展区

图 10-44　常规疲劳试验的断口形貌

材料的微观结构，如晶粒结构、二相粒子、沉淀相等很大程度上影响着裂纹的萌生、扩展等行为。材料中的夹杂和二相粒子是铝合金疲劳裂纹萌生的有利位置，其大小和形状是影响裂纹萌生的重要因素，对裂纹扩展也有影响，而且由于夹杂和基体之间的刚度和热膨胀系数不同，粒子之间附近的局部应力也是疲劳裂纹萌生的重要原因。此外，裂纹不仅可以在驻留滑移带上萌生，还可以在表面包铝层以下萌生。

由图 10-45 可见：①疲劳裂纹源萌生于试样表面包铝层以下；②疲劳裂纹源区断口比较粗糙，由下向上依次为第一至第七层晶粒及相应的晶间，裂纹沿下层晶粒向上层晶粒扩展时，裂纹扩展方向也发生了较大的变化，这些台阶会增大材料的疲劳裂纹扩展阻力。

此外，铝合金表面的包铝层由于滑移带的挤入/挤出效应导致包铝层与基体材料分离，这也是裂纹萌生的一种途径，如图 10-46 所示。

在腐蚀条件下，铝合金试样的第二相粒子（θ 相与 S 相）与基体之间容易形成局部电偶，导致试样表面出现腐蚀坑，在疲劳条件下这些腐蚀坑往往发展成疲劳源，如图 10-47 所示。

第二相粒子在铝合金腐蚀中的作用，主要看第二相粒子与其周围的合金基体形成腐蚀电偶的性质和趋势的强弱。含 Mg 的第二相粒子由于 Mg 的存在，造成其电极电位比基体材料还低，在腐蚀电偶中作为阳极，优先溶解；而含 Cu、

第 10 章　主要大气腐蚀组分与试验条件对航空铝合金腐蚀的影响

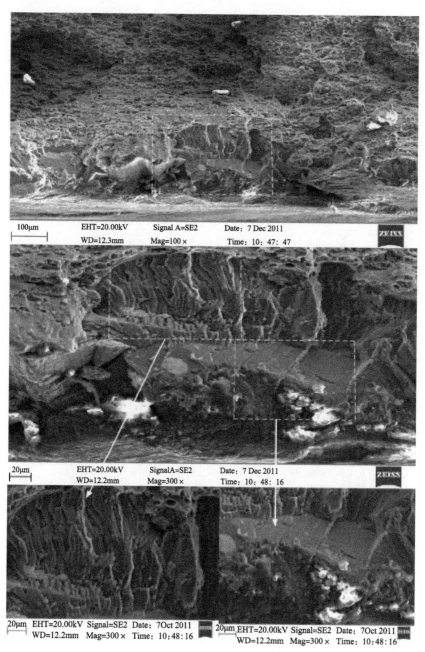

图 10-45　疲劳试样断口形貌

Fe 的第二相粒子由于电极电位较高，作为阴极，导致第二相粒子周围的基体溶解而发生点蚀。研究表明，Al-Cu-Mg 粒子与基体材料之间存在约 100mV 的电位差。

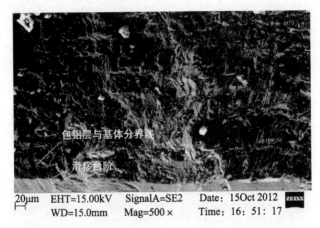

图 10-46　扫描电镜下包铝层与基体分离及滑移台阶

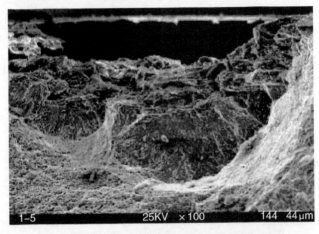

图 10-47　预腐蚀疲劳试样断口蚀坑及断口形貌

腐蚀疲劳交替试验的试样断口表面会产生两个或更多的疲劳源，这不同于常规条件下的疲劳试验。交替试样产生多个疲劳源的原因是，腐蚀和疲劳交替作用对试样表面产生的损伤形成了新的疲劳源，如图 10-48 所示。

腐蚀疲劳交替过程中试样的疲劳断口同样存在明显的疲劳扩展区和瞬断区，如图 10-49 和图 10-50 所示。

由图 10-51 可见，试样表现出韧窝断裂的特点，这是因为当疲劳裂纹扩展的驱动力大于裂纹扩展的阻力时，裂纹扩展相对容易。二相粒子从自身断开，当载荷从基体传递到二相粒子时，粒子首先发生断裂，而基体表现出更好的韧性，在外力作用下围绕二相粒子形成韧窝，如图 10-52 所示。

第 10 章　主要大气腐蚀组分与试验条件对航空铝合金腐蚀的影响

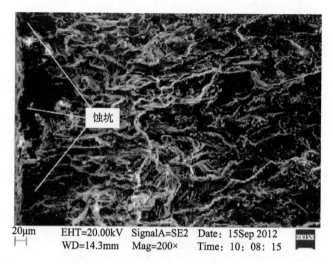

图 10-48　交替腐蚀 1 天/疲劳 7 万次试样的多个疲劳源（200×）

图 10-49　交替加载下多蚀坑疲劳源及断裂形貌

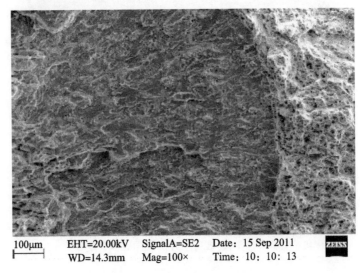

图 10-50　交替腐蚀 2 天/疲劳 12 万次试样的疲劳扩展区（100×）

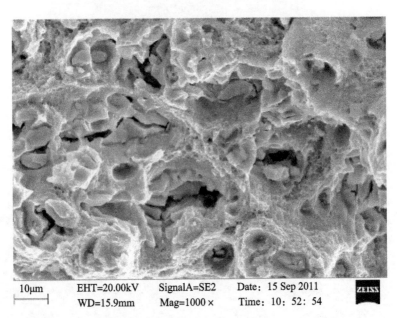

图 10-51　交替腐蚀 2 天/疲劳 12 万次试样的疲劳瞬断区（1000×）

第 10 章　主要大气腐蚀组分与试验条件对航空铝合金腐蚀的影响

图 10-52　试样断口近疲劳源处的内部裂纹

对断口的进一步分析表明，在靠近疲劳源附近，晶粒之间可能会相互撕裂脱离，汇聚成二次裂纹，如图 10-52 所示。

由图 10-53 可见，腐蚀疲劳交替作用下，试样内部形成了较长的二次裂纹。

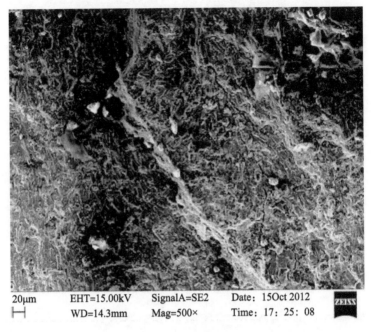

图 10-53　典型的二次裂纹

参考文献

[1] 安百刚，张学元，韩恩厚，等. 铝和铝合金的大气腐蚀研究现状 [J]. 中国有色金属学报，2001，11 (2)：11-15.

[2] KOUDELKOVA M, AUGUSTYNSKI J. Some aspects of the anodic behavior of aluminum in nitrate-chloride solutions [J]. Journal of The Electrochemical Society, 1979, 126 (10): 1659-1661.

[3] 李晓刚. 材料腐蚀与防护概论 [M]. 北京：机械工业出版社，2017.

[4] ADAMS A A, EAGLE K E, FOLEY R T. Synergistic effects of anions in the corrosion of aluminum alloys [J]. Journal of The Electrochemical Society, 1972, 119 (12): 1692-1694.

[5] MCINTYRE J F, DOW T S. Intergranular corrosion behavior of aluminum alloys exposed to artificial seawater in the presence of nitrate anion [J]. Corrosion, 1992, 48 (4): 309-319.

[6] KEDDAM M, KUNTZ C, TAKENOUTI H, et al. Exfoliation corrosion of aluminium alloys examined by electrode impedance [J]. Electrochimica Acta, 1997, 42 (1): 87-97.

[7] CAO F H, ZHANG Z, LI J F, et al. Exfoliation corrosion of aluminum alloy AA7075 examined by electrochemical impedance spectroscopy [J]. Materials and Corrosion, 2004, 55 (1): 18-23.

[8] XIAO Y P, PAN Q L, LI W B, et al. Exfoliation corrosion of Al-Zn-Mg-Cu-Zr alloy containing Sc examined by electrochemical impedance spectroscopy [J]. Materials and Corrosion, 2012, 63 (2): 127-133.

[9] PARKER M E, KELLY R G. Investigating the impact of accelerated testing variables on the exfoliation corrosion of AA2060 [J]. Corrosion, 2016, 72 (11): 1342-1350.

[10] THOMPSON J J. "Exfoliation corrosion testing of aluminum-lithium alloys" in New Methods for Corrosion Testing of Aluminum Alloys [M]. ASTM International, 1992.

[11] 周和荣, 李晓刚, 董超芳. 铝合金及其氧化膜大气腐蚀行为与机理研究进展 [J]. 装备环境工程, 2006, 3 (01): 1-9.

[12] LIU Y, PAN Q, LI H, et al. Revealing the evolution of microstructure, mechanical property and corrosion behavior of 7A46 aluminum alloy with different ageing treatment [J]. Journal of Alloys and Compounds, 2019, 792: 32-45.

[13] 王俊杰. 硝酸和金属反应产物与硝酸氧化性强弱关系分析 [J]. 内蒙古电大学刊, 2000 (05): 35.

[14] 张淑民. 基础无机化学: 上册 [M]. 兰州: 兰州大学出版社, 2013.

[15] 李毅, 廖霞, 肖仁贵, 等. 硝酸根离子对铝箔直流电蚀电极反应过程的影响 [J]. 轻合金加工技术, 2016, 44 (08): 66-71.

[16] 王凤平, 康万利, 敬和民. 腐蚀电化学原理、方法及应用 [M]. 北京: 化学工业出版社, 2008.

[17] MARLAUD T, MALKI B, DESCHAMPS A, et al. Electrochemical aspects of exfoliation corrosion of aluminium alloys: The effects of heat treatment [J]. Corrosion Science, 2011, 53 (4): 1394-1400.

[18] ZHANG W, FRANKEL G S. Transitions between pitting and intergranular corrosion in AA2024 [J]. Electrochimica Acta, 2003, 48 (9): 1193-1210.

[19] 杨少华, 刘增威, 林明, 等. 7075铝合金在不同pH值NaCl溶液中的腐蚀行为 [J]. 有色金属科学与工程, 2017, 8 (04): 7-11.

[20] 张海永, 孟宪林, 孙东明, 等. pH值对5083铝合金腐蚀行为的影响 [J]. 山东化工, 2015, 44 (15): 37-41.

[21] 孔小东, 汪俊英. pH对Al-Mg合金电化学腐蚀行为的影响 [C]. 成都: 第十八届全国缓蚀剂学术讨论及应用技术经验交流会, 2014.

[22] HUANG I, HURLEY B L, YANG F, et al. Dependence on temperature, pH, and Cl-in the uniform corrosion of aluminum alloys 2024-T3, 6061-T6, and 7075-T6 [J]. Electrochimica Acta, 2016, 199: 242-253.

[23] 杨振海, 徐宁, 邱竹贤. 铝的电位-pH图及铝腐蚀曲线的测定 [J]. 东北大学学报, 2000, 21 (04): 401-403.

[24] LAMPEAS N, KOUTSOUKOS P G. The importance of the solution pH in electrochemical studies of aluminum in aqueous media containing chloride [J]. Corrosion Science, 1994,

36（6）：1011-1025.
[25] 宋诗哲，唐子龙. Al-Mg 合金在不同 pH 值的 NaCl 溶液中的腐蚀行为［J］. 腐蚀科学与防护技术，1995（03）：218-224.
[26] 吴华伟，叶从进，聂金泉. 基于 K-S 检验法和 ALTA 的 IGBT 模块可靠性寿命分布研究［J］. 重庆交通大学学报（自然科学版），2019，38（01）：119-124.
[27] ZHANG W，FRANKEL G S. Localized corrosion growth kinetics in AA2024 alloys［J］. Journal of The Electrochemical Society，2002，149（11）：B510-B519.
[28] 张正. 飞行器用铝合金大气腐蚀的电化学检测研究［D］. 天津：天津大学，2007.

第 11 章
航空铝合金材料大气腐蚀加速环境谱编制

飞机结构在实际服役时由于环境腐蚀作用的影响,结构的抗疲劳性能可能会发生衰减。对于腐蚀问题严重的结构,若由纯疲劳试验确定其使用寿命,很有可能造成结构在服役过程中的突然断裂,威胁飞行安全。若对飞机结构的腐蚀疲劳问题研究不清,当飞机疲劳寿命消耗较少时,对所有结构均按日历寿命要求以"一刀切"的方法进行管理,就会使飞机结构寿命资源受到严重的浪费,造成经济损失。因此,对腐蚀疲劳条件下飞机结构寿命退化问题的研究具有明确的工程应用背景与研究价值,其中,编制飞机结构的载荷谱、环境谱和载荷-环境谱是最为首要的工作。

11.1 航空铝合金材料大气腐蚀加速环境谱的编制方法

11.1.1 编制飞机结构环境谱的基本方法

飞机结构在实际使用中除经受重复载荷外,还要遭受化学、热和气候环境的侵袭。大量研究表明,这些使用环境会严重降低工程材料的疲劳性能,缩短飞机结构的服役/使用寿命。按照我国国军标《军用飞机结构强度规范》(GJB 67A—2008)等的要求,应根据飞机的预计使用情况编制飞机化学/热/气候环境谱,以用于飞机结构耐久性和损伤容限试验和分析。由此可见,飞机环境谱的编制和载荷谱一样,对确定飞机结构服役/使用寿命和确保飞机飞行安全起着非常重要的作用。

编制飞机各种环境谱的基本方法要以所收集到的环境数据和所制定的飞机典型任务剖面及典型停放剖面作为基本输入,然后用一定的数理统计方法来编制。与编制飞机载荷谱的基本方法称为任务分析法一样,把编制飞机环境谱的基本方法称为任务-环境分析法。任务-环境分析法的流程框图如图 11-1 所示。值得指出的是，飞机环境谱的编制应本着"宜粗不宜细"及"宜主不宜次"的原则进行，因为环境作用是一个长期的过程，如果分得太细将导致工作量巨大，实际上也没有必要。

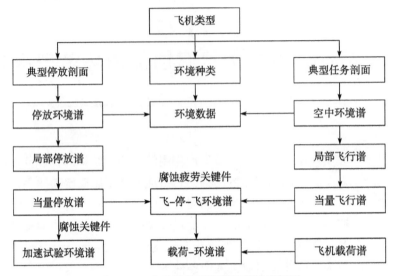

图 11-1 飞机结构环境谱编制流程框图

用任务-环境分析法编制飞机结构环境谱的主要实施步骤如下。

(1) 确定飞机典型飞行任务剖面、地面停放剖面和环境区。

空中环境谱的典型任务剖面可在载荷谱的典型任务剖面基础上适当归并和减少。地面停放剖面主要包括三种状态，即飞行起落停放、飞行日停放和非飞行停放。我国的典型环境区域可分为暖温内陆区、亚湿热内陆区、暖温沿海区和湿热沿海区。

(2) 确定使用环境种类。

飞机环境种类多达十几种以上，根据飞机的特定用途和使用方法确定少数几种主要环境，把一些次要环境因素忽略。

(3) 获取环境数据。

环境数据主要可以通过三种技术途径获取：规范、标准和其他有关资料；调研和统计数据；飞行实测和其他试验。

(4) 编制飞机使用环境谱（包括飞行环境谱和停放环境谱）。

每种环境谱还可包括环境剖面谱、环境频率谱和简化环境谱等。

(5) 根据使用环境谱编制结构关键件的局部环境谱。

结构关键件包括疲劳关键件、腐蚀疲劳关键件和腐蚀关键件（对于腐蚀环境谱则可以不考虑疲劳关键件），局部环境谱包括局部飞行环境谱和局部停放环境谱。

（6）编制飞机结构局部当量环境谱。

根据真实环境和当量环境的腐蚀损伤当量关系，把局部使用环境谱换算成局部当量环境谱，包括当量飞行环境谱和当量停放环境谱。

（7）编制疲劳关键件"飞-停-飞"环境谱。

对腐蚀疲劳关键件，根据当量飞行环境谱和当量停放环境谱编制飞-停-飞（或停-飞-停）环境谱。

（8）编制飞机腐蚀疲劳关键件的飞-续-飞载荷谱（或应力谱）。

具体方法如前叙述，这里不再赘述。

（9）编制飞机载荷-环境谱。

把飞-续-飞载荷谱和飞-续-飞环境谱组合起来，形成飞机疲劳或腐蚀疲劳关键件的载荷-环境谱。

（10）编制飞机加速试验环境谱。

对腐蚀关键件，根据当量停放环境谱编制加速试验环境谱。

11.1.2 飞机结构当量环境谱的编制方法

工程上一般只能采用实验室加速腐蚀的方法来进行环境模拟试验或腐蚀疲劳试验以及相应的分析。根据飞机停放和飞行中所经历的腐蚀环境而编制的环境谱是飞机的使用环境谱，不能直接用于环境模拟试验或载荷与环境同时作用下的腐蚀疲劳试验以及相关分析。要进行实验室条件下的试验和分析就必须把实际的使用环境谱转换成当量环境谱。把当量环境谱（主要指当量停放环境谱）用于腐蚀关键件的加速腐蚀环境试验时，按照该关键件或部位加速试验的条件，当量环境谱就自然地转换成加速试验环境谱，因此，当量环境谱也常被称为加速试验环境谱。

飞机当量环境谱的编制包括当量飞行环境谱编制和当量停放环境谱编制，相关工作简述如下：

1. 当量环境谱的编制原则

（1）所编制的当量环境谱基本上能再现所选结构经历的腐蚀环境和腐蚀损伤形式。

（2）用当量环境谱所实施试验的加速腐蚀试验周期和费用从工程上要可接受。

（3）要用可行的方法建立当量环境谱和真实使用环境谱之间的腐蚀损伤当量关系。

2. 当量飞行环境谱的编制

中国飞行试验研究院的研究员蒋祖国在《飞机结构载荷/环境谱》中提出的一种把飞机使用环境谱转换成当量环境谱的方法，称为当量换算法，用该方法编制当量飞行环境谱的步骤简要介绍如下：

（1）确定主要腐蚀环境。这要根据飞机结构部位和结构材料遭受严重腐蚀效应和腐蚀疲劳损伤的原则来确定。例如，通常来说，海军型飞机确定为盐水（或盐雾），农林型飞机确定为农药等。

（2）确定局部环境谱。主要根据选定的飞机结构把飞机总的使用环境谱变成飞机结构部位的局部环境谱。

（3）确定加载频率。当已知加载频率和腐蚀疲劳损伤之间是不相关或弱相关时，可直接用较快的加载频率。当两者是强相关时，最好用飞机实际使用中的加载频率。当需要用较快的加载频率时，就要用两者的关系对试验结果进行换算。

（4）确定加载周期。例如，以一年的飞行小时为一个加载周期。

（5）确定载荷与环境同时作用下的环境作用持续时间。该时间即为当量环境谱的实际加载时间。用一个加载周期中载荷谱总累积频数乘以加载频率的倒数即可得到。

（6）确定环境强度分级和大小。为使环境模拟易于实现，环境强度分级宜粗不宜细，建议不要超过三级，并且一种飞行任务剖面最好用一种环境强度。如果飞行任务剖面较多，就要从环境强度角度对飞行任务剖面进行归并，把相近使用环境状态的任务剖面归并成一种任务剖面。

一般来说，可用每种任务剖面的加权环境强度作为该任务剖面的环境强度大小。有时也可用该任务剖面可能遭受的最大环境强度，甚至还可人为地把这个最大环境强度加大到合理的程度。这样做可期望得到保守的试验结果，同时还可缩短试验时间和节省试验经费。不过，这需要事先通过探索性试验来确定环境强度和腐蚀疲劳寿命之间的当量关系，并用这种关系换算谱载下的腐蚀疲劳试验结果。

（7）考虑其他环境影响。可以用以下两种方法之一考虑其他环境的影响。

①编制组合当量谱。主要根据其他环境的使用环境谱推算出加权环境强度或当量环境强度，并把这些环境强度叠加到主要环境的当量环境谱中（按上述第（1）~（6）步编制而成）。

②通过经验或专门的试验找出主要环境和其他环境对飞机结构部位所占的比重"权"。"权"不同，材料在不同的环境里裂纹扩展能力也会不同，不同环境的腐蚀疲劳损伤比亦会不同。因此，可以根据"权"对主要环境当量谱

的腐蚀疲劳试验结果进行换算。

按第(1)~(7)步骤编制的是谱载下的飞机结构当量飞行环境谱,即当量环境空谱。编制当量环境空谱的主要难点在于:①确定加载频率与疲劳损伤之间的关系;②确定环境强度与腐蚀疲劳损伤之间的关系;③确定主要环境与其他次要环境的腐蚀疲劳损伤比。这些关系也正是腐蚀疲劳研究和工程应用领域需要解决的主要问题。

3. 当量停放环境谱的编制

为了考虑飞机不使用期间某些环境对结构部位的腐蚀效应和对服役/使用寿命的潜在影响,还应根据预计的或实际的停放环境谱编制当量停放环境谱,即当量环境地谱。这种当量环境地谱的编制与用作腐蚀疲劳试验件的预处理方式有直接关系,主要有以下两种情况:

(1) 如果做腐蚀疲劳试验的试件用大气暴露试验进行预处理,在选择试件材料时,应使大气暴露试验的环境条件与所编制的实际停放谱的环境条件相当。如果两者差别较大,应找出两者对飞机结构材料的腐蚀效应关系,从而把大气暴露试验的环境条件换算到实际停放谱的环境条件中去。

(2) 如果用实验室的环境模拟试验对试件进行预处理(包括预浸泡和预应力),就要把实际停放环境谱浓缩成能进行加速环境模拟试验的当量环境谱。这种当量环境谱的环境强度可以与谱载下当量环境空谱的环境强度相同,也可以用实际停放环境谱的加权环境强度或最大环境强度。环境持续时间视具体情况而定,或长、或短、或适中。无论用什么样的环境强度和持续时间,都应找出环境强度、持续时间和腐蚀效应之间的当量关系,并用这种关系把试验结果换算到实际停放环境谱的环境条件中去。

就当量停放环境谱的编制步骤而言,在编制当量飞行环境谱的第(1)~(7)步中,除去第(3)~(5)步外,其他各步都适用于当量停放环境谱的编制,但需注入停放谱的具体内容,例如,在编制当量环境空谱的第(7)步确定环境强度分级和大小,在编制当量停放环境谱时,就要把按飞行任务剖面的分级变成按地面停放剖面的分级。

从以上当量环境谱(包括当量环境空谱和当量环境地谱)的编制过程可以看出,所编制的飞机结构当量环境谱可以是单一环境谱,也可以是组合环境谱;可以是常环境强度谱,也可以是变环境强度谱;可以是当量飞行环境谱,也可以是当量停放环境谱。究竟要编制什么样的当量环境谱,要根据飞机的使用环境、试验条件、经费能力等因素决定。一般情况下,对疲劳关键件、腐蚀疲劳关键件和腐蚀关键件及相应的关键部位,都要分别编制当量环境谱。对于疲劳关键件,如果环境对其不起任何作用,则可以不再编制相应的环境谱。

11.1.3 飞机结构载荷-环境谱的编制方法

结构的腐蚀疲劳问题主要包括三个方面的研究内容,即预腐蚀疲劳问题、腐蚀疲劳交替作用问题和腐蚀疲劳共同耦合作用问题。其中,预腐蚀疲劳问题即结构先腐蚀一段时间后再经受疲劳载荷作用直至破坏的问题,是最基本的问题,它的研究结果和研究方法可作为后面两个问题研究的借鉴或参考。腐蚀疲劳交替的损伤方式更接近于飞机结构服役的实际情况:飞机在地面停放时主要受到腐蚀损伤的作用;在起飞爬升和下降着陆过程受到腐蚀疲劳共同作用,一般这一过程时间较短;在高空飞行时由于环境温度低、腐蚀性小,主要受到疲劳损伤的作用。通常,人们对预腐蚀疲劳问题和腐蚀疲劳交替作用问题研究较多;而腐蚀疲劳共同耦合作用问题由于太过复杂,且一般作用时间较短,结构的腐蚀疲劳寿命会受到载荷形式甚至加载频率的显著影响,很难找到与飞机实际服役历程的对应关系。因此,在进行飞机结构载荷-环境谱研究时主要是以预腐蚀疲劳作用和腐蚀疲劳交替作用两种方式编制飞机结构的载荷-环境谱。

飞机典型构件载荷-环境谱编制流程如图 11-2 所示,一般按如下步骤进行。

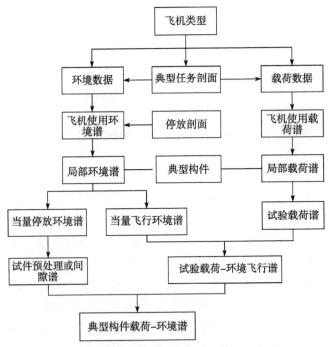

图 11-2 飞机典型构件载荷-环境谱编制框图

（1）确定既受严重疲劳载荷又受严重腐蚀环境影响的腐蚀疲劳结构关键件和部位，并选择相应的典型构件。

（2）根据飞机结构使用载荷谱确定所选结构部位的局部载荷谱（应力谱）。

（3）把选定结构部位的局部载荷谱变成相应典型构件的试验载荷谱。

（4）编制飞机使用环境总谱，并根据使用环境总谱确定所选择结构部位的局部环境谱。

（5）把选定结构部位的局部环境谱转换成相应典型构件的当量环境谱，该当量环境谱应包括当量飞行环境谱和当量停放环境谱。当量停放环境谱主要用于典型结构试件的预处理和试验间隙。

（6）由试验载荷谱和当量飞行环境谱形成飞-续-飞或程序块载荷-环境谱，用于典型结构试件的腐蚀疲劳试验。

（7）确定在腐蚀疲劳试验的间隙期间（如两个加载周期之间）对试件施以何种环境，即当量飞行环境谱、当量停放环境谱或者是暴露于干燥空气。

对于腐蚀关键件，则只需要编制环境谱即可，因为一般认为其不受疲劳载荷作用。

11.2 一种模拟航空铝合金材料大气腐蚀的加速环境谱

研究实验室加速腐蚀方法主要涉及两项内容：试验实施方法（如周浸、全浸等）的确定和腐蚀溶液中腐蚀介质成分及浓度的确定。本书模拟铝合金沿海大气腐蚀的实验室加速腐蚀方法采用：①周浸腐蚀试验实施方法；②将实际环境监测到的各腐蚀介质成分作为加速腐蚀溶液的腐蚀介质成分，同时对环境监测到的腐蚀介质浓度等比例加权，将加权后的介质浓度作为加速腐蚀溶液的腐蚀介质浓度。

表面形成水滴或水膜是铝合金发生大气腐蚀的必要条件。选择以海南万宁大气环境谱中雾、露年平均作用时间与年时间总量的比值（7∶53）作为周浸试验中的浸没时间与干燥时间的比例。由于大气暴露试验件暴露于通风室内，试验件避免了降雨的影响，所以此处未考虑环境谱中降雨作用时间。同时选择海南万宁大气环境谱中的年平均温度（23.9℃）作为浸没溶液和干燥阶段的温度，年平均相对湿度（87.6%）作为干燥阶段的相对湿度。

从水环境化学的角度分析，大气污染物 SO_2 和 NO_2 会溶解于铝合金表面形成的水膜，并发生化学反应（式（11-1）和式（11-2））。同时，SO_2、NO_2 存在各自的溶解平衡且服从 Henry 定律，各气体在水中的溶解度 $[X(aq)]$ 可用式（11-3）表示。

$$SO_2(aq) + H_2O \underset{}{\overset{K_1}{\rightleftharpoons}} H^+ + HSO_3^- \qquad (11-1)$$

$$2NO_2(aq) + H_2O \underset{}{\overset{K_2}{\rightleftharpoons}} 2H^+ + NO_2^- + NO_3^- \qquad (11-2)$$

$$[X(aq)] = K_H p_G \qquad (11-3)$$

式中：K_1 为电离平衡常数；K_2 为化学平衡常数；K_H 为各气体的 Henry 常数；p_G 为各气体的分压。

按式（11-3）计算各气体在水中的溶解度，并从电离平衡和化学平衡的角度，计算 SO_2、NO_2 在溶解平衡状态下，H_2SO_4 和 HNO_3 的当量浓度（H^+ 浓度相同时），计算结果和参数如表 11-1 所示。

表 11-1 当量酸浓度的计算参数和计算结果

腐蚀介质	$K_H[mol/(L \cdot Pa)]$	p_G/Pa	$[X(aq)]/(mol/L)$	K_1, K_2	当量 HNO_3, $H_2SO_4/(mol/L)$	pH 值
SO_2	1.22×10^{-5}	1.70×10^{-3}	2.08×10^{-8}	1.23×10^{-2}	7.99×10^{-6}	4.8
NO_2	9.74×10^{-8}	1.06×10^{-4}	1.03×10^{-11}	2.40×10^{-8}	1.81×10^{-4}	3.7

对比表 11-1 可以发现，虽然万宁大气环境中 NO_2 的含量比 SO_2 低一个数量级，但当量 HNO_3 的摩尔浓度远大于 H_2SO_4 的摩尔浓度。因此，尽管 NO_2 在大气环境中的含量较低，但是不能忽略不计。需要说明的是，表 11-1 中当量 HNO_3 和 H_2SO_4 的浓度是以 H^+ 浓度相同当量计算得出的，并不能以此得出实际液膜中 SO_4^{2-} 和 NO_3^- 的浓度。注意到，万宁大气中 SO_2 和 NO_2 在液膜中溶解平衡的状态下，理论计算 pH 值结果为 3.7，而降雨 pH 值的年均值为 5.125。降雨 pH 值是由雨水中各种离子综合作用的结果，不仅受酸性离子 SO_4^{2-} 和 NO_3^- 的影响，还受碱性离子 Ca^{2+} 和 NH_4^+ 的影响。所以理论计算 pH 值偏低的原因应该是理论计算过程中未考虑液膜中碱性离子 Ca^{2+} 和 NH_4^+ 的影响，但这并不会影响此处计算大气中 SO_2、NO_2 在溶解平衡状态下当量 H_2SO_4 和 HNO_3 浓度的计算结果。

沿海大气环境中出现 Cl^- 沉积的原因是海面浪花、气泡的形成与破裂产生微小液滴，并随气流升入空中经过裂解、蒸发等演变而形成大气盐核，随后飘向陆地降落，发生不断沉积。影响沿海大气中盐含量的因素主要有风向、风速和湿度等，而且每年冬天的盐沉积量大于夏天。考虑雾、露等高湿度环境对试验件表面已沉积 Cl^- 的溶解、腐蚀过程中 Cl^- 的消耗以及表面沉积的干燥氯化物被风吹走等复杂因素的影响，可以发现试验件表面 Cl^- 的沉积量并不是一个线性增加的过程。因此虽然测到了 Cl^- 的年平均沉积速率，但较难应用该结果来确定实际腐蚀介质中 Cl^- 的浓度。为了全面考虑腐蚀介质的影响，只能做简化处理，采用海水中 NaCl 的近似质量浓度 3.5% 作为加速腐蚀液中 Cl^- 的浓度。

根据大气腐蚀介质浓度等比例加权的方法，来确定加速腐蚀溶液中腐蚀介质成分及浓度。考虑到 NaCl 的浓度已经按海水中 NaCl 的质量浓度 3.5% 处理，这个质量浓度已经偏严重，所以仅对当量 H_2SO_4 和 HNO_3（SO_2 和 NO_2 的等效腐蚀介质）浓度等比例加权。对腐蚀介质的等比例加权直接体现在腐蚀液 pH 值的变化上，全浸条件下溶液 pH 值为 1 时，2A12-T4 铝合金的剥蚀特征与大气剥蚀特征更为接近，所以确保腐蚀介质等比例加权后腐蚀液 pH 值在 1 附近。加速腐蚀溶液的腐蚀介质成分及浓度见表 10-7，溶液的理论 pH 值为 1。

通常，NO_3^-、SO_4^{2-} 与 Cl^- 三种离子对金属大气腐蚀的影响最大，所以在上述加速腐蚀溶液中主要引入这三种离子较为合理。计算上述加速腐蚀溶液中 Cl^- 与 NO_3^- 的比例为 6.7465，与 EXCO 溶液中 Cl^- 与 NO_3^- 的比例 6.6667 非常接近，同时远大于第 3 章中得出的全浸条件下 pH 值为 1 时剥蚀发生对应 Cl^- 与 NO_3^- 的临界比例值，该临界比例值在 1.67~3.33 之间。表明该加速腐蚀溶液配制较为合理，具备使铝合金发生剥蚀的条件。

11.3 实验室加速腐蚀对 2A12-T4 铝合金板件疲劳特性的影响

11.3.1 腐蚀形貌特征

此处的实验室加速腐蚀试验，采用的试验方法与人工交替周浸腐蚀试验方法（周浸循环周期为 12h）完全相同，而且试验件材料为同一批 2A12-T4 铝合金，所以腐蚀形貌特征与描述的一致，此处不再赘述。此处开展的加速腐蚀试验的取件时间间隔较之前的更短。此试验结果表明加速腐蚀 144h 后试验件表面未出现剥蚀特征，而加速腐蚀 216h 后试验件表面已经出现了明显的剥蚀特征。因此可以确定在加速腐蚀过程中，剥蚀最早出现的时间应该在 144~216h 之间，即 12~18 个周浸循环之间。

11.3.2 疲劳寿命统计分布特性及均值寿命误差检验

实验室加速预腐蚀 0h、24h、72h、144h、216h、288h、384h、480h、576h 后，2A12-T4 平板试验件的疲劳寿命及疲劳寿命统计特性如表 11-2 所示。

表 11-2　不同加速腐蚀时间下平板试验件的疲劳寿命及疲劳寿命统计特性

加速腐蚀时间/h	疲劳寿命（谱块数）			样本均值	样本标准差	变异系数
0	2285.31	1909.55	2502.35	2232.40	299.92	0.1343
24	1368.34	1400.36	1061.87	1276.85	186.87	0.1464
72	579.55	513.27	487.27	526.70	47.59	0.0903
144	293.30	325.55	266.27	295.04	29.68	0.1006
216	272.56	297.46	376.30	315.44	54.16	0.1717
288	217.32	253.31	249.46	240.03	19.76	0.0823
384	233.30	193.31	230.56	219.05	22.34	0.1020
480	175.30	195.55	226.55	199.14	25.81	0.1296
576	145.51	127.84	113.56	128.97	16.01	0.1241

类似地，对疲劳寿命服从分布拟合效果的二元线性回归技术检验方法，以及对不同加速腐蚀时间下 2A12-T4 平板试验件疲劳寿命分别进行了对数正态分布和威布尔分布的拟合效果分析，参数拟合结果如表 11-3 所示。

表 11-3　各加速腐蚀时间下平板试验件疲劳寿命的
对数正态分布和威布尔分布参数拟合结果

加速腐蚀时间/h	对数正态分布			威布尔分布（双参数）		
	μ	σ	r	σ	β	r
0	3.3461	0.0717	0.9824	2369.6381	6.9680	0.9945
24	3.1028	0.0733	0.9012	1370.3252	5.8651	0.9339
72	2.7204	0.0460	0.9743	549.1343	10.3150	0.9524
144	2.4684	0.0533	0.9997	308.5190	9.5368	0.9945
216	2.4948	0.0855	0.9668	339.8684	5.4465	0.9424
288	2.3793	0.0406	0.9078	249.9081	10.7290	0.9393
384	2.3390	0.0498	0.8927	230.3563	8.4845	0.9269
480	2.2967	0.0680	0.9964	210.6977	7.3861	0.9860
576	2.1083	0.0657	0.9996	136.1334	7.7273	0.9941

当 $n=3$ 时，$r_{0.1}=0.988$，$r_{0.2}=0.951$，$r_{0.5}=0.707$，对比表中相关系数 r 的计算结果可以发现，两种分布的参数拟合结果中，线性相关系数均在 0.89 以上。在对数正态分布参数拟合结果中，6 组数据满足置信度 80% 要求，其他 3 组满足置信度 50%~80% 的要求；在威布尔分布参数拟合结果中，5 组数据满足置信度 80% 要求，其他 4 组满足置信度 50%~80% 的要求。

将表 11-4 中的疲劳寿命数据取对数后进行肖维奈准则检验，并未发现有可疑值。同时，计算在 90% 置信度下，将试验件疲劳寿命样本均值作为母体均值时的相对误差 δ，计算结果如表 11-4 所示，且最大相对误差在 5% 以内。

表 11-4　2A12-T4 平板试验件疲劳寿命样本均值作为母体均值的相对误差 δ

加速腐蚀时间/h	α	δ/%
0	0.10	3.01
24	0.10	3.62
72	0.10	2.40
144	0.10	2.98
216	0.10	4.90
288	0.10	2.60
384	0.10	3.30
480	0.10	4.10
576	0.10	4.31

11.3.3　加速腐蚀对 2A12-T4 平板试验件疲劳特性的影响规律及机理

2A12-T4 平板试验件实验室加速预腐蚀疲劳试验结果如图 11-3 所示。从图中可以发现，在加速腐蚀初期，仅发生点蚀和晶间腐蚀阶段，试验件的疲劳寿命显著下降，这一时期可以称之为"快速下降期"。在加速腐蚀 144h 后，试验件的疲劳寿命均值下降到未腐蚀情况下的 86.78%。在初期急剧下降后，虽然疲劳寿命仍总体呈现下降趋势，但明显进入了"平台期"，下降速率较低。在加速腐蚀 480h 后，试验件的疲劳寿命均值仅下降到加速腐蚀 144h 后的 32.50%。这表明快速下降期的点蚀和晶间腐蚀对疲劳寿命影响显著，在平台期的腐蚀，包括剥蚀，对疲劳寿命的影响并不显著。明显地，实验室加速预腐蚀疲劳寿命的退化特征与大气预腐蚀疲劳寿命的退化特征一致，均呈现出"快速下降期+平台期"的特征。这从另外一个角度表明本书所提出的实验室加速腐蚀试验方法能充分模拟实际大气环境腐蚀，进而可以较好地反映大气腐蚀对铝合金板件疲劳特性的影响规律。

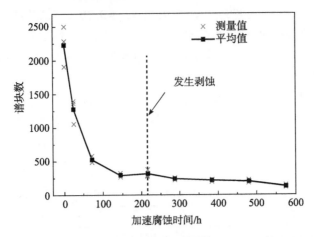

图 11-3 平板试验件疲劳寿命（谱块数）与加速腐蚀时间之间的关系（12h 为 1 个周浸循环）

实验室加速预腐蚀疲劳试验件的疲劳断裂位置均位于原应力集中区域附近，类似于图 11-4 中 7 年和 20 年的疲劳断裂位置，并未出现类似 12 年的远离原应力集中区域的疲劳断裂。典型的疲劳断口 SEM 形貌如图 11-4 所示，存在明显的裂纹源、裂纹扩展区和瞬断区，分别如图 11-5 和图 11-6 所示。

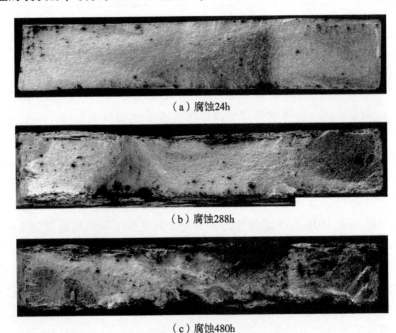

图 11-4 典型加速预腐蚀疲劳断口形貌

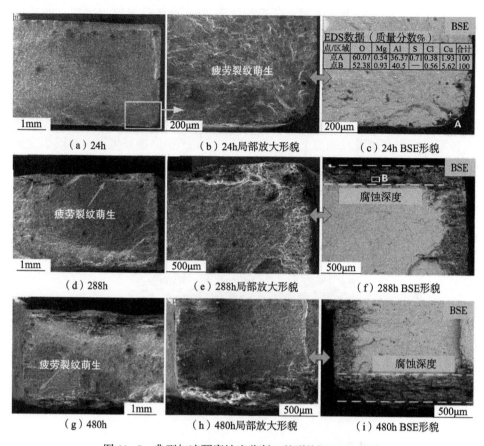

图 11-5 典型加速预腐蚀疲劳断口的裂纹源 SEM 形貌

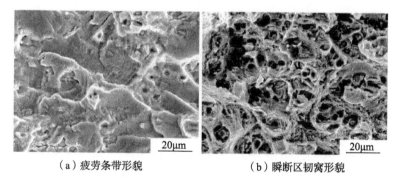

图 11-6 预腐蚀 480h 试验件疲劳断口的疲劳条带和韧窝形貌

未经历预腐蚀的试验件和初期预腐蚀（24h）试验件疲劳裂纹源位置一致，单一且集中于试验件表面与侧边的拐角处，属于角裂纹，如图 11-5（a）~（c）

所示。从 11-5（c）中背散射电子形貌以及 EDS 分析结果可以发现，在裂纹源处不仅存在来自于腐蚀介质的 S、Cl 元素，而且从 Al 和 O 元素的组成可以初步确定腐蚀产物主要为 Al(OH)$_3$，说明在裂纹源处发生了腐蚀。在预腐蚀 24h 后试验件的疲劳寿命下降显著，且寿命均值下降到未腐蚀情况下的 42.80%，这是由于在原应力集中区域附近发生了腐蚀造成的。如图 11-7 所示，在腐蚀 24h 后试验件发生了点蚀和晶间腐蚀，其中以晶间腐蚀为主，而且点蚀零星分布在试验件表面上。作者前期在研究类似腐蚀环境下，相同铝合金材料的预腐蚀疲劳特征时发现，当裂纹源处出现以晶间腐蚀为主的腐蚀特征时，由于晶间腐蚀区域的力学性能基本散失，疲劳裂纹则萌生于晶间腐蚀最深处的边界上。因此，在快速下降期，试验件表面腐蚀不均匀，表面以内晶间腐蚀分布得不均匀，以及晶间腐蚀最深处的边界在微观上也是突变的，这些都增加了局部应力集中，从而显著降低了裂纹萌生寿命。

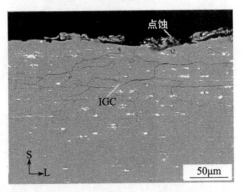

图 11-7 实验室加速腐蚀 24h 的纵截面腐蚀形貌

预腐蚀 288h 和 480h 后，试验件的疲劳断口形貌和裂纹源特征如图 11-5（b）、(c) 和图 11-15（d）~(i) 所示。剥蚀发生后，随着腐蚀时间的增加，腐蚀深度增加，而且腐蚀变得更为均匀，如图 11-5（f）和图 11-5（i）所示。两个试验件的主裂纹源位置分布基本一致，均位于试验件表面与侧边的拐角处，属于角裂纹。注意到疲劳裂纹萌生区域均包含了试验件侧边腐蚀区域，这与大气预腐蚀疲劳源特征相同。因此，疲劳寿命在经历初期显著下降后进入平台期的原因应该是，随着预腐蚀时间的增加，试验件发生的腐蚀逐渐变得均匀，由腐蚀不均匀引起的应力集中不再显著，同时试验件腐蚀最深区域始终为晶间腐蚀（IGC），晶间腐蚀对裂纹萌生的加速作用可以近似认为相同，所以疲劳寿命下降不再显著。但随着预腐蚀时间的增加，试样的剩余厚度逐渐减小，截面的疲劳应力水平会提高，进而导致总体上疲劳寿命呈现缓慢下降的趋势。

11.4 加速环境谱与实际大气环境的等效关系

前面基于剥蚀发生后试验件剩余厚度退化速率相当的原则，建立了人工周浸加速腐蚀与大气腐蚀之间的加速等效关系。本节将基于预腐蚀疲劳寿命退化特征相当的原则，建立人工周浸加速腐蚀与大气腐蚀之间的加速等效关系。

首先需要说明的是，本研究中仅有暴露0年的大气预腐蚀疲劳寿命截止值，缺乏准确的疲劳寿命。同时考虑到试验件材料批次以及试验件加工工艺等对疲劳寿命的影响，加速腐蚀试验中未腐蚀试验件的疲劳寿命仅可作为实际大气暴露试验件0年疲劳数据的参考值，不能直接采用。因此，无法直接通过建立两种预腐蚀环境对应的腐蚀影响系数 $C_1(T_1)$、$C_2(T_2)$ 曲线，进而通过求解 $C_1(T_1)=C_2(T_2)$ 的方法来建立加速等效关系。

大气预腐蚀1年后试验件的疲劳寿命均值至少已经下降了未大气暴露试验件的19.13%，说明试验件的铝合金基体在暴露1年后已经发生了腐蚀，也说明阳极氧化膜在1年内已经发生了破坏。由于阳极氧化膜在大气暴露中破坏时间较短，而且较难准确地判定其破坏时间，同时为了便于建立加速等效关系，在后续加速等效关系的建立过程中不考虑阳极氧化膜的影响。

结合两种腐蚀环境下的疲劳寿命退化规律可以发现，均呈现为"快速下降期+平台期"的特征，而且可近似认为在疲劳寿命退化过程中存在一个拐点，由快速下降期拐向平台期。同时可以直观判断出，大气预腐蚀疲劳的拐点近似在腐蚀1年处，实验室加速预腐蚀疲劳的拐点近似在腐蚀144h处。因此，建立拐点前的加速等效关系近似为144小时/年（第一年），即在加速环境中腐蚀的前144小时（前12个周浸循环），近似相当于在实际大气环境中腐蚀第1年对疲劳寿命的影响效果。

按照拐点之后疲劳寿命下降百分比相当的原则，来建立拐点后的加速等效关系。在拐点之后，大气预腐蚀试验件在1~20年间，疲劳寿命下降了34.53%。通过线性差值的方法，找到加速预腐蚀试验件在拐点后疲劳寿命下降34.53%对应的加速腐蚀时间近似为488h。所以建立拐点后的加速等效关系近似为18小时/年，即在加速腐蚀144h后，每加速腐蚀18h，近似相当于在实际大气环境中腐蚀1年对疲劳寿命的影响效果。

综上，基于疲劳寿命退化特征相当建立人工交替周浸加速腐蚀与大气腐蚀之间的近似加速等效关系 m：

$$m=\begin{cases}144h, 第一年\\18\ 小时/年, 后续若干年\end{cases} \quad (11-4)$$

考虑到 1 个周浸循环周期为 12h，为了使等效加速腐蚀试验结果尽可能准确，在实际加速腐蚀过程中，可将拐点后的加速等效关系变换为 36 小时/2 年，即在加速腐蚀 144h 后，每加速腐蚀 36h（3 个周浸循环），近似相当于在实际大气环境中腐蚀 2 年对疲劳寿命的影响效果。

从上述加速等效关系可以发现，大气腐蚀第一年对应的当量加速腐蚀时间相对于后续年限较长。由于影响大气腐蚀的固体颗粒（如盐粒子和灰尘等），会随机沉积在试验件表面的不同区域，所以使得试验件在大气腐蚀初始阶段表面腐蚀不均匀。相比而言，在实验室加速腐蚀"浸没和恒湿干燥"整个过程中，试验件表面不同区域接触到腐蚀介质的机会近似均等，所以在加速腐蚀过程中试验件表面发生的腐蚀相对均匀。因此，大气腐蚀第一年后，试验件由于表面腐蚀不均匀导致的应力集中造成疲劳寿命衰减较严重，而相应的加速腐蚀试验件由于腐蚀相对均匀，所以疲劳寿命下降相对较缓，需要较长的加速腐蚀时间来达到相同的寿命衰减效果。在后续年限的大气腐蚀过程中，随着大气腐蚀的持续进行，初期腐蚀不均匀的特性将会减弱，所以达到相同的寿命衰减效果所需要的加速腐蚀时间会减短。

参考文献

[1] 蒋祖国，田丁栓，周占廷，等．飞机结构载荷/环境谱［M］．北京：电子工业出版社，2012.

[2] 蒋祖国．编制飞机使用环境谱的任务—环境分析法［J］．航空学报，1994，15（1）：70-75.

[3] 王佳．液膜形态在大气腐蚀中的作用［M］．北京：化学工业出版社，2016.

[4] 戴树桂．环境化学［M］．北京：高等教育出版社，2006.

[5] 王廷祥．大气冷凝水化学特性研究［D］．上海：复旦大学，2012.

[6] 李祚泳．我国部分城市降水中离子浓度与 pH 值的关系研究［J］．环境科学学报，1999，19（03）：303-306.

[7] 张正．飞行器用铝合金大气腐蚀的电化学检测研究［D］．天津：天津大学，2007.

[8] 苏艳．7B04 高强铝合金与防护涂层在海洋大气环境中的腐蚀行为［D］．重庆：重庆大学，2011.

[9] SUN S, ZHENG Q, Li D, et al. Exfoliation corrosion of extruded 2024-T4 in the coastal environments in China [J]. Corrosion Science, 2011, 53 (8): 2527-2538.

[10] ZHAO X, FRANKEL G S. Quantitative study of exfoliation corrosion: Exfoliation of slices in humidity technique [J]. Corrosion Science, 2007, 49 (2): 920-938.

[11] 李涛．铝合金在西沙大气环境中早期腐蚀行为与机理研究［D］．北京：北京科技大

学，2009.

[12] 于美，刘建华，李松梅. 航空铝合金腐蚀防护与检测方法 [M]. 北京：科学出版社，2017.

[13] 刘道新. 材料的腐蚀与防护 [M]. 西安：西北工业大学出版社，2006.

[14] 杨晓华，张玎. 宁波地区当量加速环境谱的编制 [J]. 装备环境工程，2010，7（04）：76-80.

[15] ZHANG W, FRANKEL G S. Transitions between pitting and intergranular corrosion in AA2024 [J]. Electrochimica Acta, 2003, 48 (9): 1193-1210.

[16] BURNS J T, KIM S, GANGLOFF R P. Effect of corrosion severity on fatigue evolution in Al-Zn-Mg-Cu [J]. Corrosion Science, 2010, 52 (2): 498-508.

[17] ZHANG S, ZHANG T, HE Y, et al. Effect of coastal atmospheric corrosion on fatigue properties of 2024-T4 aluminum alloy structures [J]. Journal of Alloys and Compounds, 2019, 802: 511-521.

[18] KNIGHT S P, SALAGARAS M, TRUEMAN A R. The study of intergranular corrosion in aircraft aluminium alloys using X-ray tomography [J]. Corrosion Science, 2011, 53 (2): 727-734.

[19] 李晓刚，董超芳，肖葵，等. 金属大气腐蚀初期行为与机理 [M]. 北京：科学出版社，2009.

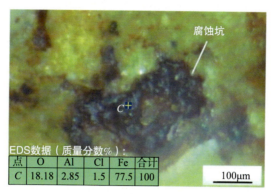

图 4-14 暴露 7 年冷挤压孔试验件螺栓孔壁的腐蚀坑形貌和腐蚀区域的 EDS 分析

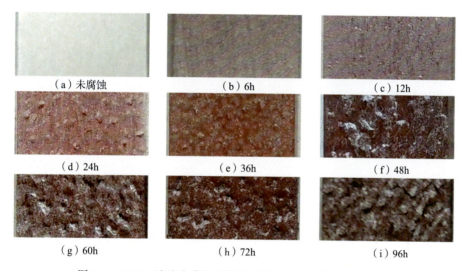

图 9-4 EXCO 溶液中腐蚀不同时间后的试验件表面腐蚀产物

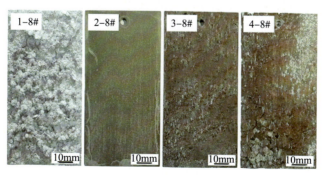

图 10-1 试验件分别在 1#、2#、3#、4#溶液中腐蚀 192h 后的宏观表面腐蚀形貌

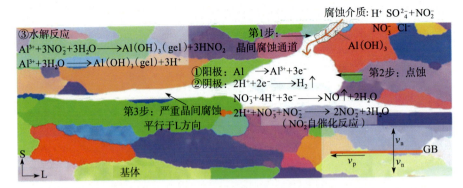

图 10-10　近似平行于 L 向的连续晶界发生严重晶间腐蚀的过程示意图

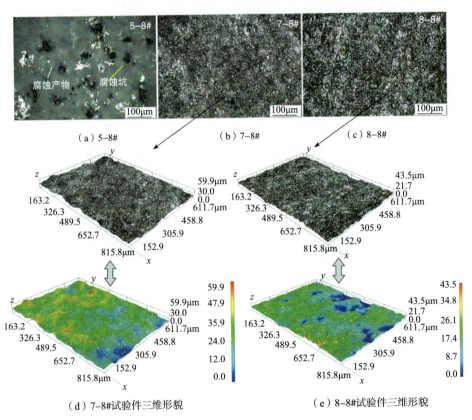

图 10-24　试验件分别在 7#、8#和 5#（其中 NaCl：4mol/L）溶液中腐蚀 192h 后的表面微观腐蚀形貌